国家自然科学基金面上项目:秸秆厌氧发酵过程中浮渣层的形成与抑制机理(52076034)

基于近红外光谱的厌氧发酵关键信息快速检测方法研究

刘金明　王　娜　石建飞　　著

哈尔滨工程大学出版社
Harbin Engineering University Press

内容简介

本书面向沼气工程运行状态的监控与评估需求，系统研究了基于近红外光谱技术的厌氧发酵关键信息快速检测方法，以光谱特征波长优选为主线，构建了基于偏最小二乘和支持向量机的快速检测模型，实现了厌氧发酵原料的快速评价和发酵液中关键中间产物的快速检测。

本书在前人研究的基础上，基于遗传模拟退火算法构建了一系列特征波长优选算法，获取了满足实际检测需求的厌氧发酵关键信息有效建模波长变量，为相关在线检测设备的开发提供了理论支持。

本书可以作为近红外光谱定量分析相关领域的科研和工程技术人员的参考用书，也可以作为从事这方面学习和研究的本科生和研究生的重要参考文献。

图书在版编目(CIP)数据

基于近红外光谱的厌氧发酵关键信息快速检测方法研究 / 刘金明，王娜，石建飞著. — 哈尔滨：哈尔滨工程大学出版社，2021.6

ISBN 978－7－5661－3071－6

Ⅰ. ①基… Ⅱ. ①刘… ②王… ③石… Ⅲ. ①嫌气发酵－红外线检测－方法研究 Ⅳ. ①TQ920.6

中国版本图书馆 CIP 数据核字(2021)第 126962 号

选题策划 石 岭
责任编辑 马佳佳
封面设计 李海波

出版发行 哈尔滨工程大学出版社
社　　址 哈尔滨市南岗区南通大街 145 号
邮政编码 150001
发行电话 0451－82519328
传　　真 0451－82519699
经　　销 新华书店
印　　刷 北京中石油彩色印刷有限责任公司
开　　本 787 mm×1 092 mm　1/16
印　　张 12
字　　数 306 千字
版　　次 2021 年 6 月第 1 版
印　　次 2021 年 6 月第 1 次印刷
定　　价 58.00 元
http://www.hrbeupress.com
E-mail:heupress@hrbeu.edu.cn

前　　言

能源是人类社会赖以生存和发展的重要物质基础,能源的开发和利用极大地促进了世界经济和人类社会的发展,人类文明跨出的重要的每一步几乎都伴随着能源的革新和更替。对于能源消费以煤炭为主导燃料的中国,由于煤炭的碳密集程度比其他化石燃料高得多,单位能源燃煤释放的二氧化碳是天然气的近两倍,以煤炭为主的能源结构和单一的能源消费模式必然会产生较高的排放强度,由此引起雾霾、酸雨、光化学污染等严重的环境污染问题。当前,随着完善煤炭产能置换加快、优质产能释放等政策的持续推进,全球能源供应和消费格局正在发生变革,正朝着低碳化、清洁化的方向进行能源转型,而能源技术创新将成为能源转型的关键驱动力。在化石能源危机和环境污染的背景下,开发和应用核能、风能、太阳能、水能、生物质能、地热能、海洋能等可再生能源尤为重要。虽然全球可再生能源保持强劲增长的态势,但碳排放量持续增长等诸类趋势则凸显了全球能源和环境仍将面临的巨大挑战。

随着社会的飞速发展,人类所面临的能源紧缺压力日益严峻;同时,农牧业的快速发展,产生大量的农作物秸秆和畜禽粪便等有机废弃物,由此引起的环境污染问题日益突出。目前,我国农作物秸秆和畜禽粪污年产量分别达到了10亿吨和38亿吨,这些生物质能源若不能得到有效利用,将对农村环境造成严重的危害,对美丽乡村建设提出了严峻挑战。厌氧发酵产沼气作为一项清洁生物质能源技术,是实现农牧废弃物资源化利用、改善环境、解决能源紧缺问题的重要手段和发展方向。发展厌氧发酵技术生产沼气和生物天然气,有效推动生物质能源的发展,对于完成国家制定的节能减排目标、建设节约环保型社会具有重大战略意义。

在以玉米秸秆和畜禽粪便为原料进行厌氧发酵产沼气过程中,为了确保厌氧发酵过程稳定、高效运行,有效提高原料的转化利用率,有必要对沼气工程的运行状态进行有效监控与评估。因此,需要对厌氧发酵原料的成分、碳氮比、生化甲烷势和发酵过程中发酵液的氨氮、挥发性脂肪酸含量等关键信息进行快速准确检测。针对采用传统化学方法检测上述厌氧发酵关键信息时,存在测试速度慢、成本高等不足,作者近年来开展了基于近红外光谱的厌氧发酵关键信息快速检测方法的研究,以光谱特征波长优选为主线,构建基于偏最小二乘和支持向量机的快速检测模型,实现上述厌氧发酵关键信息的快速、准确检测。

本书是为了推进光谱分析技术在农业领域应用研究的发展,结合作者近年来在近红外光谱分析技术应用研究过程中主持及参加的相关科研项目编写而成。本书第1章阐述了厌氧发酵产沼气的原理和影响因素、近红外光谱分析技术的原理和定量分析方法,介绍了厌氧发酵信息检测及近红外光谱厌氧发酵信息检测的研究现状,并指明了研究的背景、意义、目的、研究内容和技术路线;第2章介绍了研究过程中使用的实验原料、设备和试剂,阐述了实验数据测定方法、光谱数据处理方法和模型建立及评价方法；第3章介绍了基于近红外光谱的厌氧发酵原料纤维素、半纤维素和木质素的快速检测方法；第4章介绍了基于近红外光谱的厌氧发酵原料碳氮比快速检测方法；第5章介绍了基于近红外光谱的厌氧发酵液氨氮浓度快速检测方法；第6章介绍了基于近红外光谱的厌氧发酵液乙酸、丙酸和总酸含量快速检测方法；第7章介绍了基于近红外光谱的厌氧发酵原料生化甲烷势快速检测方法，并与基于理化指标的生化甲烷势预测模型进行了对比；第8章是结论与展望。这些内容是著作者多年来从事科学研究工作，在理论知识及技术应用方面的成果积累，撰写过程中对关键技术的实现部分给出了主要程序代码。

本专著得到了国家自然科学基金面上项目“秸秆厌氧发酵过程中浮渣层的形成与抑制机理”（52076034），黑龙江省博士后面上资助项目“基于近红外光谱的大米品质快速检测方法研究”（LBH－Z19087），黑龙江八一农垦大学学成人才启动计划项目“基于近红外光谱的厌氧发酵原料快速评价方法研究”（XDB202006），中国科学院可再生能源重点实验室开放基金项目“基于近红外光谱的预处理后玉米秸秆木质纤维素快速检测”（Y907k81001），黑龙江八一农垦大学校内培育课题“基于SVM的预处理后玉米秸秆木质纤维素含量NIRS快速检测方法研究”（XZR2017－09），大庆市指导性科技计划项目“基于近红外光谱的面粉中偶氮甲酰胺含量检测方法研究”（Zd－2020－71）和黑龙江八一农垦大学学术专著、论文资助计划基金的资助与支撑。

本专著由黑龙江八一农垦大学信息与电气工程学院的教师刘金明、王娜、石建飞撰写。其中内容简介、前言、第1章和第2章由刘金明撰写；第3章、第4章、第5章和第6章第1节及附录A由王娜撰写；第6章第2节到第5节、第7章、第8章和附录B由石建飞撰写。本书参考文献部分由刘金明整理，全书由刘金明统稿。

本专著在写作过程中得到了东北农业大学工程学院孙勇教授和黑龙江八一农垦大学信息与电气工程学院陈争光教授的细心指导，在此表示感谢。同时，感谢黑龙江八一农垦大学信息与电气工程学院硕士研究生金硕、包昌昊和曾昌浩在书稿校对方面给予的帮助。

限于作者的学识水平，书中难免存在不足或不当之处，敬请广大读者批评指正，以共同推进光谱分析技术在农业领域的应用研究与发展。

著　者

2021年4月

目　　录

1 绪　论

1.1 研究背景

能源是人类社会赖以生存和发展的重要物质基础,能源的开发和利用极大地促进了世界经济和人类社会的发展,人类文明跨出的重要的每一步几乎都伴随着能源的革新和更替。2016 年版《BP 世界能源统计年鉴》指出,2015 年全球探明石油储量 3 200 亿桶,可满足 50.7 年的全球生产需要;全球天然气探明储量 186.9 万亿立方米,按当前产量计算可满足 52.8 年的生产需求;世界煤炭探明储量足以满足 114 年的全球生产需要,为目前化石燃料中最高储产比。2015 年石油仍然是全球最重要的燃料,占全球能源消费的 32.9%。中国能源消费占全球能源消费总量的 23%,占能源消费净增长的 34%。在化石能源中,消费增长最快的是石油,其次是天然气和煤炭。根据《中国统计年鉴 2016》,2015 年能源生产总量为 36.2 亿吨标准煤,其中原煤占 72.1%,原油占 8.5%,天然气占 4.9%,一次电力及其他能源占 14.5%;能源消费总量为 43.0 亿吨标准煤,其中原煤占 64%,原油占 18.1%,天然气占 5.9%,一次电力及其他能源占 12%。尽管能源消费总量占比为 64% 的煤炭仍是中国能源消费的主导燃料,但已然是历史最低值,而近年的最高值是 2005 年前后的 74%。这种过度依赖化石燃料为能源的局面导致的资源紧张、气候变化、环境污染等与可持续发展战略的矛盾日益彰显。

对于能源消费以煤炭为主导燃料的中国,由于煤炭的碳密集程度比其他化石燃料高得多,单位能源燃煤释放的二氧化碳是天然气的近两倍,以煤炭为主的能源结构和单一的能源消费模式必然会产生较高的排放强度,由此引起雾霾、酸雨、光化学污染等严重的环境污染问题。我国能源生产及消费格局正在转型阶段,但在短期内化石能源仍是主要能源来源。化石能源的消耗会产生大量的污染环境的气体,仅 2016 年,我国二氧化碳、氮氧化物和二氧化硫的排放量分别达到了 400 亿吨、1 394.31 万吨和 1 102.86 万吨。由此引起雾霾、酸雨、光化学污染等一系列严重的环境污染问题,直接威胁人类社会的可持续发展和生存空间。所以,以化石能源为主的全球能源结构,无论从经济上还是环境上都是不可持续的。我国正处在城镇化的快速发展阶段,从城镇化一般规律看,中国已经进入城镇化快速发展的中后期。2019 年,我国常住人口城镇化率已经突破 60%,户籍人口城镇化率达到 44.38%。人口增长及工业化、城市化进程的加快,促使中国耕地非农化不断加快,由此带来碳排放迅速增加、生态环境和温室效应的不断恶化。在化石能源危机和环境污染的背景下,开发和应用核能、风能、太阳能、水能、生物质能、地热能、海洋能等可再生能源尤为重要。

当前,随着完善煤炭产能置换,加快优质产能释放等政策的持续推进,全球能源供应和消费格局正在发生变革——朝着低碳化、清洁化的方向进行能源转型,而能源技术创新将成为能源转型的关键驱动力。2019 年版《BP 世界能源统计年鉴》指出,2018 年,全球一次能源需求增长 2.9%,碳排放量增长 2.0%,是 2010 年以来增速最快的一年。天然气消费量增长和产量增长均超过5%，是过去三十多年需求与产量增长最为强劲的年份之一。可再生能源增长14.5%，与2017年创纪录的增长速度接近，但在总发电量增量中，可再生能源仅占约三分之一。在经历三年的持续下降（2014—2016年）之后，2018年煤炭消费量（+1.4%）和产量（+4.3%）已连续第二年增加。由《中国统计年鉴2018》可知，2018年我国全年能源消费总量46.4亿吨标准煤，比2017年增长3.3%。化石能源煤炭、原油、天然气、电力消费量分别增长1.0%，6.5%，17.7%和8.5%。煤炭消费量占能源消费总量的59.0%，比2017年下降1.4%；天然气、水电、核电、风电等清洁能源消费量占能源消费总量的22.1%，上升1.3%。中国近15年能源消费总量及非化石能源占比如图1－1所示。

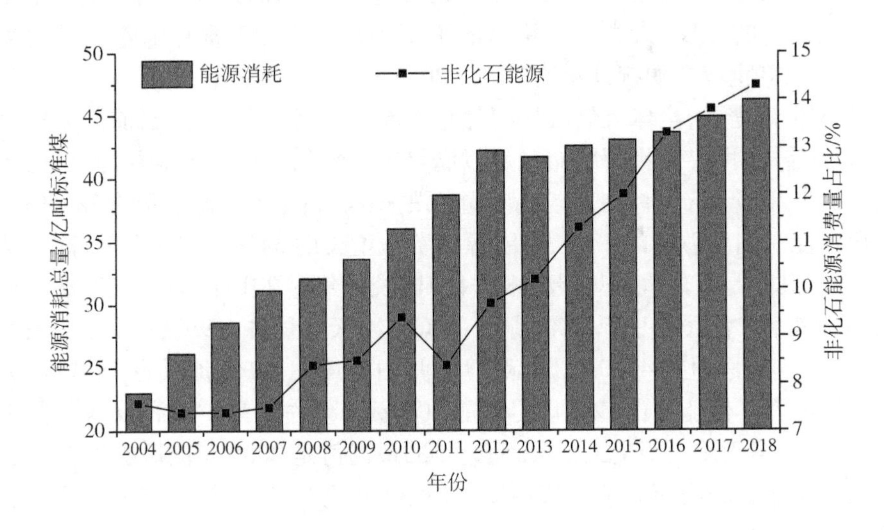

图1－1　中国能源年消费总量

由图1－1可知，从总体来看我国能源消耗呈上升趋势，且非化石清洁能源消耗占比持续上升，发展趋势较好。但在目前的能源消费仍持续增长的情况下，调整以煤炭为主的能源结构并提高包括可再生能源在内的非化石能源比例，仍将是一项艰巨的历史性任务，且任重而道远。2020年版《BP世界能源统计年鉴》指出，在可再生能源方面，2019年可再生能源增长创下历史新高，占全球一次能源增长的40%以上，高于其他各类燃料。可再生能源在发电领域的占比达到10.4%，首次超越核电。在油气方面，天然气消费增长2%，远低于2018年的强劲增速，但在一次能源中的占比(24.2%)仍创新高。在液化天然气出口量创纪录的增长(540亿立方米)推动下，天然气产量增长3.4%。石油消费增量为90万桶/天，约增长0.9%，低于历史均速；与此同时，包括生物燃料在内的各类液体燃料需求总和达到1亿桶/天，为有史以来最高。煤炭仍然是发电最主要的能源，在全球总发电量中占比超过36%。不过，受经济合作与发展组织(经合组织)国家需求急剧下降的影响，2019年煤炭消费量减少了0.6%，在一次能源中占比降至27%，为过去16年来最低。虽然全球可再生能源保持强劲增长的态势，但碳排放量持续增长等诸类趋势则凸显了全球能源和环境仍将面临的巨大挑战。

从远景规划来看，习近平总书记在2020年9月22日的联合国大会上以国家主席的名义代表中国明确提出，“中国将提高国家自主贡献力度，采取更加有力的政策和措施，二氧化碳排放力争2030年前达到峰值，争取在2060年前实现碳中和”，并且提出了具体的指标。以此为目标，当前非化石能源所占的比例不到15%，2030年就要达到25%，2050年要达到

70%。有专家预测,可再生能源将在"十四五"时期有大幅度的发展。在可再生能源里,沼气和生物天然气两种生物质能源所占的比例很大。其中,生物质发电、生物质液体燃料、沼气和生物质天然气、生物质成型燃料占60%。中国的能源结构发生了显著变化,正向清洁、低碳能源型转变,下一步沼气行业将面临较大发展。继中国公布碳减排方案之后,欧盟持续提升非化石能源消费占比。2040年,非化石能源将满足欧盟40%的能源需求,远高于世界平均值(25%)。日本、韩国政府近日也纷纷表示,要在2050年实现碳中和。从国内、国际上来看,这都是非常重要的行动。沼气和生物质天然气的发展已进入快车道。

生物质是指利用大气、水、土地等通过光合作用而产生的各种有机体,即一切有生命的可以生长的有机物质通称为生物质。它包括植物、动物和微生物。广义概念:生物质包括所有的植物、微生物以及以植物、微生物为食物的动物及其生产的废弃物。有代表性的生物质如农作物、农作物废弃物、木材、木材废弃物和动物粪便。狭义概念:生物质主要是指农林业生产过程中除粮食、果实以外的秸秆、树木等木质纤维素、农产品加工业下脚料、农林废弃物及畜牧业生产过程中的禽畜粪便和废弃物等物质。

所谓生物质能,就是太阳能以化学能形式贮存在生物质中的能量形式,即以生物质为载体的能量。它直接或间接地来源于绿色植物的光合作用,可转化为常规的固态、液态和气态燃料,取之不尽、用之不竭,是一种可再生能源,同时也是唯一一种可再生的碳源。生物质能的原始能量来源于太阳,所以从广义上讲,生物质能是太阳能的一种表现形式。生物质能蕴藏在植物、动物和微生物等可以生长的有机物中,它是由太阳能转化而来的。有机物中除矿物燃料以外的所有来源于动植物的能源物质均属于生物质能,通常包括木材、森林废弃物、农业废弃物、水生植物、油料植物、城市和工业有机废弃物、动物粪便等。地球上的生物质能资源较为丰富,而且是一种无害的能源。地球每年经光合作用产生的物质有1 730亿吨,其中蕴含的能量相当于全世界能源消耗总量的10 ~ 20倍,而利用率却不到3%。

农作物秸秆是生物质的一个重要组成部分,我国是一个农业大国,各类农作物秸秆资源丰富、分布广泛。农作物秸秆蕴含大量的化学能,若能将目前浪费的秸秆资源转化为高品位能源产物,既能提高可再生能源的使用比例,又能解决农村用能和种植业污染问题,为实现循环农业提供一种切实可行的办法,同时又向成功实现能源转型迈进了一步。大力发展生物质能源已经成为全球能源转型利用不可逆转的趋势,对我国发展生物质能源,尤其是秸秆生物质能源具有重要意义。加大生物质能的开发利用,是维护我国能源安全、调整能源结构、缓解能源供需矛盾的战略举措;加大生物质能源的开发利用,是促进农村经济的发展,有效增加农民收入,解决"三农"问题的有效途径;加大生物质能的开发利用,是减少温室气体排放,保护环境,实现可持续发展的重要措施。发展生物质能源有利于调整能源结构、缓解能源供需矛盾、减少温室气体排放,有利于生态环境的保护。可见,生物质能源的发展对于完成国家制定的节能减排目标、建设节约环保型社会具有重大战略意义。

1.2 研究的意义与目的

1.2.1 研究意义

随着社会的飞速发展,人类所面临的能源紧缺压力日益严峻;同时,农牧业的快速发展，产生大量的农作物秸秆和畜禽粪便等有机废弃物，由此引起的环境污染问题日益突出。2019 年，我国农作物秸秆和畜禽粪污年产量分别达到了 10 亿吨和 38 亿吨，这些生物质能源若不能得到有效利用，将对农村环境造成严重的危害，对美丽乡村建设提出了严峻挑战。厌氧发酵产沼气作为一项清洁生物质能源技术，是实现农牧废弃物资源化利用、改善环境、解决能源紧缺问题的重要手段和发展方向。

厌氧发酵是指生物质在无氧的条件下通过微生物的分解和转化生成甲烷（CH_4）和二氧化碳（CO_2）的过程，该过程主要经历水解、酸化、产氢产乙酸和产甲烷四个阶段，其中水解阶段和产甲烷阶段是两个关键阶段。厌氧发酵过程的每个阶段与其他三个阶段密切相关，从一个阶段提取的信息通常可以直接反映其他阶段的相关状况。每个阶段都有特定的功能微生物，且它们之间存在一定的协同作用。通常，一个阶段的代谢产物是下一个阶段的底物，如果其中一个过程受到任何负面影响，快速生长的产酸微生物和敏感的产甲烷微生物之间的细微平衡就将被打破。因此，通过厌氧发酵信息检测实现发酵过程监测是保证沼气生产稳定、高效进行的必要措施。生物质厌氧发酵过程如图 1－2 所示。

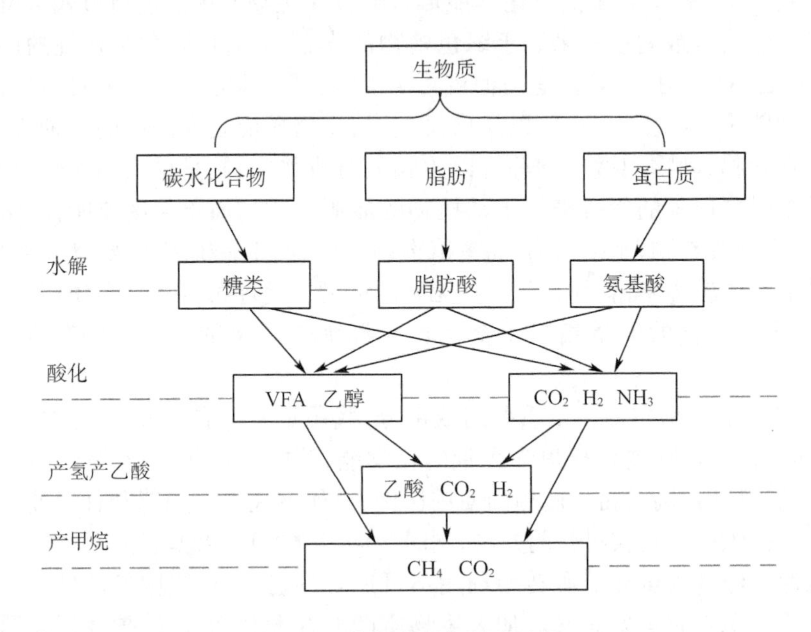

图 1－2　生物质厌氧发酵过程

由图 1－2 可知，在厌氧发酵的水解阶段，生物质中的碳水化合物、脂肪、蛋白质等不溶性大分子物质在胞外酶的作用下转化为糖类、脂肪酸、氨基酸等水溶性小分子物质。在厌氧发酵的酸化阶段，水解阶段产生的水溶性小分子物质在产酸菌的作用下转化为挥发性脂肪酸（volatile fatty acid，VFA）和醇类物质。在厌氧发酵的产氢产乙酸阶段，专性厌氧产氢产乙酸菌将酸化阶段产生的丙酸（$C_3H_6O_2$）、丁酸（$C_4H_8O_2$）和乙醇（C_2H_6O）转化为乙酸（$C_2H_4O_2$），而同型产乙酸菌将二氧化碳和水合成乙酸。在厌氧发酵的产甲烷阶段，乙酸在产甲烷菌的作用下转化为甲烷和二氧化碳，二氧化碳和氢气在产甲烷菌的作用下生成甲烷和水。

由生物质厌氧发酵过程的物质流可知，在农作物秸秆等有机原料厌氧发酵生产沼气过程中，秸秆中的碳水化合物含量将对水解阶段糖类的生成产生重要影响，原料内含有的纤维素、半纤维素和木质素三种木质纤维素成分的含量将对甲烷产率产生直接影响。在酶的作用下纤维素和半纤维素两种碳水化合物经水解阶段转化为各种糖类，其中纤维素主要转化为葡萄糖，半纤维素主要转化为单糖或寡糖。各种糖类经酸化阶段转化为易于被产甲烷菌利用的 VFA，再经产甲烷阶段转化为甲烷和二氧化碳。而木质素复杂的三维网状结构导致其在厌氧发酵过程中几乎不能被降解利用，且木质素与纤维素和半纤维素交联在一起形成的致密细胞壁结构阻碍了微生物对秸秆内部纤维素和半纤维素的转化和利用，导致其成为限制木质纤维素类原料厌氧发酵产沼气效率的主要原因。秸秆的细胞壁结构如图 1-3 所示。

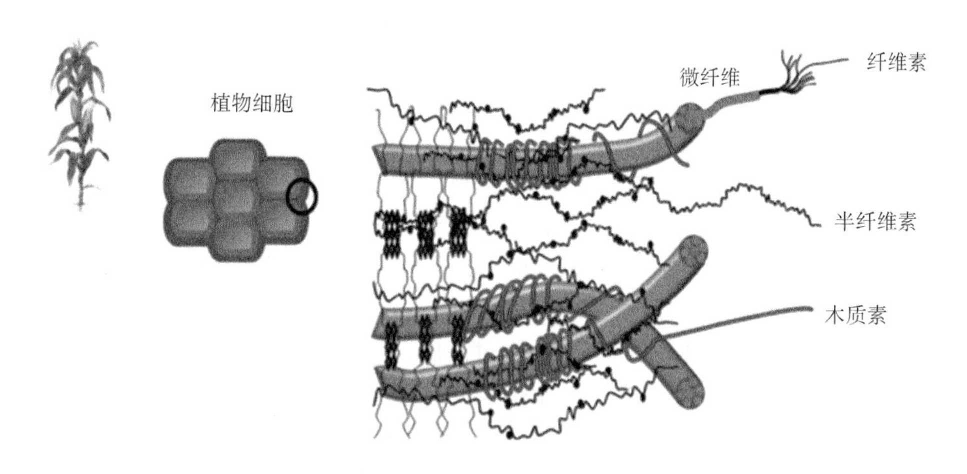

图 1-3　秸秆的细胞壁结构模型

由图 1-3 可知，这种结构阻碍了水解微生物胞外酶与纤维素的接触进行酶解，导致水解产酸发酵过程缓慢，成为秸秆厌氧发酵产沼气的限速因素。因此在水解发酵阶段最大限度地破坏木质素结构，促进水解菌与纤维素及半纤维素的接触，是解决秸秆厌氧发酵瓶颈的关键。同时，秸秆中木质纤维素的聚合度、纤维素的结晶度、比表面积和半纤维素乙酰化程度，都被认为是影响木质纤维素酶生物降解率的主要因素。通过物理、化学、生物等手段对木质纤维素类原料进行预处理，打破木质素、纤维素和半纤维素间的致密、稳定结构，能够有效提高纤维素和半纤维素的酶水解和发酵效率，进而有效提高木质纤维素类原料的厌氧发酵产沼气能力。通过预处理，纤维素、半纤维素和木质素之间的坚硬、稳定细胞壁结构被破坏，有效降低了木质素的包裹保护作用，纤维素的结晶结构也被打破，有效提高了原料的亲水性和酶水解能力。此时预处理后的木质纤维素原料的厌氧发酵甲烷产率与纤维素、半纤维素和木质素的含量相关性得到增强。因此，为了对预处理后的秸秆类有机原料的厌氧发酵过程进行有效调控，有必要对秸秆中纤维素、半纤维素和木质素含量进行快速、准确测定。

厌氧发酵的本质是微生物的生长繁殖过程，微生物的生长繁殖需要一定量的碳和氮才能够进行，而且要保证适宜的碳氮比才能够维持正常的生命活动。碳氮比作为厌氧发酵过程中一个重要的影响因素，不仅影响产气率，同时还影响发酵料液的氨氮浓度等，它主要是通过影响微生物的生长及代谢产物的形成和积累而影响产气量。在厌氧发酵过程中，碳氮比是不断变化的，其中一部分有机碳素由微生物分解成 CH_4 和 CO_2 并排出反应器，另一部分与氮素合成新的细胞物质用于微生物的生长基质。一般情况下，发酵原料的碳氮比介于

(20～30)∶1 时厌氧发酵产沼气性能较好,过高或过低的碳氮比都不利于微生物新陈代谢活动的进行,而且往往会在厌氧发酵后期因碳缺乏或氮缺乏严重影响微生物的活性,进而影响厌氧发酵的生物转化率。碳氮比过高,就会使发酵系统中缺乏氮素,其缓冲能力下降,由此引起挥发性有机酸的累积,从而使系统 pH 值下降,同时由于氮源不足会导致产甲烷菌的生长代谢受到严重的影响而降低产气量。碳氮比过低,氮源过多导致微生物生长旺盛,碳源不足易导致微生物菌体衰老和自溶的发生,系统中氮素含量增加,使氨氮浓度升高,易导致反应器 pH 值偏高,不利于代谢中间产物的积累,将抑制发酵反应的顺利进行。在使用秸秆类木质纤维素原料为主要原料进行厌氧发酵生产沼气时,因秸秆碳氮比过高,常与碳氮比较低的畜禽粪便混合共发酵,以提高厌氧发酵产沼气的效率和能力。为了分析碳氮比对厌氧发酵的影响,进而对预处理后玉米秸秆及秸秆粪便混合物的厌氧发酵过程进行有效调控,有必要对发酵原料的碳氮比进行快速、准确测定。

氨氮是厌氧发酵过程的重要中间产物,大部分可生物降解的有机氮在厌氧发酵过程中几乎都转化为发酵液中的氨氮,主要以游离氨(NH_3)和铵离子(NH_4^+)的形式存在。合适浓度的氨氮能够提升厌氧发酵的有机负荷,保证厌氧发酵过程平稳进行。氨氮含量过少,则表明系统中氮素有效营养不足;过高的氨氮含量也会对厌氧发酵过程产生抑制作用,形成氨抑制。一般情况下,当沼液中氨氮浓度约为 200 mg/L 时,氨氮既能为微生物的生长提供氮源,又能够调节料液的 pH 值。但氨氮浓度过高就会对甲烷生产产生明显的抑制作用,形成氨抑制,影响厌氧发酵的正常进行。氨氮浓度对厌氧发酵的抑制作用相关研究结果表明,当氨氮浓度为 800 mg/L 时,对厌氧发酵的抑制作用可达 7%,而且其抑制作用会随着氨氮浓度的升高而增强。氨氮浓度已然成为生物质厌氧发酵产沼气的关键参数信息之一。氨氮浓度不仅可以帮助我们了解发酵系统内氮素的有效营养水平,还反映了基质中不同状态氮素比例和有机物的厌氧分解程度。因此,在厌氧发酵过程中,需要对发酵液的氨氮浓度进行快速、准确测定,以监控和评估厌氧发酵状态,对氨氮浓度过低或过高的厌氧发酵过程进行诱导,以控制氨氮浓度在合理的范围内,维持发酵系统稳定、高效运行。

VFA 作为厌氧发酵过程的重要中间产物,为产甲烷阶段提供了底物。产甲烷菌主要利用 VFA 形成甲烷,只有少部分甲烷由二氧化碳和氢气生成,但二氧化碳和氢气生成甲烷时也经过高分子有机物形成 VFA 的中间过程。VFA 在厌氧反应器中的积累能反映出产甲烷菌的不活跃状态或厌氧发酵条件的恶化,较高的 VFA 浓度对产甲烷菌有抑制作用,过高的 VFA 浓度甚至会导致厌氧发酵发生“酸败”。在反应器运行过程中,发酵液的 VFA 浓度常用作厌氧发酵过程的重要监控指标。通过监测发酵液中 VFA 的变化情况,可以很好地了解有机物的降解过程及产甲烷菌的活性和系统的运行情况。为了对厌氧发酵状态进行有效监控,有必要对发酵液的 VFA 含量进行快速、准确测定。

厌氧发酵原料的最大产甲烷潜力又称生化甲烷势(biochemical methane potential, BMP),是衡量有机物厌氧发酵产甲烷能力的重要指标。发酵原料 BMP 的测定是进行沼气工程给料、指导沼气装置设计、评估沼气工程运行状态、评价沼气生产经济可行性的重要依据。厌氧共发酵是解决单一原料厌氧发酵产沼气时因底物性质导致产甲烷效率和转化率偏低问题的有效途径,通过调节厌氧共发酵底物的不同配比,可以有效实现产甲烷条件的优化,在提高厌氧发酵效率的同时有效避免氨抑制和酸败现象的产生。在以秸秆和粪便混合物为原料进行厌氧共发酵生产沼气时,为了确定最佳的厌氧共消化混合比,有必要对秸秆粪便混合发酵原料的 BMP 进行快速、准确测定。

综上所述,厌氧发酵原料的木质纤维素各成分含量、碳氮比、BMP 和发酵液的氨氮、VFA 浓度已成为生物质厌氧发酵产沼气的关键参数信息,对指导厌氧发酵原料配比、监控厌氧发酵状态、评估厌氧发酵进程等具有重要指导作用。但采用传统方法测定上述厌氧发酵关键信息时,存在测试速度慢、成本高的问题。近红外光谱(near infrared spectroscopy, NIRS)分析技术具有简便、快速、无损、低成本及多组分同步检测等众多优点,已广泛用于农产品及农牧业废弃物的定性分析和定量检测。将 NIRS 分析技术与化学计量学方法相结合,构建厌氧发酵原料木质纤维素各成分含量、碳氮比、BMP 和发酵液氨氮、VFA 浓度的 NIRS 快速检测模型,实现厌氧发酵全过程上述关键信息的快速获取,从而有效监控和评估厌氧发酵过程,确保厌氧发酵过程稳定、高效运行,进一步提高原料的生物转化利用率,具有很高的实际应用价值。

1.2.2 研究目的

在以玉米秸秆和畜禽粪便为原料进行厌氧发酵产沼气过程中,为了有效提高发酵原料的转化利用率,实现沼气的工业化生产和商品化利用,有必要对沼气工程的运行状态进行有效的监控与评估,以保证沼气工程的稳定、高效运行。因此,需要对厌氧发酵原料成分、碳氮比、BMP 和发酵过程中发酵液的氨氮、VFA 含量等厌氧发酵的关键信息进行快速准确检测。针对采用传统化学方法检测上述厌氧发酵关键信息时,存在测试速度慢、成本高的问题,本研究提出使用 NIRS 技术对上述关键信息进行快速检测。为了提高检测精度和效率,本书以光谱特征波长优选为主线,构建基于偏最小二乘(partial least squares, PLS)和支持向量机(support vector machine, SVM)回归模型的快速检测方法。具体研究目的如下:

(1)构建基于 NIRS 的厌氧发酵原料木质纤维素、碳氮比、BMP 和发酵液氨氮、VFA 含量快速检测模型,实现上述厌氧发酵关键信息的快速获取,解决传统化学方法测试速度慢、成本高的不足,为监控与评估厌氧发酵状态提供有效手段。

(2)明确厌氧发酵各关键信息对应的光谱采集方式、预处理方法、波长优选方法和特征波长变量信息,阐明各关键信息包含的相关基团与 NIRS 各特征波长变量的对应关系,确定各关键信息最佳 NIRS 快速检测模型的构建方法,为厌氧发酵关键信息在线检测设备的开发与应用提供理论支持。

1.3 厌氧发酵相关理论

1.3.1 厌氧发酵原理

厌氧发酵技术是指在无氧环境中,通过专性厌氧菌群和兼性厌氧菌群分解秸秆及畜禽粪污中的各种有机物,最终转化成甲烷、二氧化碳、水、硫化氢以及氨等可利用的能源,同时合成菌群自身所需物质的一种生物处理方法,该方法有效实现了农牧废弃物的无害化和资源化利用。在厌氧发酵过程中,许多不同种类微生物的代谢过程相互干扰和影响,形成了非常复杂的生化过程。随着厌氧微生物学的发展,以及对厌氧发酵过程的不断研究,厌氧发酵原理的发展共经历了三个阶段:两阶段理论、三阶段理论和四阶段理论。两阶段理论是将厌氧发酵总体上分为产酸阶段和产甲烷阶段。1979 年,M. P. Bryant 在两阶段厌氧发酵理论的基础上,提出了三阶段理论。三阶段理论是将产酸阶段分解为水解和酸化两个阶段。在对三阶段厌氧发酵过程微生物种类及群落演替规律的研究中发现,参与厌氧发酵过程的微生物,除包含水解发酵菌、产氢产乙酸菌、产甲烷菌外,还存在一种同型产乙酸菌。这类菌可将中间代谢物 H_2 和 CO_2 转化成乙酸,因此丰富了三阶段理论,提出了四阶段理论。该理论将厌氧发酵过程分为四个阶段,即水解阶段、酸化阶段、产氢产乙酸阶段和产甲烷阶段。厌氧发酵产甲烷过程如图 1 -4 所示。

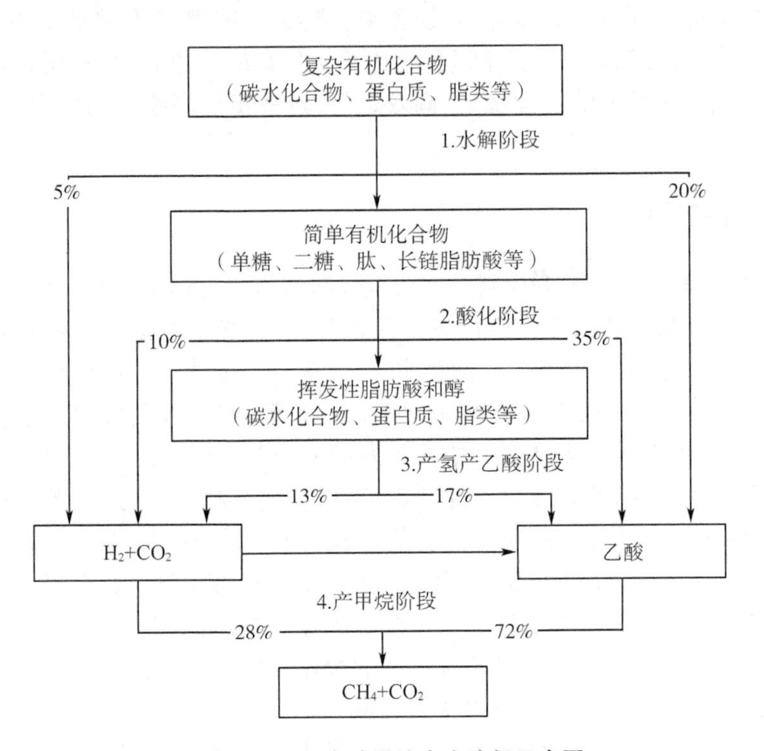

图 1 -4　厌氧发酵甲烷产生路径示意图

(1)第一阶段:水解阶段

水解是厌氧发酵过程中首先发生的重要反应,是在各种水解酶(细胞外酶)的作用下,大分子有机物被分解为水溶性小分子化合物的生化过程。水解阶段主要是纤维素、淀粉、蛋白质及脂类等不溶性高分子有机物的水解。由于它们的相对分子质量较大,不能透过细胞膜直接被细菌所利用,因此需在水解酶的作用下将其转化为可以透过细胞膜的水溶性小分子有机物。水解阶段的主要产物是单糖、甘油、高级脂肪酸以及氨基酸等。

纤维素的水解过程如下:

$$2(C_6H_{10}O_5)_n(\text{纤维素}) + nH_2O \xrightarrow{\text{纤维素酶}} nC_{12}H_{22}O_{11}(\text{纤维二糖}) \tag{1-1}$$

$$C_{12}H_{22}O_{11}(\text{纤维二糖}) + H_2O \xrightarrow{\text{纤维二糖酶}} 2C_6H_{12}O_6(\text{葡萄糖}) \tag{1-2}$$

淀粉的水解过程如下:

$$2(C_6H_{10}O_5)_n(\text{淀粉}) + nH_2O \xrightarrow{\text{淀粉酶}} nC_{12}H_{22}O_{11}(\text{麦芽糖}) \tag{1-3}$$

$$C_{12}H_{22}O_{11}(\text{麦芽糖}) + H_2O \xrightarrow{\text{麦芽糖酶}} 2C_6H_{12}O_6(\text{葡萄糖}) \tag{1-4}$$

蛋白质的水解过程如下:

$$蛋白质 \xrightarrow{蛋白酶(内肽酶)} 蛋白胨 \xrightarrow{蛋白酶(内肽酶)} 多肽 \xrightarrow{肽酶(外肽酶)} 氨基酸 \quad (1-5)$$

脂肪的水解过程如下：

$$脂肪 \xrightarrow{脂肪酶} 甘油 + 脂肪酸 \quad (1-6)$$

$$甘油 \xrightarrow{在细胞内} 丙酮酸 \xrightarrow{厌氧条件} 丙酸 + 丁酸 + 琥珀酸 + 乙醇 + 乳酸等 \quad (1-7)$$

$$脂肪酸 \xrightarrow{\beta-氧化} 乙酰辅酶A(CH_3CO-SCoA) \longrightarrow 乙酸等 \quad (1-8)$$

(2)第二阶段:酸化阶段

酸化阶段是产酸发酵细菌利用水解阶段产生水溶性小分子有机物,将其转化为以挥发性脂肪酸和醇为主的末端产物(甲酸、乙酸、丙酸、丁酸、戊酸、己酸、乳酸、乙醇等),同时合成新的细胞物质。以葡萄糖为底物的发酵酸化过程如下：

$$C_6H_{12}O_6 + 4H_2O + 2NAD^+ = 2CH_3COO^- + 2NADH + 2H_2 + 6H^+ \quad (1-9)$$

$$C_6H_{12}O_6 + 2NADH = 2CH_3CH_2COO^- + 2H_2O + 2NAD^+ \quad (1-10)$$

$$C_6H_{12}O_6 + 2H_2O = CH_3CH_2CH_2COO^- + 2H_2 + 3H^+ \quad (1-11)$$

$$C_6H_{12}O_6 + 2H_2O + 2NADH = 2CH_3CH_2OH + 2HCO_3^- + 2NAD^+ + 2H_2 \quad (1-12)$$

$$C_6H_{12}O_6 = 2CH_3CHOHCOO^- + 2H^+ \quad (1-13)$$

(3)第三阶段:产氢产乙酸阶段

专性厌氧产氢产乙酸菌进一步利用上阶段生产的丙酸、丁酸、乳酸、丙酮酸等 C_3 以上的脂肪酸分解产生乙酸、水和二氧化碳,同时同型产乙酸菌将二氧化碳和水合成乙酸,其反应途径如下：

$$CH_3CHOHCOO^-(乳酸) + 2H_2O = CH_3COO^- + HCO_3 + H^+ + 2H_2 \quad (1-14)$$

$$CH_3CH_2OH(乙醇) + H_2O = CH_3COO^- + H^+ + 2H_2 \quad (1-15)$$

$$CH_3CH_2COO^-(丁酸) + 2H_2O = 2CH_3COO^- + H^+ + H_2 \quad (1-16)$$

$$CH_3CH_2COO^-(丙酸) + 3H_2O = CH_3COO^- + HCO_3^- + H^+ + 3H_2 \quad (1-17)$$

$$4CH_3OH(甲醇) + 2CO_2 = 3CH_3COOH + 2H_2O \quad (1-18)$$

(4)第四阶段:产甲烷阶段

产甲烷阶段是产甲烷菌将乙酸、甲酸、碳酸、甲胺、甲醇及氢气等生成甲烷和二氧化碳,并伴随着菌群的增殖。主要反应如下：

$$CH_3COOH = CH_4 + CO_2 \quad (1-19)$$

$$CO_2 + 4H_2 = CH_4 + 2H_2O \quad (1-20)$$

$$HCOOH(甲酸) + 3H_2 = CH_4 + 2H_2O \quad (1-21)$$

$$CH_3OH(甲醇) + H_2 = CH_4 + H_2O \quad (1-22)$$

$$4CH_3NH_2(甲胺) + 2H_2O + 4H^+ = 3CH_4 + CO_2 + 4NH_4^+ \quad (1-23)$$

在厌氧发酵过程中,每两个阶段之间代谢速率需要达到一个平衡。如果第一步水解酸化速度过快,发酵液中的有机酸浓度将会增加。随着酸浓度的增加,反应体系内的 pH 值将会不断下降,如 pH 值下降至 7.0 以下将会抑制产甲烷菌群的代谢活动。如果第二阶段速度进行过快,则系统的产甲烷速率将会受到水解阶段的限制。因此,整个发酵体系的反应速率主要取决于底物中可被有效利用的化合物。未分解的大分子化合物,如纤维素、蛋白质和脂肪,它们水解的速度相对较慢,一般需要几天时间;而可溶性碳水化合物(淀粉、多糖、单糖)的水解常常在几个小时之内就可完成。因此,不同底物的厌氧发酵产甲烷过程需要根据其有机组成成分来制定相应的发酵方案。

1.3.2 厌氧发酵影响因素

1. 发酵底物性质因素

(1)发酵原料的成分

在厌氧发酵过程中,发酵原料的组成成分含量直接影响产甲烷潜力,其组成成分可以从有机成分的构成及元素组成这两个方面进行分析。单就元素组成而言,发酵原料主要由C、H、O、N、S和金属等元素组成,其中绝大部分是有机成分和少量(微量)的无机成分。其中有机成分是能被厌氧发酵微生物所利用的主要物质,主要包括碳水化合物、脂肪、蛋白质等。不同类型的发酵原料组成成分差异性较大,对其产甲烷潜力和产甲烷率有直接影响。利用发酵原料的组成成分可以计算出理论产气率,但是利用元素组成计算出的结果往往高于实际值,因此通常对发酵原料进行产甲烷潜力试验以分析其产甲烷潜力。由中国农业大学工学院农业生物质特性及其共享平台发布的数据可知,常见的农作物秸秆及畜禽粪便发酵原料组成成分的基础特性统计数据如表1-1所示。

表1-1 发酵原料的组成成分的基础特性统计数据

基础特性	农作物秸秆基础特性数据统计结果					禽畜粪便基础特性数据统计结果				
	小麦/%	水稻/%	玉米/%	油菜/%	棉花/%	生猪/%	奶牛/%	肉牛/%	蛋鸡/%	肉鸡/%
干物质	94.02	93.60	93.63	93.39	94.83	38.74	36.92	40.78	49.58	53.73
粗蛋白	4.45	5.49	5.58	4.32	5.79	—	—	—	—	—
中性洗涤纤维(NDF)	72.83	68.37	68.77	70.46	71.05	—	—	—	—	—
酸性洗涤纤维(ADF)	48.07	44.45	45.89	52.25	56.16	—	—	—	—	—
纤维素	38.56	36.10	37.46	38.74	38.21	—	—	—	—	—
半纤维素	21.49	23.01	20.26	16.55	14.19	—	—	—	—	—
木质素	19.06	14.09	18.18	15.16	22.05	—	—	—	—	—
可溶性糖	2.77	3.79	4.40	2.75	2.77	—	—	—	—	—
粗灰分	8.62	12.97	7.03	7.06	5.62	23.58	22.94	20.79	29.38	26.08
水分	4.66	5.69	5.09	5.33	4.67	58.89	62.99	57.91	50.26	42.61
挥发分	67.64	66.54	70.03	71.48	70.78	61.43	60.64	62.70	58.31	60.09
固定碳	18.67	15.03	17.68	15.92	19.01	12.67	15.75	16.44	12.23	12.92
C	41.57	38.84	41.80	40.51	42.77	35.98	35.63	36.13	31.65	33.54
H	6.27	5.85	5.97	6.67	6.01	5.94	5.31	5.46	5.01	5.32
N	0.78	1.03	1.09	0.93	1.16	2.92	2.25	2.46	3.15	3.75
S	0.49	0.53	0.61	0.49	0.43	0.77	0.65	0.68	0.69	0.88
O	41.37	36.23	39.97	39.08	39.21	32.35	32.72	33.06	32.82	32.56

从表1－1可以看出，农作物秸秆属于木质纤维素类废弃物，其木质纤维素含量占总含量的70%以上，其中C含量最高，N含量较低，碳氮比远高于厌氧发酵最适宜的范围(20～30):1，直接影响厌氧微生物的生长繁殖。因此利用秸秆进行厌氧发酵时往往要进行预处理或者与其他含氮量高的原料进行混合配比，以达到适宜的碳氮比。例如，与畜禽粪便、餐厨垃圾等含氮量高的废弃物混合调节碳氮比进行厌氧发酵，满足厌氧微生物对营养物质的要求，可以获得较高的产气率。

(2)接种物的性质

接种物的质量、接种比例及来源对维持厌氧发酵系统的稳定性非常重要，是厌氧发酵的关键性因素。接种物中的菌系类型很多，以产氢产酸菌、产甲烷菌为主，其中产甲烷菌应取自正在连续运行且产气效果良好的产甲烷反应器，取出接种物后(去除悬浮原料或浮渣)直接按试验要求进行接种，避免长期放置影响接种物的品质(产甲烷菌活性降低或自溶)。接种比例一般是发酵原料质量的10%～30%。接种量偏多，虽然反应器内产甲烷微生物的数量增多，但同时接种物中不能被利用的有机物也增多，而能被微生物所降解利用的有机物减少，使反应器容积处理效率降低；接种量过少，反应器内产甲烷微生物数量过少而容易使发酵延滞期变长，更严重者可致使反应器无法正常启动，从而导致沼气发酵失败。可见适宜的接种比例对于构建稳定、高效的厌氧发酵产甲烷系统非常重要。对于干物质含量较高的干法发酵方式来说，VFA和氨氮容易积累，适宜的接种物比例能够防止发酵抑制物的累积，使其尽快被代谢利用，有利于干发酵的顺利进行。

(3)发酵料液的浓度

厌氧发酵料液浓度是指原料的总固体(或干物质)质量与发酵料液总质量的百分比，通常用总固体(total solid,TS)含量来表示。根据初始发酵料液浓度的不同将厌氧发酵分为干法发酵和湿法发酵两种方式。其中干法发酵TS浓度一般高于20%，优点是发酵反应器容积小、容积产气率高、省水、没有沼液消纳等问题；缺点是会出现物料流动性差、传热传质困难等问题，同时料液浓度高容易引起“酸化”现象，导致发酵系统运行失败。湿法发酵料液的TS浓度一般低于15%，优点是料液的流动性及传热传质特性较好；缺点是反应器的利用率低，需水量大，产生大量的沼液沼渣，后期处理复杂。目前，针对农作物秸秆原料进行厌氧发酵并稳定运行时的临界料液TS浓度进行了大量的研究，但多数都是针对整株秸秆进行的，忽略了秸秆各部位组织结构及有机物含量的特殊物理特性。本课题组针对玉米秸秆各部位的特殊性，分别进行了发酵浓度的相关研究。试验的结果表明，粉碎的玉米秸秆各部位在能顺利启动而不产生酸化的情况下，皮和叶的最高发酵浓度要高于髓，这是因为髓的密度小、可溶性有机物含量高，发酵初期水解酸化速度快，产生大量的挥发性脂肪酸，致使pH值迅速降低，过低的pH值使产甲烷菌失去活性，致使产甲烷过程运行失败；同时粉碎的髓吸水膨胀上浮在发酵液的顶部形成浮渣层，如果不加以搅拌，极易结壳，产生的沼气滞留在发酵液中，增大了发酵液的压力，影响正常的产气速率。同时，料液浓度也反映了发酵系统中微生物同生长基质的供需关系，浓度的高低在一定程度上会影响微生物的生长代谢以及有机物的降解，同时还会对系统的pH值产生直接的影响，进而影响厌氧发酵系统的正常运行。因此，合适的料液浓度能够使厌氧发酵高效运行，同时能够获得较高的有机物降解率及产甲烷率。

2. 发酵过程控制因素

厌氧发酵过程中，除了考虑发酵底物的因素外，还要在发酵过程中对温度、pH值、碱度、VFA含量、氨氮含量、氧化还原电位、有机负荷、水力停留时间和搅拌等因素进行监测及调控,以获得最佳的产甲烷性能。

(1)温度

温度是厌氧产甲烷发酵的重要环境生态因子之一。与甲烷发酵相关的厌氧菌特别是产甲烷菌对温度的变化很敏感。温度影响微生物体内某些酶的活性,从而影响微生物的新陈代谢及生长速率。研究发现,在一定温度范围内,任何一种微生物的生长代谢及有机物的降解速率都会随温度的升高而加快。在一个严格的温度范围内,根据Van't Hoff定律,温度每增加10 ℃,其化学反应速度加快近1倍,但当超过某一个最佳温度时,微生物的生长代谢就会随温度的升高而迅速下降。可见控制合适的温度对厌氧发酵持续稳定地运行至关重要。根据不同温度下微生物的最佳活性,可将厌氧发酵的温度分为3个范围,如表1-2所示。

表1-2　厌氧发酵温度范围

微生物种类	适宜的温度范围/℃
低温菌	<15
常温菌	15~30
中温菌	30~40
高温菌	50~60

针对温度的研究已较为成熟,由于低温菌种类少,筛选较为困难,且产气率较低,低温发酵的应用受到限制。目前,甲烷发酵处理固体有机废弃物一般选择在中温或高温条件下进行。与中温发酵相比,高温发酵需要较多的能量输入,反应器材料需要耐高温,对温度变化也更为敏感,但高温发酵启动快,不仅能缩短发酵周期,还能获得较高的产气率和有机物去除率,同时还能灭杀原料携带的大量病原菌。研究人员分别在低温、中温和高温条件下对水果及蔬菜废弃物进行了厌氧发酵研究,结果表明高温条件下的产气量比中温和低温分别高出14.4%和41%。科研人员利用餐厨废弃物分别在25 ℃、35 ℃、45 ℃、55 ℃和65 ℃条件下进行水解和产酸发酵,研究结果表明在35 ℃和45 ℃时,水解率可达70%和72.7%,而且在厌氧发酵过程中能够得到较高的产气率,但在高温条件下的微生物活性受到抑制,只在早期出现了较高的水解率,而且停留时间较短。高温及极高温的厌氧发酵很难控制,耗能大,为反应器运行操作和管理带来困难,可操作性差。中温产甲烷菌种类多,易于培养驯化,活性高,因此被广泛采用。大量的试验研究和工程应用也表明,厌氧发酵温度一般设定在22~40 ℃,最优的运行温度为35 ℃。

(2)pH值和碱度

pH值是厌氧产酸、产甲烷发酵重要的环境生态因子之一,pH值与发酵过程中产生的液相末端代谢产物的组分有着很大的差别,决定了厌氧发酵的代谢类型。发酵体系的pH值是体系中CO_2、H_2S和NH_3以及脂肪酸等在气、液、固三相平衡下作用的结果。pH值变化直接影响组成菌体细胞膜电荷的变化,从而影响对胞外物质及离子的吸收状况;同时,pH值的变化还会显著影响微生物代谢过程中酶的活性,不同的产酸菌、产甲烷菌的菌体生长的最适pH值范围也不同。许多研究和实际工程运行经验表明,厌氧发酵过程需要一个相对稳定的 pH 值范围,过高或过低的 pH 值都会抑制菌体的活性而不能正常生长、繁殖和代谢。产酸菌对 pH 值的变化不太敏感,当 pH 值变化时受到的影响较小,但 pH 值能够影响产酸发酵代谢类型,产酸阶段的产氢产酸菌正常生长和代谢的最适 pH 值范围为 5.0~6.0。而产甲烷菌对环境 pH 值的要求很高,研究表明产甲烷菌最适宜的 pH 值范围为 6.8~7.2。以产甲烷为主要目的的厌氧发酵试验研究显示,当含水率为 90%~96%,pH 值为6.6~7.8时,产甲烷速率较高;而 pH 值低于 6.1 或者高于 8.3 时,产甲烷速率明显下降。同时不同的产甲烷菌适宜的 pH 值不同,或高或低的 pH 值都会降低产甲烷菌的活性,为了提高产甲烷速率,在厌氧发酵过程中可以通过人为调控 pH 值使发酵系统正常稳定地运行。常见的中温发酵产甲烷菌适宜的 pH 值如表 1-3 所示。

表 1-3 常见中温发酵产甲烷菌适宜 pH 值

产甲烷菌种类	最适 pH 值
嗜甲酸产甲烷菌	6.7~7.2
布氏产甲烷杆菌	6.9~7.2
巴氏产甲烷巴叠球菌	7.0

碱度是衡量厌氧发酵体系缓冲能力的尺度,是指发酵液结合 H^+ 的能力,一般用与之相当的 $CaCO_3$ 的浓度(mg/L)来表示这种结合能力的大小。在过去的发酵体系检测指标中,人们只是对能够反映发酵料液酸碱强度大小的 pH 值给予了足够的重视,而忽略了能够衡量结合 H^+ 能力的碱度的测定。发酵料液的碱度主要由碳酸盐、重碳酸盐和部分氢氧化物组成,它们能够缓冲发酵料液中一定量的过酸过碱物质,从而使料液的 pH 值在较小的范围内变化,减少因 pH 值变化所产生的风险。

(3)氨氮和 VFA 含量

厌氧发酵过程中发酵液的氨氮和 VFA 含量是评价厌氧体系的两个重要指标。氨氮不仅可以帮助我们了解发酵系统内氮素的有效营养水平,还反映基质中不同状态氮素比例和有机物的厌氧分解程度。氨的平衡对于厌氧发酵过程是十分重要的,进入发酵系统的硝酸盐能够被还原成氮气存在于系统中。厌氧发酵过程中,只有少量的氮能够被微生物的生长繁殖所利用,而大部分可生物降解的有机氮被还原为氨氮存在于料液中。氨氮对微生物生长代谢具有抑制作用,其中产甲烷菌受到的影响最大。大量的研究结果表明,自由氨的抑制效果最明显,主要是由于它能够穿透细胞膜进入细胞,从而破坏细胞内部质子的平衡,导致钾元素的缺失。NH_3 的浓度主要受总氨氮浓度、温度和 pH 值三个因素的影响。提高发酵温度能够增加厌氧微生物的生长速率,但同时也增加了料液中氨氮的浓度。料液中的氨氮能够在一定程度上调节 pH 值的大小,pH 值上升增加了料液中氨氮的毒性和有机酸的浓度,pH 值随有机酸浓度的增大而减小,氨氮浓度也会随之降低,从而将氨氮浓度恢复到初始水平,然而此过程会影响甲烷产率。在厌氧发酵过程中,产甲烷菌主要利用重要的中间产物 VFA 形成甲烷,VFA 在厌氧反应器中的积累能反映出产甲烷菌的不活跃状态或反应器操作条件的恶化。氨氮和 VFA 之间能够构成厌氧发酵缓冲体系,合适浓度的氨氮和 VFA 含量能够提升厌氧发酵的有机负荷,保证厌氧发酵过程平稳进行。氨氮含量过少,则表明系统中氮素有效营养不足;过高的氨氮含量也会对厌氧发酵过程产生抑制作用,形成氨抑制。过高的 VFA 含量将抑制厌氧微生物的生长和酸化阶段的完成,还减弱产甲烷菌的产甲烷能力,甚至导致“酸败”。

(4)氧化还原电位

氧化还原电位(oxidation reduction potential,ORP)是影响反应发酵环境的一个重要生态因子,无论是好氧发酵还是厌氧发酵都能够从 ORP 的变化趋势判断发酵过程运行的效果。ORP 还能影响有机物代谢途径,制约微生物的生物演替过程。对于两相厌氧发酵方式,产酸菌和产甲烷菌所能耐受的 ORP 不同,产酸菌 ORP 可以为 -400 ~ 100 mV,培养产甲烷菌初期,ORP 不能高于 -320 mV,中温稳定运行条件下 ORP 应低于 -300 mV。对于好氧-厌氧两相发酵工艺而言,在好氧水解发酵阶段,ORP 较高,当水解完成后进入厌氧发酵阶段,ORP 迅速下降,好氧发酵菌群逐渐演替为厌氧发酵群落,即好氧菌经过兼性菌,逐渐转变为厌氧菌的过程。ORP 的高低影响微生物菌群种类及比例,在沼气工程中利用测定氧化还原电位传感器可以在线监测 ORP 的变化规律,有利于了解反应器内物料的发酵状态。

(5)有机负荷

有机负荷是指单位体积单位时间内所能去除的有机物的量,它是生物反应器设计和运行的重要参数,对于厌氧发酵具有非常重要的影响。有机负荷低会导致厌氧发酵的处理能力低,然而较高的有机负荷容易造成系统的酸累积,进而导致厌氧发酵酸化,并最终使反应失败。有机负荷的高低取决于反应物料的性质、温度以及所选用的工艺参数等。进料浓度反映了系统中微生物同生长基质的供需关系,有机负荷的高低在一定程度上会影响微生物的生长代谢及有机物的降解,同时还会对系统的 pH 值产生直接的影响,进而影响厌氧发酵系统的正常运行。因此,维持合适的有机负荷能够使厌氧发酵高效运行,同时既能获得较高的有机物去除率又能得到较高的产甲烷率。有机负荷有两种表示方法:①以进入反应器的有机物量为基础;②以反应器除去的有机物量为基础。根据有机负荷的定义,其计算公式如下:

$$N_s = \frac{V_1 \cdot S_0}{X \cdot (V_1 + V_2)} \cdot \frac{24}{t} \tag{1-24}$$

式中,N_s 为有机负荷(kgCOD/(kgMLSS · d),其中 COD 为化学需氧量,MLSS 为混合液悬浮固体浓度);V_1 为反应器一次进料量(L);V_2 为进水前反应器内原有料液混合液体积(L);S_0 为进料有机物浓度(以 COD 表示,mg/L);t 为水力停留时间,按一个运行周期反应时间来计算(h);X 为运行阶段反应器中底物平均浓度(mg/L)。

(6)水力停留时间

水力停留时间(hydraulic retention time,HRT)是发酵原料在反应器内与微生物作用后滞留的时间(反应时间),也是控制厌氧反应器稳定运行的重要参数之一。对于传统的厌氧发酵,HRT 在很大程度上描述了反应器的容积及有机物的处理程度,在反应器固定的基础上,HRT 越短,有机物降解的时间就越短,但太短的停留时间会导致负荷过高,进而导致反应失败;反之,HRT 越长,有机物的反应时间越长,厌氧发酵进行得就越彻底,但是过长的 HRT 会直接影响反应速率。因此,整个厌氧发酵过程应维持一个最适合的 HRT。同时,HRT 与原料种类、浓度及反应器类型也密切相关。对于固体废弃物原料,发酵过程的水解阶段是重要的限速步骤,必须保证足够的停留时间。研究人员在对螺旋挤压预处理后的稻秆进行了连续厌氧发酵试验,结果表明有机负荷为 2.0 kgVS/(m^3 · d)、HRT 为 60 d 时,可以保持中试规模的反应器长期稳定运行。

(7)搅拌

在沼气工程实际运行中,反应器内发酵原料含木质纤维素等难分解的固体物,这些物质密度小,在沼液浮力和产生的有机酸、气体等聚集附着下,容易上升至气液界面,长时间失水硬化结成硬壳,由此阻碍气体的分离逸出,减少了发酵物料与底部高密度菌种的接触面积,严重影响反应器的正常运行及产气效果,已成为制约秸秆沼气工程发酵的技术难题。

目前,在沼气工程运行中主要采取搅拌的方式来增加物料与菌种的接触,提高原料转化率,同时防止结壳,使反应器持续产气和长期运行。通常在厌氧消化罐中的搅拌方式有三种,分别是机械搅拌、沼液出水回流搅拌和沼气回流搅拌,其中机械搅拌和沼液出水回流搅拌使用较多。机械搅拌是通过机械运动产生强大的剪切作用打碎消化原料,使高黏度物料达到充分混合状态。机械搅拌多应用于全混合厌氧消化工艺的大中型沼气工程中,是目前以秸秆为主的混合发酵破壳最常用的手段之一。而沼液出水回流搅拌是利用输送泵定时将反应器内的料液从下部向上部(或者从上部往下部)进行水力循环,通过料液的液体流动来达到搅拌破壳的目的。此搅拌系统适用于中小型沼气工程,因为反应器容积相对较小,可实现发酵料液的均匀混合,混合效果也较好。可见,通过选择适当的搅拌频率和强度可以促进微生物和底物的接触,防止分层和结壳,促进传热传质,加速沼气的逸出,有利于沼气工程长期稳定运行。

1.3.3 厌氧发酵信息检测

厌氧发酵信息检测能够用于监测厌氧反应器的运行状况,为实现稳定、高效的沼气生产提供有效手段。可以通过分析 TS 和挥发性固体(volatile solid,VS)的去除率等物质转化过程对厌氧发酵过程进行分析,还可以通过检测厌氧发酵过程中发酵液的 pH 值、氨氮含量、VFA 含量、碱度等中间产物信息对厌氧发酵状态进行分析,还可以通过测定日产气量和气体成分等最终产物信息对厌氧发酵的运行性能加以分析。虽然可以通过检测厌氧发酵代谢过程的各种状态信息对厌氧发酵状态加以分析,但仅仅监测各种状态信息是不够的,还需要根据检测到的状态信息对不稳定或低效的厌氧发酵过程加以诱导,通过改变反应器的有机负荷和水力停留时间等厌氧发酵关键因素来实现厌氧发酵的稳定、高效运行。此时,反应器的进料质量将成为保证厌氧发酵过程稳定性和沼气生产高效性的重要因素。因此,厌氧发酵原料的木质纤维素成分、脂肪含量、蛋白质含量、碳氮比和 BMP 等厌氧发酵信息的检测也非常必要。

木质纤维素主要由纤维素、半纤维素和木质素三种成分组成,三种成分的结构特点和性质决定了木质纤维素的测定方法,但基本上都是通过化学或生物方法将三种成分降解或分离后再进行间接测定。目前,木质纤维素各成分含量的测定主要有差重法、酸水解定糖法和光谱法三种。差重法中使用最多的是洗涤纤维分析法,即范式(Van Soest)法,该方法通过化学手段依次分离并测定中性洗涤纤维、酸性洗涤纤维、酸性洗涤木质素和灰分含量后,通过计算得到纤维素、半纤维素和木质素含量。酸水解定糖法是采用强酸、强碱等化学试剂对样品进行水解处理,再采用化学方法或者高效液相色谱仪分析滤液中各种单糖的含量,并结合各种单糖与木质纤维素三种主要成分间的换算公式,计算出样品中的纤维素、半纤维素和木质素含量。光谱法主要将光谱分析技术与化学计量学方法相结合,建立待测组分含量与光谱数据间的定量回归模型,基于回归模型和采集的光谱数据对样品的木质纤维素成分进行快速测定。

碳氮比对厌氧发酵微生物的生长繁殖和产物合成具有重要影响,测定厌氧发酵底物的碳氮比已成为优化厌氧发酵原料配比的重要环节。碳氮比的测定主要是通过分别测量样品中的碳、氮含量后,再通过计算获得。发酵原料碳含量的测定主要有干烧法和湿烧法两种,干烧法需要使用元素分析仪等高温电炉灼烧设备完成,湿烧法是指重铬酸钾氧化法。发酵原料氮含量也可以使用元素分析仪进行测定,还可以使用凯氏定氮法进行测定。光谱分析技术已成为测定物料中碳氮含量的有效方法,可以通过光谱检测的方式分别测定样品的碳氮含量,进而计算出碳氮比;还可以通过光谱数据反演的方式对碳氮比进行直接测量,通过建立高光谱数据、NIRS 数据与样品碳氮比化学测量结果间的定量关系模型,结合模型和采集的光谱数据对样品的碳氮比进行快速测定。

氨氮是厌氧发酵过程的重要中间产物,发酵原料中可降解的有机氮几乎都转化为发酵液中的氨氮。在以猪粪、鸡粪等高蛋白质含量的畜禽粪便为主要原料进行厌氧发酵产沼气的过程中,发酵液的氨氮含量常超过 4 g/L,此时高氨氮含量将对产甲烷菌产生抑制作用。因此,在以秸秆和粪便为原料进行厌氧共发酵生产沼气时,需要对发酵液中的氨氮含量进行监测,以防止氨抑制现象的发生。氨氮检测方法主要有电极法、纳氏试剂分光光度法、苯酚 - 次氯酸盐分光光度法、水杨酸 - 次氯酸盐分光光度法和气相分子吸收光谱法等。连续流动分析仪具有自动进样、在线透析、自动检测等功能,在测定氨氮含量的精度和便捷性方面具有一定的优势。但上述方法和设备在使用过程中,需要配制多种化学试剂,且试剂配制和操作过程比较烦琐。为此,相关学者开始尝试将简便、快捷、低成本的光谱分析技术应用于水体的氨氮浓度快速检测。

VFA 作为厌氧发酵过程的另一种重要中间产物,为产甲烷菌提供了底物,是监控和优化厌氧发酵状态的最重要指标。传统的 VFA 检测方法主要有精馏法、高效液相色谱法、气相色谱法和各种滴定技术。但传统检测方法存在处理时间长、设备操作复杂等问题,难以满足厌氧发酵过程中通过快速测定 VFA 实现发酵过程状态监测的需求。针对厌氧发酵过程状态监测对 VFA 快速检测的需求,相关学者深入研究了快速滴定法、新型色谱技术、电化学传感器、生物传感器和光谱分析技术在 VFA 快速检测方面的应用。快速滴定法是在已建立模型的基础上结合多次测量的 pH 值对 VFA 含量进行估算。以色列理工学院的 Lahav 等提出采用快速滴定法对厌氧反应器的 VFA 含量进行快速检测,依托建立的内部质量控制机制,经 8 次 pH 值测量后(耗时约 15 min),完成 VFA 含量的估算,误差在 2% 以内。新型色谱技术是在传统离线色谱检测设备的基础上发展而来的,同样基于相分离技术,致力于实现快速在线检测。丹麦技术大学的 Pind 等设计了一套 VFA 传感器检测系统,能够以 15 min为时间间隔进行 VFA 浓度的连续检测。该 VFA 检测系统由原位旋转过滤器、超滤单元、样品处理单元和气相色谱检测部件组成。丹麦技术大学的 Boe 等基于顶空气相色谱法构建了一种 VFA 在线测量系统,采用可变顶头体积的 VFA 原位剥离装置将 VFA 分离到气相中,再使用气相色谱火焰离子检测器对 VFA 进行检测。电化学传感器通过测量给定样品的电流、电压和电阻,建立这些测量值与待测目标间的定量关系,从而实现在线过程监测。波兰华沙工业大学的 Buczkowska 等基于电子舌技术开发了一套小型化电位传感矩阵,用于厌氧发酵反应器 VFA 含量的快速检测,并建立了相应的校正模型。生物传感器即生物电化学传感器,主要包括微生物燃料电池和微生物电解池两大类。英国格拉摩根大学的 Kaur 等首次提出使用微生物燃料电池对厌氧发酵反应器的 VFA 浓度进行快速检测,之后又提出对阳极进行微生物催化,以提高检测精度,但该方法的检测范围(≤80 mg/L)难以满足实际检测需求。为此,丹麦技术大学的 JIN 等基于生物电解池原理设计了一种检测 VFA 浓度的生物传感器,并构建了电流密度与 VFA 浓度间的线性关系模型,经验证该生物传感器检测厌氧发酵液 VFA 浓度的结果与气相色谱测量结果间没有显著性差异。与生物燃料电池传感器相比,生物电解池传感器在 VFA 检测方面具有更高的检测精度和更短的反应时间。光谱分析技术因其简便、快捷、无损、低成本的优势,已在发酵液 VFA 检测方面得到了广泛应用,其中以 NIRS 定量分析技术的应用最为广泛。

BMP 是评价生物质厌氧发酵降解能力的最重要指标,是评判有机物是否适于进行厌氧发酵生产沼气的关键参数。通过厌氧发酵实验测定有机物的 BMP 能够获取准确的发酵原料最大产甲烷能力值,但传统 BMP 测试实验周期长、工作量大,一般都需要 20 天以上的测试时间,难以满足 BMP 快速测定的需求。为此,相关学者提出多个理论模型对发酵原料的 BMP 进行分析。例如,基于碳、氢、氧、氮元素含量的 Buswell 理论方程指出了发酵原料的理论最大产甲烷能力,基于脂类、碳水化合物和蛋白质含量的预测模型对 Buswell 理论方程进行了改进,指出脂类在厌氧发酵产甲烷过程中起了最大贡献。但基于理论模型计算的 BMP 值与实测 BMP 值间差距较大,理论 BMP 值只能作为厌氧发酵的参考因素,无法直接用于指导厌氧发酵给料。此后,越来越多的学者致力于研究发酵原料的 VS,化学需氧量,蛋白质、脂类、淀粉、纤维素、半纤维素等成分与 BMP 间的定量关系,以实现 BMP 的快速检测。但测定发酵原料的生物化学组分含量同样耗时费力且成本高。光谱分析技术作为一种非破坏性的快速检测方式,相关学者开始探讨应用光谱分析技术进行厌氧发酵原料 BMP 测试的可行性。

光谱定量分析技术通过检测被吸收、透射和反射光的比例,可以在短时间内测定样品的成分含量和浓度等信息,且不需要外加溶剂。与其他厌氧发酵信息检测技术相比,光谱定量分析技术最突出的特点还在于其可以进行更加广泛参数的测量,包括 TS、VS、总无机碳、碱度、氨氮、VFA 和 BMP 等。

由上述厌氧发酵信息检测技术的研究现状可知,采用 NIRS 分析技术结合化学计量学方法建立相关定量分析模型,对厌氧发酵信息进行快速检测已成为重要研究方向。

1.4 近红外光谱检测技术

1.4.1 近红外光谱(NIRS)定量分析技术

1. NIRS 概述

NIRS 作为一种绿色分析技术,具有简便、快速、无损、低成本及多组分同步检测等众多优点,已广泛应用于石油、化工、制药、农业、食品、生物医学等各个领域。NIRS 定量分析技术基本不需要对样品进行化学处理,无须使用各种有机溶剂对待测组分进行萃取,不产生任何有毒废弃物。NIRS 可以同时测定出样品中的多种化学成分和物理参数,而且分析结果可以准确逼近传统测定方法。随着仪器采集精度的提高和化学计量学的发展,NIRS 定量分析技术在食品的快速无损检测、制药和化学工业的原料鉴别、工业生产的质量分析和控制等方面,发挥着越来越重要的作用。

NIRS 属于分子振动光谱,其光谱范围为 780 ~ 2 526 nm(3 958.83 ~ 12 820.51 cm^{-1}),介于可见光和中红外之间。NIRS 谱区的信息主要来自—CH、—NH 和—OH 等含氢基团的倍频与组合频，这些基团的基频位于中红外区域。物质在近红外区域的吸收强度是其中红外区域的基频吸收的$\frac{1}{100}\sim\frac{1}{10}$，吸收强度小的特点使得 NIRS 可用于强吸收或散射强的粉末、悬浮液、匀浆等样品的分析。绝大多数的化学或生物物质在 NIRS 区域均有相应的吸收峰，通过这些吸收信息可以对样品进行定性或定量分析。主要的 NIRS 吸收峰和相应基团的对应关系如图 1－5 所示。

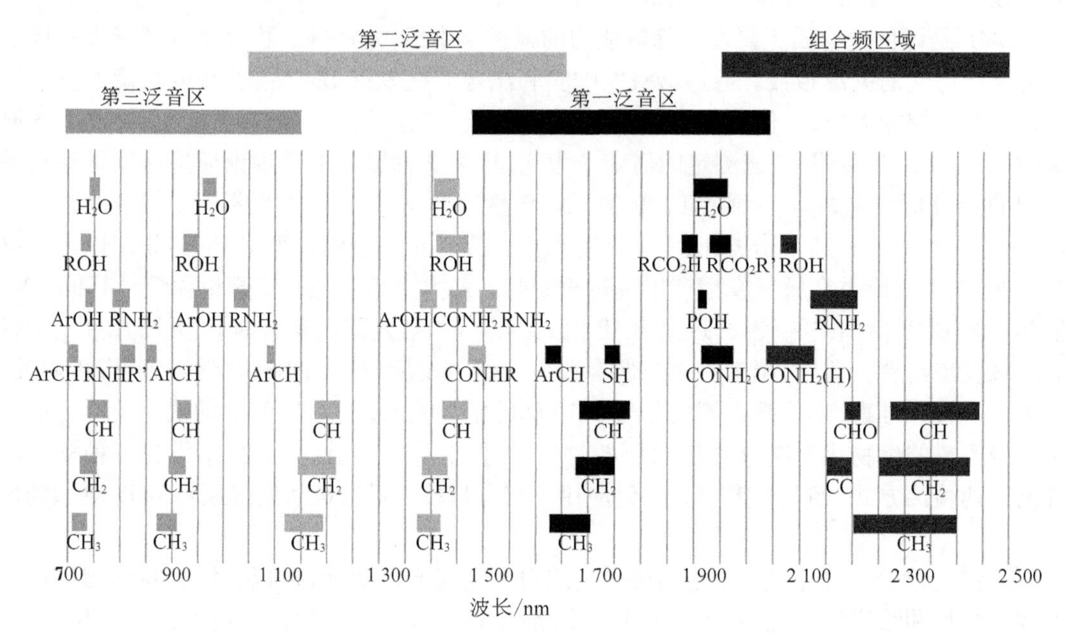

图 1－5　NIRS 基团吸收峰分布

NIRS 定量分析技术的应用与研究主要包括设备、软件和模型三部分。设备主要指光谱仪及其配件，用于 NIRS 谱图扫描；软件主要包括用于光谱扫描的光谱仪配套软件（OPUS 和 OMNIC 等）和用于建立模型的化学计量学软件（TQ Analyst 和 Unscrambler 等）；模型是指定量或定性模型，用于关联光谱数据与待测目标，在 NIRS 定量分析中处于核心地位，也是当前 NIRS 定量分析技术的主要研究方向。NIRS 定量设备可以依据样品自身的特点进行光谱扫描，主要扫描方式包括漫反射方式、透射方式和漫透射方式 3 种。漫反射方式主要使用积分球或漫反射探头对固体颗粒、粉末等进行光谱扫描；透射方式主要使用比色皿、样品池和透射光纤探头等对均匀透明的液体进行光谱扫描；漫透射方式主要使用比色皿和透射式光纤探头对黏稠状、浆状液体进行光谱扫描。NIRS 与样品作用示意图如图 1－6 所示。

与传统分析方法相比，NIRS 定量分析方法具有以下特点：

（1）分析速度快，效率高。NIRS 的采集可以在几十秒甚至是更短的时间完成，经过校正模型可同时测定多个组成或性质。

（2）制作简单、无污染、不破坏样品。NIRS 的采集对象可以是气、固、液多种形态，一般无须对样品进行处理，不用试剂，分析结束之后可送回生产线，对环境不造成污染。因此，NIRS 定量分析方法是环境友好型分析方法。

（3）可实现在线分析。NIRS 信号通过玻璃或石英光纤进行传导，可实现远距离测定，适用于工业在线实时质量分析。

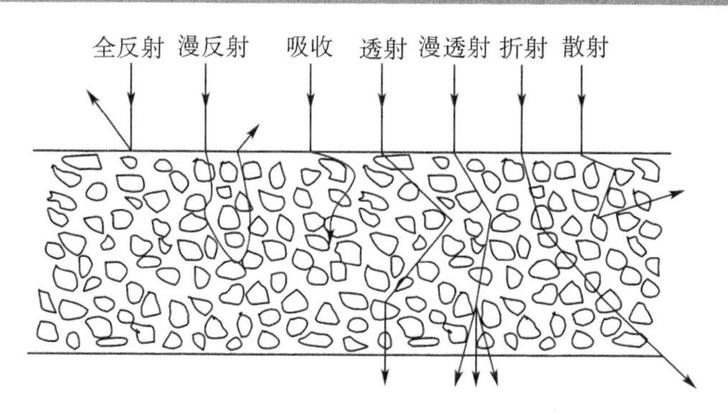

图 1－6　NIRS 与样品作用示意图

除以上特点之外，NIRS 定量分析方法还具备生产成本低、易于操作、测试重现性好等优势。

NIRS 定量分析方法自身存在局限性，主要表现在以下几个方面：

（1）检测限一般认为是 0.1%，不适用于痕量分析。

（2）作为一种间接分析技术，需要建立基于化学计量学的数学模型。

（3）NIRS 定量分析方法对测量仪器、样品状态和测量条件的要求较高，光谱容易受到温度、湿度、扫描次数、分辨率、气泡等多种因素的干扰，造成该方法的分析精度下降。

NIRS 吸收的强度比较弱，互相还有干扰，同时还受到噪声、无关信息等方面的负面影响，我们几乎不可能直接从一张 NIRS 谱图中找到某种化学成分的特征吸收带。因此，传统的光谱分析理论如朗伯比尔定律无法直接用于 NIRS 定量分析中。所以，在 NIRS 定量分析中，需要预先使用参考化学方法测定出样品的组成，再结合化学计量学方法在样品的 NIRS 数据与其化学组成之间建立经验性的数学关系。首先利用 NIRS 仪器收集并测定样品的光谱数据，再使用传统方法测量样品的待测目标属性，然后利用多元校正光谱数据与待测目标属性间的定量关系，建立回归校正模型。在建立好回归校正模型后，可以根据需要测定待测样本的光谱数据，并基于回归校正模型进行定量预测。当需要分析样品的多种待测目标属性时，可以利用相同的过程建立对应不同属性的校正模型，实现利用同样的光谱数据和对应属性的校正模型进行样品不同属性的同步快速预测。NIRS 校正模型建立及应用的基本原理如图 1－7 所示。

NIRS 的采集通常是累积测量若干个不同波长处的吸光度值得到的，可能受到测量仪器和外界环境的影响，使得采集的光谱数据除了需要的光谱信息外，还存在无关的信息变量和异常样本数据。为了确保得到代表性的定量结果，必须收集具有代表性的标准样品（其组成及其变化范围接近于要分析的样品），然后采集样品的光谱数据，以组成校正样品集。值得注意的是，校正样品集的组成非常重要，必须结合实际情况，其化学和物理性质范围必须涵盖待测样品的所有可能范围，并要求分布尽可能均匀，避免共线性现象。一般情况下，实际应用过程中遇到的样品总是呈现“正态”分布，但是，在建立 NIRS 定量分析模型时，需要尽可能避免这种现象，如图 1－8 所示。

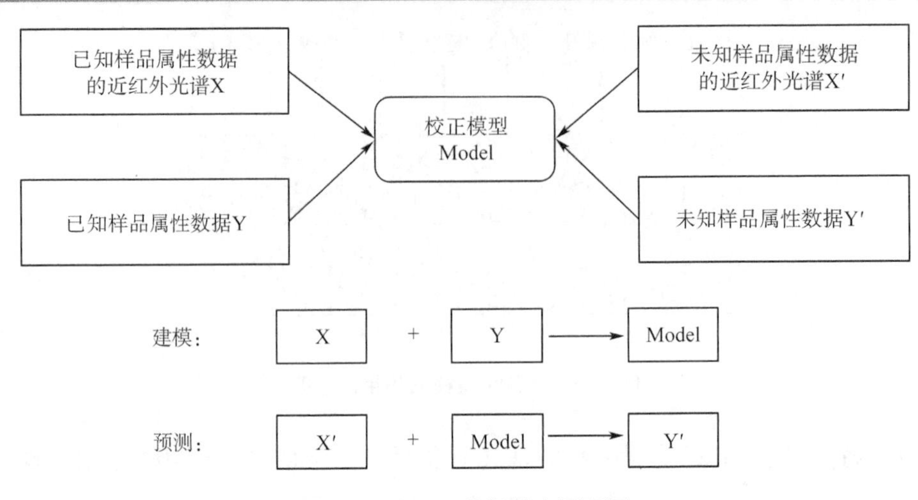

图1－7　NIRS分析基本原理图

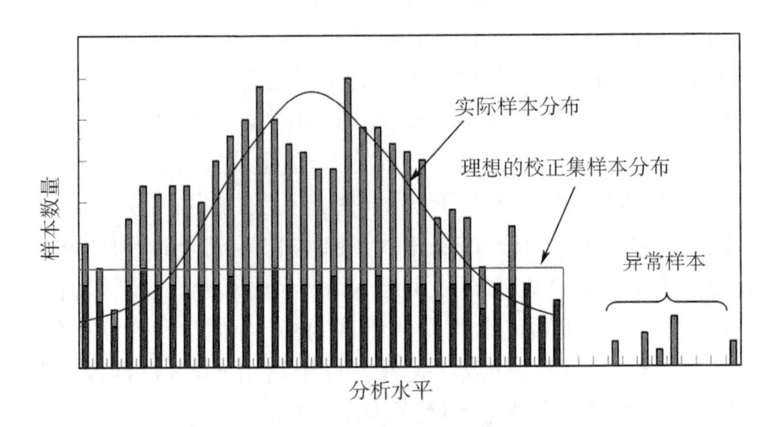

图1－8　样本采集示意图

为了解决上述问题，消除无关信息变量，需要对光谱数据进行预处理，筛选建模的样本，将异常样本进行剔除，使用合适的算法获取特征波长，选择合适的多元定量校正方法等。NIRS定量模型的建立过程一般包括如下几个步骤。

（1）样本采集与制备：根据问题属性，采集或制备一定数量的样本，样本应具有代表性，且其待测目标值范围要尽量均匀，且基本涵盖今后待测样本可能的待测目标值范围。

（2）光谱扫描：根据问题属性，选取合适的光谱扫描设备及配件，设定合理的仪器参数和测试条件。在保证仪器参数和测试条件相对稳定的情况下进行NIRS扫描。

（3）样本待测目标测定：采用国标建议的方法和高精度的设备对样本的目标值进行测定，目标值测定的结果是否准确将直接影响所建立定量模型的检测精度。

（4）样本集划分：根据光谱数据和测定的目标属性值对样本集进行划分，当样本数量较多时，可以将样本集划分为校正集、验证集和独立测试集。其中校正集用于建立校正模型，验证集用于评价校正模型的优劣，独立测试集用于验证校正模型的鲁棒性。当样本数量较少时，可以按一定的比例将样本集划分为校正集和验证集两部分。

（5）光谱预处理：对NIRS进行预处理，以去除样本NIRS扫描过程中由样品颗粒不均、仪器噪声、环境条件变化等引起的光谱基线漂移、随机噪声等。

(6)特征波长优选:对 NIRS 进行特征波长优选,以去除光谱数据中不相关和共线性的冗余波长变量对模型预测精度的影响。

(7)建立校正模型及评价:利用化学计量学方法将 NIRS 数据与待测目标属性相关联,建立定量校正模型;再使用验证集和独立测试集样本对校正模型的回归性能进行评价。

(8)未知样本预测:采集未知样本的 NIRS 数据,并对数据进行预处理和波长优选,再输入已建立的校正模型,即可获得对应样本的待测目标预测值。

影响 NIRS 定量分析模型准确性的主要因素如下。

(1)标准样品自身的组分含量的标准测定方法的准确性和精度是影响 NIRS 定量分析准确度的最主要因素。通常而言,NIRS 定量模型对未知样品的预测误差为常规化学方法自身误差的 1.5 ~2 倍。举例来说,如果一个样品中某种化学成分的含量为 0.10(标准化学法测定结果将其保留到了小数点后第二位有效数字),根据四舍五入的原理,该样品的实际化学值可能为 0.100 ~0.104,也就是说,即使不考虑任何实验过程中产生的误差,标准化学法自身存在不可避免的最小相对误差为 4%,那么 NIRS 测定的误差至少可能为 4% ×1.5 = 6%。而实际上,当样品的含量低于 0.1% 时,其化学法测定的误差本身就较大,因此对于含量低于 0.1% 的样品,如果其标准化学测定值只能精确到小数点后第二位,NIRS 测定的相对误差通常会较高,一般使用绝对偏差来表示。

(2)标准样品自身的组分含量标准值是否输入正确。

(3)样品不均匀导致样品的光谱和组分含量标准值之间没有真正一一对应。

(4)标准样品数量太少,或含量和其他性质的分布不均匀,导致标准样品难以精确计算光谱信息与组分含量值之间的相关关系。

(5)由于光谱采集方式不恰当、光谱噪声太大和人为误差造成光谱质量下降或引入误差。

(6)建模过程中,光谱范围的选择不正确。

(7)样品被污染,受到其他组分的干扰。

当前,关于 NIRS 定量分析方法的研究主要包括异常样本检测、光谱数据预处理、特征波长优选、多元定量校正和模型评价方法等方面。通过异常样本检测可以有效识别个别界外样本和奇异样本,进而消除异常样本对模型预测性能的严重影响;通过光谱数据预处理可以有效修正光谱采集过程中产生的基线漂移和光谱散射,提高光谱数据的分辨率和信噪比;通过特征波长优选,能够建立待测目标属性各基团与 NIRS 特定波长变量间的对应关系,从而有效提高校正模型的回归精度;通过多元定量校正方法可以建立样本光谱数据与待测目标属性间的定量回归模型;通过模型评价方法可以对回归校正模型的性能进行有效评价。

2. 异常样本检测

异常样本也被称作奇异样本、界外样本、强影响点等。异常样本的存在会对建模分析结果产生一定的不利影响。异常样本的成因大体分为以下四类。

(1)数据收集或测量时产生的误差。由于操作人员的失误(样品变质或弄错等失误)、样品其他物理或机械特性的变化(如颗粒度)、测量仪器的问题或存在噪声、测量方法的变化以及测量环境的变化,记录的测量值可能不正确。这种测量值提供的错误信息会降低数据和数据分析的质量。

(2)数据来源于不同的类。如果样品来源(如产地、储存方式、耕作方式、放置时间和采摘期等)发生变化,可能会使吸光度或某些特征峰的强度出现异常。另外,如果是不同种类的样品(如茶叶与烟草),采集的数据差异会更大。

(3)同一类中数据的自然变异(极端值)。数据集中样品一般都符合正态分布,其中数据对象的数目随着对象到分布中心距离的增大而急剧减少。这就造成远离分布中心的样本很少,这类样本虽然显著不同于其他的样本,却未必是变异值,而只是处于极端值的状态。

(4)其他未知原因。在实际应用过程中,数据集中可能存在多种异常源,并且任何特定的异常的根本原因常常是未知的。

异常样本的识别在 NIRS 定量分析中可以作用于两方面:一方面是在建立模型时识别异常样本;另一方面是在做预测分析时用来判断待测的样本是否是异常样本。

在建立校正模型的过程中可能出现两种异常样本:一种是光谱差异较大的极端样本,一般称之为高杠杆点样本;另一种是预测值与化学计量值在统计的意义上有较大差异的样本。当样本中含有高杠杆点时会对回归的结果产生强烈的影响,针对这种情况通常会使用主成分分析(principal component analysis,PCA)与马氏距离(mahalanobis distance,MD)相结合的方法检测此类异常样本,将马氏距离大于设定阈值的样本剔除。当样本中有第二种异常样本时,表明参考的化学值数据可能存在比较大的误差,可以在建模时通过交互验证的方法(如蒙特卡洛交叉验证(Monte - Carlo cross - validation,MCCV))将 NIRS 预测值与实测化学参考值偏差较大的异常样本剔除。

在预测过程中异常样本的识别是为了检测待测的样本是否在预测模型的覆盖范围内,以确保预测结果的准确性。这类不在模型覆盖范围内的异常样本有三类:一是浓度(属性数据)异常样本,使用马氏距离检测未知样本的浓度是否超出范围;二是光谱残差的异常样本,使用光谱残差均方根或平方和来检测未知样本中是否有超出建模样本范围的样本;三是最临近距离的异常样本,利用最临近距离检测未知样本是否在校正样本分布稀疏的区域。当未知样本中含有这三类异常样本时,模型预测结果的准确性会受到影响。

通常情况下采用 PCA - MD 的方法来识别浓度异常样本。对于预测样本的 NIRS 数据,利用建模样本集的光谱求光谱载荷,计算未知样本光谱的得分,计算 MD 并与校正过程中得到的 MD 阈值进行比较,识别异常样本。

当未知样本中含有校正集样本中不存在的组分时,可以采用光谱残差方法(如 MCCV)来检测。首先通过校正模型的光谱载荷计算未知样本的光谱得分,同时对未知样本集光谱矩阵进行重构,光谱残差矩阵为原光谱矩阵与重构后光谱矩阵的差,得到未知样本的光谱残差均方根或平方和,根据阈值判断其是否为异常样本。

当校正集样本在变量空间中形成多个类,对于未知样本来说虽然 MD 和光谱残差法都不大于设定的阈值,但是可能会落在校正空间的空白区域。针对这种异常样本通常采用 PCA 结合 MD 的算法加以识别。

3. 光谱数据预处理

NIRS 仪器采集到的光谱数据主要由光谱信息和干扰噪声组成,这些噪声通常是在采集的过程中由仪器背景、采集环境、样品差异以及光谱散射等产生的,往往会淹没有用的光谱信息。光谱预处理就是为了在建立模型前消除这些与光谱数据不相关的信息和噪声,起到改善光谱特征、补偿基线漂移、分离重叠光谱、突出有用信息的作用。常用的光谱预处理方法主要包括均值中心化、标准化、归一化、光谱平滑、导数处理、多元散射校正(multivariate scattering correction, MSC)、标准正则变换(standard normal variate, SNV)、正交信号校正(orthogonal signal correction, OSC)、傅里叶变换、小波变换等。

(1)均值中心化

光谱均值中心化就是将样本的光谱减去所有样本的平均光谱,以达到去除光谱中的绝对吸收值的目的,这样可以使样本之间的差异变得更明显。均值中心化的计算公式如下:

$$x_{\text{center}} = x - \bar{x} \tag{1-25}$$

式中,x_{center} 是中心化之后的光谱数据;x 是原始光谱数据;$\bar{x}$ 是原始光谱数据的平均值。

(2)标准化

标准化的原理是将光谱均值中心化处理之后再除以光谱矩阵的标准偏差光谱 s 。标准化的计算公式如下:

$$x_{\text{autoscaled}} = \frac{x - \bar{x}}{s} \tag{1-26}$$

$$s = \sqrt{\sum_{i=1}^{n} (x_i - \bar{x})/n} \tag{1-27}$$

式中,$x_{\text{autoscaled}}$ 为标准化之后的光谱数据,x_i 为第 i 个样本的光谱曲线数据,n 为样本个数。

(3)归一化

归一化也称为矢量归一化,它的计算方法比较多,有平均归一化法、最大归一化法和面积归一化法等。光谱归一化的原理是将光谱减去光谱的平均吸光度后再除以光谱的平方和,其计算公式如下:

$$x_{\text{normalized}} = \frac{x - \bar{x}}{\sqrt{\sum_{i=k}^{n} x_k^2}} \tag{1-28}$$

(4)光谱平滑

光谱平滑又称信号平滑,目的是消除采集光谱信号伴随产生的无用信息(噪声)。它的基本原理是通过对跨度为 $2r+1$ 个点的"窗口"内的各点进行"平均"或"拟合",以求得平滑点数的最佳估计值。通过光谱平滑处理,可以平滑噪声,提高信噪比。相关平滑方法将在第 2 章进行详细阐述。

(5)导数处理

导数处理也就是微分处理,可以采用直接差分法对光谱数据计算一阶或二阶导数。该方法可应用于分辨率较高、波长采样点相对较多的光谱,用于消除光谱中基线的平滑和漂移,提高分辨率和灵敏度。一阶导数可以消除与波长无关的漂移,二阶导数可以消除与波长线性相关的漂移。导数处理的详细内容请参考本书第 2 章相应内容。

(6)多元散射校正(MSC)和标准正则变换(SNV)

MSC 和 SNV 是为了消除因样品颗粒大小、颗粒形状、分布均匀程度、光程变化等造成的基线漂移和光谱散射的影响。MSC 和 SNV 通过数学方法将化学信息与散射信号进行分离,从而可以有效消除光谱散射效应。两种方法的最大差异在于 MSC 是对一组样本进行预处理,而 SNV 是对每条光谱曲线进行预处理。MSC 和 SNV 的具体计算方法请参考本书第 2 章相关内容。

(7)正交信号校正(OSC)

绝大多数的光谱预处理方法都是针对光谱数据进行的,且预处理方法的选择主要取决于建立模型的效果,而建立的模型主要是计算光谱矩阵与对应化学目标属性值之间的关系。仅对光谱数据进行预处理还可能会去除光谱数据中某些与对应化学目标属性之间具有显著相关性的信息,从而影响模型的建模精度。OSC 综合考虑了光谱数据和对应目标属性值进行预处理,其基本思想是通过光谱矩阵 $\boldsymbol{X}$ 和目标属性矩阵 $\boldsymbol{Y}$ 的正交来达到滤除光谱中与对应化学值无关的信息。随着对 OSC 方法的深入研究,又出现了直接正交和直接正交信号校正等。

(8)傅里叶变换

傅里叶变换在 NIRS 中常用于数据压缩与信息提取,也可以用于光谱的预处理,实现平滑去噪功能。该方法本质上将原始光谱分解成了正弦波的叠加,对于波长间隔相等的 m 个离散光谱数据点 $x_0,x_1,\cdots,x_{m-1}$,其离散傅里叶变换为

$$x_{k,\mathrm{FT}}=\frac{1}{m}\sum_{j=0}^{m-1}x_j\exp\left(\frac{-2\mathrm{i}\pi kj}{m}\right)\quad k=0,1,\cdots,m-1;\mathrm{i}=\sqrt{-1}\tag{1-29}$$

式中, $x_{k,\mathrm{FT}}$ 为相应的频率谱,记录了原始 NIRS 中大多数信息,因此可以实现数据压缩的效果。

(9)小波变换

小波变换近年来在近红外光谱的去噪、平滑、数据压缩及特征变量的提取方面应用较多。该方法将信号 $x(t)$ 投影到小波 $\psi_{a,b}(t)$ 上,即 $x(t)$ 与 $\psi_{a,b}(t)$ 的内积,从而得到易于处理的小波系数;再对处理之后的小波系数进行反变换,得到处理后的信号,其实质与傅里叶变换相似。

4. 特征波长优选方法

随着 NIRS 仪器采集精度的提高,采集的数据量越来越大。采集的 NIRS 数据中含有的样品背景、高频噪声等无关信息很难使用预处理方法完全消除;NIRS 数据中还含有大量与待测目标相关性较差的不相干信息;样品有效光谱信息在一些波长变量的吸收十分微弱,这些波长变量与目标属性的关联性较差;同一条光谱的数据点之间还可能存在共线性问题,造成数据冗余。以采集的 NIRS 全谱波长变量建模时,计算量大,波长冗余严重,不仅增加了模型的复杂程度,还严重影响了模型的预测精度。通过特征波长优选,可以有效消除光谱中不相干和共线性的波长变量对模型预测精度的影响。

目前,NIRS 的特征波长优选方法主要集中在特征谱区优选和特征波长变量优选两方面。特征谱区优选主要包括区间偏最小二乘法(interval partial least squares, iPLS)、协同区间偏最小二乘法(synergy interval partial least squares, SiPLS)、反向区间偏最小二乘法(backward interval partial least squares, BiPLS)和移动窗口偏最小二乘法等。特征波长变量优选方法主要包括无信息变量消除法、连续投影算法(successive projections algorithm, SPA)和竞争自适应重加权采样法(competitive adaptive reweighted sampling, CARS)等。其中 CARS 能够在有效去除无信息变量的同时完成共线性变量压缩,在 NIRS 特征波长优选方面具有较好的性能。此外,相关学者提出应用遗传算法(genetic algorithm, GA)、模拟退火算法(simulated annealing algorithm, SA)、萤火虫算法、粒子群优化算法(particle swarm optimization, PSO)、蚁群算法、免疫克隆算法和杂草入侵优化算法等智能优化算法进行 NIRS 变量组合优化,进行 NIRS 特征谱区和特征波长变量优选,从而筛选出有效的波长变量。其中 GA 具有较强的鲁棒性和全局搜索能力,其随机搜索能力能够有效解决光谱波长变量之间的共线性问题,还可以与其他光谱谱区优选算法相结合进行特征波长变量的优选。

中国农业大学的韩鲁佳教授及其团队针对不同成熟期小麦秸秆纤维素和半纤维素的NIRS快速测定需求，提出将GA与PLS相结合进行特征波长优选，并构建纤维素和半纤维素含量快速检测模型，取得了较好的检测效果。江苏大学的邹小波教授及其团队提出应用NIRS定量分析技术对黑莓的化学成分进行定量分析，并比较了GA、BiPLS和SiPLS三种特征波长优选算法的建模性能，发现GA在使用最少的特征波长变量的情况下仍获得了最佳的花青素、总糖和总酸的检测性能。广东药科大学的陈超教授及其团队比较了GA、PSO、CARS和蒙特卡洛无信息变量消除法在甘草苷和甘草酸NIRS同步快速检测特征波长优选方面的性能，发现GA优选波长变量的建模性能优于PSO、CARS和蒙特卡洛无信息变量消除法。浙江大学的史舟教授及其团队针对我国长江中下游平原稻田土壤有机质和pH值的快速检测需求，提出应用GA进行土壤有机质和pH值特征谱区的优选，并应用多种定量校正方法建立了满足检测需求的可见NIRS回归模型。东北林业大学的张怡卓教授及其团队将BiPLS与GA相结合用于柞木耐压程度NIRS特征波长优选，并建立了满足检测精度的回归模型。浙江大学的陈勇研究员及其团队将SiPLS与GA相结合用于金银花萃取过程的在线NIRS监控，先通过SiPLS进行特征谱区优选，再使用GA剔除SiPLS优选后谱区中的冗余波长变量，发现采用SiPLS与GA相结合优选特征波长建立的回归模型性能最佳，明显优于GA和SiPLS单独优选波长所建模型。江苏大学的陈全胜教授及其团队将SiPLS与GA相结合，进行花生油中酸价的特征波长优选，并建立相关预测模型，所建模型的性能优于单独使用SiPLS、蚁群算法优选波长所建模型。陈全胜教授团队还将该方法应用于可可粉霉菌数量的近红外特征波长优选，也取得了相似的结果。江苏大学的黄星奕教授及其团队提出将CARS与GA相结合进行竹子粗纤维含量特征波长优选，建立的粗纤维含量NIRS预测模型的相关系数为0.951，预测均方根误差为0.060，较好地实现了竹子中粗纤维含量的快速检测。河南农业大学的李苗云教授及其团队提出将SiPLS与CARS相结合进行产气荚膜梭菌特征波长优选，构建了高性能的细菌发育状态的定量检测模型。安徽农业大学的张正竹教授及其团队不仅提出将iPLS与GA相结合进行滇红红茶特征波长优选，还提出将改进的GA与PSO相结合进行特征波长优选，实验预测判别准确率达95.28%。浙江大学的瞿海滨教授及其团队也提出将iPLS与GA相结合进行无糖养胃颗粒中芍药苷、芍药苷和苯甲酰芍药苷三种有效物质的快速检测。中国计量大学的姚艳及其团队也提出使用GA进行特征波长值区间的选择，并建立了满足实际检测需求的BMP快速检测模型，实现基于NIRS进行水生植物和能源藻类产甲烷能力的快速评估。

虽然应用GA进行NIRS特征波长优选取得了较好的效果，但GA自身存在早熟问题，且进化后期搜索效率较低。因此，亟待对GA进行改进，在弥补GA两点不足的同时，有效利用其强大的搜索能力，并研究改进后的算法与其他波长优选算法相结合进行NIRS特征波长优选的可行性将具有重要意义。

5.多元定量校正方法

多元定量校正作为化学计量学的主要分支，用于在分析仪器响应值与物质目标属性之间建立关系，它是光谱分析技术成功应用的关键。NIRS定量分析中常用的多元定量校正方法主要包括线性校正方法和非线性校正方法两大类。典型的线性多元定量校正方法包括多元线性回归(multiple linear regression，MLR)、逐步多元线性回归(stepwise multiple linear rgression，SMLR)、主成分回归(principal component regression，PCR)、PLS等；典型的非线性多元定量校正方法主要包括人工神经网络和SVM等。

早期的NIRS定量研究较常使用MLR方法，因当时的光谱仪是采用滤光片分光，波长数相对较少。当新一代近红外光谱仪可以在近红外全部波段采集光谱数据后，PCR与PLS得到了更广泛的应用。NIRS定量分析常用线性多元校正方法对比如表1-4所示。

表1-4 NIRS定量分析常用线性多元校正方法对比

方法	优点	缺点	适用对象
MLR	计算简单、物理意义明确、易于理解	对参加关联的变量(如波长通道)数目有限制;会出现共线性问题	波长变量较少的简单线性对象,化学组成较简单的样品体系
SMLR	与MLR相比,回归之前可以对自变量进行筛选	对NIR光谱分析来说,筛选自变量的工作是巨大的;无法解决共线性问题	简单线性对象
PCR	致力于提取数据群体中的特征信息,辨识影响系统的主要因素,对众多变量做综合简化,从而在力保有用信息损失最小的前提下,实现高维数据集合的降维;可解决线性回归分析中经常会遇到的共线性问题和变量数限制问题;可对由于光散射和其他组分带来的干扰做出补偿	计算速度比MLR慢;对模型的理解没有MLR直观;不能保证参与回归的主成分一定与样品性质相关	可用于组成较复杂的样品体系
PLS	可以使用全谱或部分谱数据;数据矩阵分解和回归交互结合,得到的特征向量直接与样品性质相关;模型更为稳健;可对由于光散射和其他组分带来的干扰做出补偿;可以适用于复杂的分析体系	模型质量容易受到奇异点的影响;模型建立过程较复杂、较抽象、较难理解	可用于组成复杂的样品体系。目前PLS应用范围最广

人工神经网络是模仿人类大脑结构及其功能的信息处理系统，由大量处理单元(常称为神经元或节点)构成。单个神经元并不复杂，但大量神经元组成网络并动态运行时，则构成具有自适应、自学习能力的复杂系统。神经网络按照连接方式和求解机制不同，有很多类型，其中在NIRS定量校正模型构建方面，主要有BP神经网络、RBF神经网络、极限学习机和卷积神经网络等。

SVM是近年发展起来的一种基于统计学习理论和结构风险最小化原则的新型机器学习算法，与传统神经网络相比具有结构简单、泛化能力强的特点，适用于求解小样本、非线性、高维数问题，已初步应用在时序分析、模式识别和多元校正等方面。它是在解决模式识别问题时被提出来的，如今已经推广到非线性回归中，学习能力较强，被称作支持向量回归(support vector regression,SVR)。SVR解决了在传统的PCR、PLS等线性建模方法中不能够解决的非线性问题，这也是该方法相较于线性回归方法的优点和长处。在应用NIRS进行生物质材料木质纤维素含量快速检测方面，SVM的预测性能高于PLS和神经网络。

6. 模型评价方法

在进行 NIRS 定量分析方法研究时,需要对建立的校正模型进行评价,常采用校正决定系数(R_c^2)、验证决定系数(R_p^2)、校正均方根误差(root mean squared error of calibration, RMSEC)、交叉验证均方根误差(root mean squared error of cross – validation, RMSECV)、预测均方根误差(root mean squared error of prediction, RMSEP)、校正相对均方根误差(relative root mean square error of calibration, rRMSEC)、预测相对均方根误差(relative root mean square error of prediction, rRMSEP)、校正平均相对误差(mean relative error of calibration, MREC)、预测平均相对误差(mean relative error of prediction, MREP)和相对分析误差(residual predictive deviation, RPD)来评价预测模型的优劣。决定系数 R^2 (R_c^2 和 R_p^2)表示自变量对因变量的解释程度,展示了模型在数据变化时的测量能力, R^2 越接近"1"越好,但其值也受到待测目标属性分布范围的影响, R^2 只能作为参考指标。均方根误差(root mean squared error, RMSE)(RMSEC、RMSECV 和 RMSEP)作为评价 NIRS 模型回归性能的基础指标,体现了模型预测的精度和准确性,RMSE 越接近"0"越好。RMSE 越小,表明预测值与实际值之间的偏差越小,模型的预测效果越好。但当待测目标属性值非常大或非常小时,RMSE 值也会相对较大或者相对较小,这时 RMSE 指标将无法精确表征模型的预测精度。相对均方根误差(relative root mean squre error, rRMSE)(rRMSEC 和 rRMSECP)是 RMSE 与均值的比值,rRMSE 可以有效替代 RMSE 指标对待测目标属性值非常大或非常小的定量校正模型对性能进行评测。一般来说,5% 以内的 rRMSE 值就说明建立的定量回归模型基本可以满足实际检测需求,可以应用于实际指标检测环境。平均相对误差(mean relative error, MRE)(MREC 和 MREP)是与 rRMSE 类似的指标,它是预测相对误差的平均值,MRE 越接近于"0"越好。RPD 体现了模型的预测能力,越大越好,当 RPD 值大于 3 时,表明 NIRS 校正模型回归性能良好,能够满足实际应用需求。一般来说,当 RPD 值在 2.5 到 3 之间时,说明校正模型能够基本满足应用需求;当 RPD 值在 3 到 5 之间时,说明校正模型能够满足实际检测需求;当 RPD 值在 5 到 10 之间时,说明校正模型的性能非常好;当 RPD 值大于 10 时,说明校正模型具有卓越的预测性能。R^2、RMSE、rRMSE、MRE 和 RPD 的计算公式为

$$R^2 = 1 - \frac{\sum_{i=1}^{n}(y_i - f_i)^2}{\sum_{i=1}^{n}(y_i - \bar{y})^2} \tag{1-30}$$

$$\text{RMSE} = \sqrt{\frac{\sum_{i=1}^{n}(y_i - f_i)^2}{n}} \tag{1-31}$$

$$\text{rRMSE} = \sqrt{\sum_{i=1}^{n}(y_i - f_i)^2 / n\bar{y}} \tag{1-32}$$

$$\text{MRE} = \sum_{i=1}^{n}\frac{|y_i - f_i|}{ny_i} \tag{1-33}$$

$$\text{RPD} = \sqrt{\frac{\sum_{i=1}^{n}(y_i - \bar{y})^2}{\sum_{i=1}^{n}(y_i - f_i)^2}} \tag{1-34}$$

式中，y_i 为第 i 个样本的测量值；f_i 为第 i 个样本的预测值；$\bar{y}$ 为样本测量值的平均值；n 为样本个数。

除了使用上述指标分析评价定量模型之外，还可以使用显著性检验对模型的预测结果进行分析，如分析预测值与实测值之间是否存在显著性差异。显著性检验就是事先对总体(随机变量)的参数或总体分布形式做出一个假设，然后利用样本信息来判断这个假设(备择假设)是否合理，即判断总体的真实情况与假设是否具有显著性差异。或者说，显著性检验要判断样本与我们对总体所做的假设之间的差异是纯属机会变异，还是由我们所做的假设与总体真实情况之间不一致引起的。显著性检验是针对我们对总体所做的假设，利用“小概率事件实际不可能性原理”来否定假设。对实验结果进行比较分析时，不能仅凭结果的不同即做出结论，而是要进行统计学分析，鉴别两者差异是随机误差引起的，还是由特定的实验处理引起的。

T 检验是一种典型的显著性检验方法，其基本步骤为：

(1)提出虚无假设和备择假设，H0 代表样本来自总体样本，H1 代表样本不属于总体样本；

(2)构造检验统计量，收集样本数据，计算检验统计量的样本观察值；

(3)根据所提出的显著水平，确定临界值和拒绝域；

(4)计算检验统计量的值；

(5)做出检验决策。

1.4.2 近红外光谱厌氧发酵信息检测

随着 NIRS 定量分析技术和化学计量学的发展，NIRS 定量分析的应用领域得到进一步扩展，相关人员在应用 NIRS 进行木质纤维素、碳氮、氨氮、VFA 和 BMP 等厌氧发酵相关信息快速测试方面开展了一系列研究工作。

1. NIRS 在木质纤维素检测方面的应用

在应用 NIRS 分析技术进行生物质材料中纤维素、半纤维素和木质素三种木质纤维素成分检测方面，相关学者进行了大量的研究。研究发现在使用 NIRS 进行木质纤维素三种成分检测过程中，纤维素和半纤维素的检测结果要高于木质素，这可能与木质素的复杂不确定性结构有关。

美国堪萨斯州立大学的 Donghai Wang 教授指出使用 NIRS 定量分析技术对木质纤维素生物质进行定性和定量分析是解决传统化学分析方法测试速度慢、成本高的有效方法。长春工业大学的薛冬桦教授及其团队提出使用 NIRS 测定玉米秸秆纤维素和半纤维素含量，并探讨了不同光谱预处理方法对玉米秸秆纤维素和半纤维素含量 NIRS 模型的影响，所建立模型的纤维素和半纤维素平均相对误差分别为 2.34% 和 2.13%。东北林业大学的刘镇波等提出基于 NIRS 预测杨木的综纤维素含量，通过对不同的光谱区域、不同的光谱预处理方法、不同的建模方法下建模性能的对比，建立了人工林场杨木综纤维素含量快速检测模型，取得了较好的检测效果。中国农业大学的韩鲁佳教授及其团队多年来一直致力于秸秆等农牧废弃物 NIRS 快速检测技术方面的研究，提出使用 NIRS 技术对不同成熟期的小麦秸秆进行纤维素和半纤维素等碳水化合物的测定，并提出了一种 NIRS 在线检测方法用于玉米秸秆木质纤维素成分的实时检测。爱尔兰利默里克大学的 Hayes 等提出使用 NIRS 对泥炭进行木质纤维素成分的快速定量分析，比较了潮湿未处理样品、风干未研磨样品和风干研磨样品的测试精度，并实现了应用 NIRS 技术对上述样品的快速准确检测。浙江大学的何勇教授及其团队提出使用 NIRS 对毛竹的木质纤维素成分进行快速检测，基于最小二乘 SVM 建立高精度快速检测模型，纤维素、半纤维素和木质素预测模型的 R^2 分别为 0.921，0.909和 0.892。浙江大学的金小丽提出采用 NIRS 检测芒草的纤维素、半纤维素和木质素含量，并分别基于 PLS、最小二乘支持向量回归和径向基神经网络建立相关预测模型，取得了很好的检测效果。东北农业大学的孔庆明提出应用 NIRS 对大豆秸秆的纤维素、半纤维素和木质素进行快速检测，构建了多种适用于大豆秸秆木质纤维素含量快速检测的定量回归模型。中国林业科学研究院的房桂干研究员及其团队在应用 NIRS 对造纸制浆原料成分测定方面进行了大量研究，提出对制浆材料的综纤维素、木质素等化学成分进行快速检测。

2. NIRS 在碳氮含量检测方面的应用

近年来，相关学者开始研究应用 NIRS 对土壤、肥料、有机动植物废弃物等进行碳氮含量的快速测定。NIRS 不仅能够实现土壤有机碳和有机氮含量的快速测定，还能够完成土壤中总碳和总氮含量的有效测定。NIRS 在化肥和有机肥的碳氮含量测定方面，也取得了较好的检测效果。当使用 NIRS 对畜禽粪便中的总碳和总氮含量进行快速检测时，总氮含量的检测效果要明显优于总碳。而使用 NIRS 对植物中所含有的碳、氮成分进行检测时，能够获得较好的氮含量检测效果，但碳含量检测效果较差。

丹麦奥胡斯大学的 Shetty 等提出采用少量代表性样本建立青草氮浓度 NIRS 快速检测模型，选取原始校正集样本中约 20% 的代表性样本建立氮浓度检测模型，在保证检测精度的前提下，大大降低了建模工作量。巴西巴拉那州联邦大学的 Rossa 等提出应用 NIRS 快速检测巴拉圭茶树叶中的营养成分，进行碳、氮、磷、钾、钙、镁等含量的快速检测，研究发现 NIRS 检测模型能够实现氮元素含量的快速准确检测，但碳元素含量的检测效果较差。华中农业大学的牛智有教授及其团队开展了生物质秸秆元素 NIRS 快速检测方面的研究，发现建立的 NIRS 快速检测模型可以用于氮元素的实际检测，但碳元素定量回归模型的检测效果较差。中国农业大学的李民赞教授及其团队提出应用 NIRS 分析技术对土壤分层氮素含量进行预测，在分析了不同土壤样本的光谱特性和水分、氮素变化规律的基础上，建立了基于 GA 优化的 BP 神经网络回归模型，取得了较好的土壤全氮含量预测效果。日本农业科学国际研究中心的 Kawamura 等提出应用可见 NIRS 技术对马达加斯加岛水稻田的土壤总碳和总氮含量进行快速检测，将 PLS 回归与谱区选择算法相结合建立预测模型，参与建模的总碳和总氮波长变量个数仅为全谱的 12.59% 和 3.55%，但模型性能显著高于全谱建模。中国科学院的汪玉冰研究员及其团队提出应用可见 NIRS 对土壤和化肥的营养素成分进行快速检测，将 PCA 与 GA 相结合构建快速检测模型，实现了土壤有机质、总氮、pH 值和化肥氮磷钾含量的快速、准确检测。南非夸祖鲁・纳塔尔大学的 Magwaza 等提出应用可见 NIRS 定量分析技术对不同耕作模式下的土壤有机碳和有机氮进行快速检测，将 PLS 回归与留一法交叉验证相结合建立快速检测模型，实现了土壤有机碳和有机氮营养成分的快速检测，为选择种植作物品种和耕作方式提供了参考。加拿大农业与粮食研究中心的 Luce 等提出使用可见 NIRS 对畜禽粪便、有机肥、城市和造纸厂固体垃圾等有机原料进行总碳和总氮含量的快速检测，研究发现所建立的检测模型取得了非常好的总氮检测效果，但总碳检测效果比总氮检测效果略差。中国农业大学的韩鲁佳教授及其团队尝试将 NIRS 分析技术应用到堆肥产品的总有机碳、总氮和碳氮比快速检测领域，建立了满足堆肥产品总有机碳和总氮实际检测需求的 NIRS 快速检测模型，但碳氮比检测模型的 R^2 为 0.85，RPD 为 2.61，检测精度有待进一步提高。

3. NIRS 在氨氮浓度检测方面的应用

随着 NIRS 仪器的发展和配件的丰富，NIRS 采集仪的功能越来越强大。NIRS 采集设备除了可以使用积分球漫反射方式进行固体颗粒、粉末的 NIRS 扫描外，还可以使用比色皿、样品池、透射探头等配件对均匀透明的液体进行透射方式的 NIRS 扫描。在应用 NIRS 分析技术对液体中氨氮含量检测方面，相关学者进行了大量的研究，取得了一系列研究成果。

天津农学院的杜艳红等提出采用可见 NIRS 分析技术对水体中的氨氮浓度进行检测，采用光纤光谱仪采集数据，采用线性回归建模，预测模型的 R^2 为 0.977 2，能够满足分析水中氨氮含量的实际需求，为水质检测奠定了基础。中国环境科学研究院的席北斗研究员及其团队提出使用 NIRS 分析技术对巢湖柱状沉积物剖面间隙水样品化学组分进行快速测量，采用小波压缩结合正交信号校正对 NIRS 数据进行预处理，建立了相应的 PLS 回归模型，实现了样品磷酸盐、硅酸盐、氨氮、总有机碳和总氮的快速、准确检测。丹麦奥胡斯大学的 Raju 等提出采用近红外漫反射探针对厌氧发酵反应器中的氨氮含量进行监测，采用 iPLS 建立了快速检测模型，模型的 R^2 为 0.91，RMSEP 为 0.32，在减少建模变量的同时有效提高了模型的检测效果，能够满足厌氧发酵过程氨氮浓度的在线监测需求。德国巴伐利亚州农业研究中心的 Krapf 等提出使用 NIRS 在线过程分析仪对能源作物和畜禽粪便的厌氧发酵过程进行原位检测，通过将实验室研究成果迁移到在线监测设备上，实现了一段时间内发酵液 VS、氨氮、VFA、总无机碳的快速准确检测，并为不同光谱设备间的数据融合提供了理论支持。安徽建筑大学的黄显怀教授及其团队提出应用 NIRS 分析技术对短程硝化反硝化系统中无机盐氮含量进行快速检测，利用小波变换对样品的 NIRS 数据进行预处理，并采用 iPLS 进行特征波长优选，建立了氨氮和亚硝酸盐氮的快速检测模型，取得了较好的预测效果。黄教授团队还将 PCA 与 BP 神经网络相结合建立 NIRS 回归模型，对短程生物脱氮工艺中氨氮和亚硝酸盐的含量进行快速检测，其中氨氮预测模型的 R^2 为 0.997 40，RMSEP 为 0.033 7，能够满足水样氨氮含量快速测定的实际需求。安徽大学的孙庆业教授及其团队对 NIRS 分析技术在河水不同形式氮素含量检测方面的应用进行了系统性研究，采用 PCA 结合神经网络建立了总氮、氨氮和亚硝酸盐氮含量的 NIRS 快速检测模型，应用 iPLS 建立了总氮、氨氮和亚硝酸盐氮含量的 NIRS 快速检测模型，基于 NIRS 和 SVM 建立了总氮、氨氮和亚硝酸盐氮含量快速检测模型，实现了间歇曝气过程中水体总氮、氨氮、亚硝酸盐氮的同步快速检测，为河流水体检测提供了有效方法。

4. NIRS 在 VFA 检测方面的应用

NIRS 以其多组分同步快速检测的优势，在厌氧发酵信息检测方面得到了广泛应用。VFA 作为厌氧发酵状态监控的最重要指标，在应用 NIRS 定量分析技术进行发酵液 VFA 含量检测方面，相关学者进行了大量研究。

德国基尔大学的 Jacobi 等针对厌氧发酵过程监控的需求，应用近红外传感器对发酵罐进行了 500 天的半连续监测，建立了用于 VFA 在线快速检测的 NIRS 回归模型，总酸、乙酸和丙酸回归模型的 R^2 分别为 0.94，0.69 和 0.89。丹麦奥尔堡大学的 Lomborg 等提出使用

NIRS 定量分析技术对畜禽粪便与青储玉米混合厌氧共发酵过程中的 VFA 含量和干物质浓度进行监控，构建的快速在线检测模型能够实现总酸、乙酸、丙酸和丁酸的快速、准确检测。中国科学技术大学的俞汉青教授及其团队提出应用 NIRS 快速测定废水厌氧发酵过程中底物及液相产物浓度变化，建立了厌氧发酵过程中蔗糖和 VFA 浓度预测模型，实现了 VFA 及其各组成的快速、准确检测，VFA 各成分检测模型的 R^2 为 0.911 ~0.921。英国格拉摩根大学的 Reed 等比较了 PCA 和 PLS 两种线性多元校正方法建立发酵液 VFA、TS、VS 和碱度 NIRS 快速检测模型的性能，并在不同消化器内验证了模型的有效性。Reed 等还探讨了霍特林 T2 控制图与 PLS 相结合进行 VFA、VS、碱度 NIRS 建模的可行性，构建了一个伪稳态模型，有效消除了原料类型临时改变对模型预测精度的干扰。安徽大学的孙庆业教授及其团队为了实现高碳氮含量废水厌氧发酵过程中 VFA 的快速检测，采用小波阈值去噪方法对光谱数据进行预处理，有效去除冗余信息，建立了基于 iPLS 的 NIRS 快速检测模型，模型的 R^2 为 0.965 8，RMSEP 为 0.094 2，检测精度较高。巴西圣保罗州立大学的 Nespeca 等提出应用 NIRS 对厌氧生物反应器产氢过程中的乙醇和 VFA 含量进行监控，使用正交信号校正对 NIRS 数据进行预处理，使用 GA 进行特征变量优选，构建了 VFA 快速检测模型，除丙酸效果略差外，乙酸、丁酸和总酸都取得了较好的检测效果。德国巴伐利亚州农业研究中心的 Stockl 等提出采用 NIRS 技术实时在线监控生物燃气制备过程中的厌氧发酵状态，实现了 VFA、总无机碳的快速在线检测，预测 R^2 分别为 0.94 和 0.97，取得了较好的检测效果。

5. NIRS 在 BMP 检测方面的应用

NIRS 能够实现有机物中蛋白质、脂肪、纤维素、半纤维素、还原糖、总糖、总碳、总氮含量的快速检测，而上述有机物组成成分与其厌氧发酵产沼气能力直接相关。因此，相关学者开始研究应用 NIRS 直接进行厌氧发酵原料的 BMP 预测，以解决传统方法通过发酵实验测试 BMP 耗时过长的问题。

法国农业科学研究院的 Steyer 等提出应用 NIRS 分析技术快速测定城市固体废弃物的 BMP，建立的预测模型的 R^2 为 0.76，预测标准差为 28 mL/g VS，预测结果基本满足了 BMP 快速检测需求。法国威立雅环境研究与创新中心的 Rivero 等提出应用 NIRS 定量分析技术对有机物厌氧发酵产甲烷的 BMP 进行快速检测，建立的预测模型的 R^2 为 0.85，预测标准差为 40 mL/g VS，基本满足了有机物料厌氧发酵时 BMP 的快速检测需求。丹麦南丹麦大学的 Triolo 等提出应用 NIRS 定量分析技术对植物类生物质材料厌氧发酵的 BMP 进行快速检测，建立的预测模型的 R^2 为 0.84，预测标准差为 37 mL/g VS，有效解决了传统 BMP 测试方法测试速度慢、成本高的问题。比利时沃隆农业研究中心的 Godin 等详细对比了基于化学组分和基于 NIRS 两种方式预测植物类生物质材料厌氧发酵 BMP 的性能，指出基于 NIRS 的预测方式比基于化学组分的方式更可靠。丹麦奥胡斯大学的 Wahid 等提出应用 NIRS 分析技术对非禾本草本植物与三叶草混合物的化学组分和厌氧发酵最大产甲烷潜力进行测定，建立的预测模型的 R^2 大于 0.90，测试精度能够满足厌氧发酵过程中对原料组分和最大产甲烷潜力的测定需求。丹麦技术大学的 Fitamo 等提出应用 NIRS 定量分析技术对城市有机废弃物的厌氧发酵 BMP 进行快速检测，建立的预测模型的 R^2 为 0.88，预测标准差为 44 mL/g VS，预测结果取得了令人满意的效果。

综上所述，关于生物质材料木质纤维素成分 NIRS 快速检测方面的研究主要以直接采集的生物质材料为对象，尚未见以预处理后的秸秆类生物质厌氧发酵原料为研究对象，应用 NIRS 对其进行木质纤维素成分快速检测。在应用 NIRS 进行植物类生物质和畜禽粪便碳氮含量检测时,NIRS 在氮含量快速检测方面取得了很好的效果,但碳含量检测性能一般,在碳氮比直接检测方面虽有涉及,但检测效果有待进一步提高。在应用 NIRS 对水体中的氨氮和 VFA 含量进行快速检测方面,主要以光谱预处理方法和多元定量校正方法的研究为主,在氨氮和 VFA 特征波长优选方面尚需进一步拓展,以分析氨氮和 VFA 中各基团与 NIRS 特定波长变量间的对应关系。在发酵原料 BMP 检测方面,主要探讨了应用 NIRS 对采集的大量有机质样品进行 BMP 的快速测定,尚未见以秸秆与粪便混合物为研究对象进行厌氧共发酵产甲烷能力 NIRS 快速检测。由 NIRS 定量分析技术及其在木质纤维素、碳氮、氨氮、VFA 和 BMP 快速检测方面的研究现状可知,尚未发现将 NIRS 系统地应用于厌氧发酵全过程关键信息的快速检测,实现厌氧发酵原料木质纤维素成分、碳氮比、BMP 和发酵液氨氮、VFA 的快速检测。同时,NIRS 特征波长优选方法正朝着多种特征波长优选方法相结合的方向发展,将 iPLS、SiPLS、BiPLS、SPA、CARS 等特征波长优选算法与 GA、SA、PSO 等智能优化算法相结合进行 NIRS 特征波长变量优选已成为重要研究方向。在 NIRS 定量分析应用方面,GA 因其强大的特征波长优选能力已得到广泛应用。针对 GA 的两点不足对其加以改进,并研究改进后算法与 iPLS、SiPLS、BiPLS 和 CARS 等算法相结合进行厌氧发酵关键信息 NIRS 特征波长优选可行性,有效提高 NIRS 回归模型的检测精度和效率,具有很高的实际应用价值。

1.5 研究内容

为了对沼气工程的运行状态进行有效监控与评估,需要对厌氧发酵原料的成分、碳氮比、BMP 和发酵过程中发酵液的氨氮、VFA 含量等厌氧发酵关键信息进行快速准确检测。本书针对传统测试方法检测速度慢、成本高的不足,开展基于 NIRS 的厌氧发酵关键信息快速获取方法研究,以光谱特征波长优选为主线,构建基于 PLS 和 SVM 回归的快速检测模型,实现对上述厌氧发酵关键信息进行快速检测。主要研究内容如下。

1. 基于 NIRS 快速测定发酵原料的木质纤维素各成分含量

针对以预处理后玉米秸秆为原料进行厌氧发酵产沼气过程中,原料中木质纤维素成分快速检测的需求和传统测定方法的不足,提出使用 NIRS 定量分析技术对原料的纤维素、半纤维素和木质素含量进行快速检测。为进一步提高检测模型的精度和效率,将 GA 与 SA 相结合构建遗传模拟退火算法(genetic simulated annealing algorithm,GSA),并分别用于 NIRS 全谱及 SiPLS 和 BiPLS 优选后谱区的特征波长优选,构建 Full - GSA、SiPLS - GSA 和 BiPLS - GSA,实现木质纤维素各成分特征波长变量优选。以优选后的特征波长变量建立木质纤维素成分的 NIRS 同步快速检测模型,实现对预处理后的玉米秸秆木质纤维素含量进行快速、准确测定。

2. 基于 NIRS 快速测定厌氧发酵原料的碳氮比

针对以预处理后玉米秸秆及秸秆粪便混合物为原料的厌氧发酵过程中,碳氮比的快速检测需求,及 NIRS 在秸秆和粪便碳氮含量快速检测方面的优势与不足,提出使用 NIRS 对厌氧发酵原料碳氮比进行直接快速检测。为进一步提高检测模型的精度和效率,构建 DGSA - PLS 对碳氮比特征波长变量进行优选,并与 BiPLS - GSA 优选的特征波长建模性能进行对比,从而确定碳氮比的最佳特征波长变量。以优选后的特征波长变量建立碳氮比

NIRS 快速检测模型,实现对预处理后玉米秸秆及秸秆粪便混合物的碳氮比进行快速、准确测定。

3. 基于 NIRS 快速测定发酵液的氨氮浓度

针对以玉米秸秆和畜禽粪便为原料进行厌氧发酵产沼气过程中,发酵液氨氮含量的快速检测需求,提出使用 NIRS 对发酵液中的氨氮浓度进行快速检测。为进一步提高检测模型的精度和效率,尝试将 GSA 与 CARS 相结合构建 CARS - GSA 进行氨氮特征波长变量优选。以优选后的特征波长变量建立氨氮 NIRS 快速检测模型,实现对发酵液氨氮浓度进行快速、准确测定。

4. 基于 NIRS 快速测定发酵液的 VFA 浓度

针对以玉米秸秆和畜禽粪便为原料进行厌氧发酵产沼气过程中,发酵液 VFA 含量的快速检测需求,提出使用 NIRS 对发酵液中的乙酸、丙酸和总酸浓度进行快速检测。为进一步提高检测模型的精度和效率,使用 CARS - GSA 进行乙酸、丙酸和总酸特征波长变量优选。以优选后的特征波长变量建立 VFA 的 NIRS 同步快速检测模型,实现对发酵液乙酸、丙酸和总酸含量进行快速、准确测定。

5. 基于 NIRS 预测厌氧发酵原料的 BMP

针对玉米秸秆和畜禽粪便混合厌氧共发酵产沼气过程中,发酵原料 BMP 的快速检测需求,提出使用 NIRS 对秸秆粪便混合厌氧共发酵原料的 BMP 进行快速检测。为进一步提高检测模型的精度和效率,应用 SiPLS - GSA、BiPLS - GSA、DGSA - PLS 和 CARS - GSA 对 BMP 特征波长进行优选,通过对比建模性能选定特征波长变量,并与基于有机成分的 BMP 预测模型进行对比,从而建立 BMP 快速检测模型,实现对厌氧发酵原料 BMP 进行快速、准确预测。

1.6 技术路线

本书针对沼气工程运行状态的监控和评估需求,提出将 NIRS 定量分析技术应用于厌氧发酵过程全程关键信息的快速检测,以光谱特征波长优选为主线,构建基于 PLS 和 SVM 回归模型的快速检测方法,实现厌氧发酵原料木质纤维素、碳氮比、BMP 和发酵液氨氮和 VFA 的快速、准确检测。首先,采集和制备厌氧发酵原料样品及厌氧发酵液样品,采用积分球漫反射扫描方式扫描发酵原料样品的漫反射光谱,采用比色皿透射扫描方式扫描发酵液的透射光谱,并采用化学方法测定发酵原料的木质纤维素各成分含量、碳氮比、BMP 和发酵液的氨氮、VFA 浓度;然后,在对采集的 NIRS 数据进行样本集划分和光谱预处理后,进行特征波长变量优选,并建立特定目标属性对应的 PLS 和 SVM 回归校正模型;最后,使用验证集和独立测试集对建立的 NIRS 回归校正模型进行评价,从而建立基于 NIRS 的厌氧发酵关键信息快速获取方法。本研究的技术路线如图 1 -9 所示。

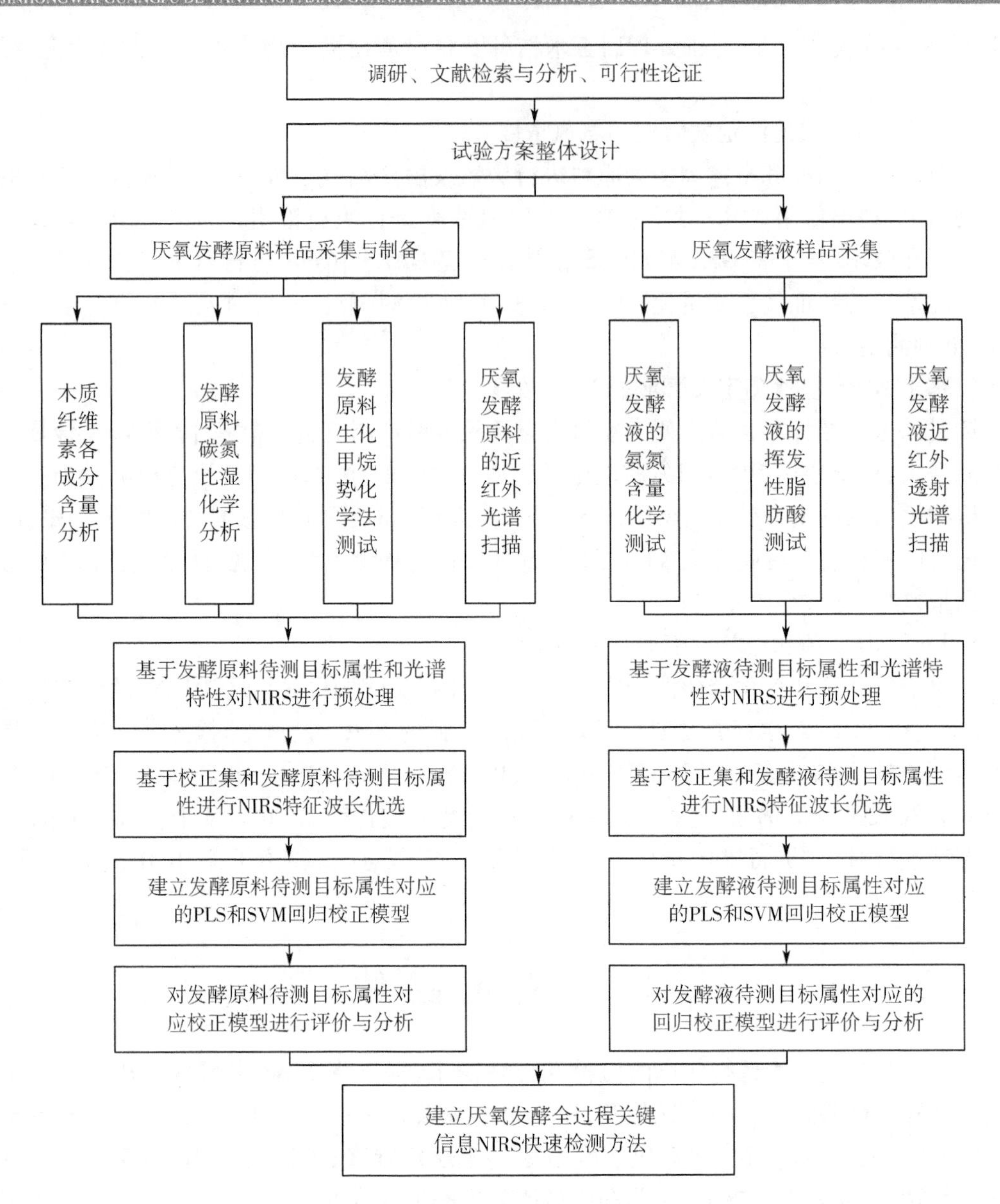
调研、文献检索与分析、可行性论证
试验方案整体设计
厌氧发酵原料样品采集与制备
厌氧发酵液样品采集
木质纤维素各成分含量分析
发酵原料碳氮比湿化学分析
发酵原料生化甲烷势化学法测试
厌氧发酵原料的近红外光谱扫描
厌氧发酵液的氨氮含量化学测试
厌氧发酵液的挥发性脂肪酸测试
厌氧发酵液近红外透射光谱扫描
基于发酵原料待测目标属性和光谱特性对NIRS进行预处理
基于发酵液待测目标属性和光谱特性对NIRS进行预处理
基于校正集和发酵原料待测目标属性进行NIRS特征波长优选
基于校正集和发酵液待测目标属性进行NIRS特征波长优选
建立发酵原料待测目标属性对应的PLS和SVM回归校正模型
建立发酵液待测目标属性对应的PLS和SVM回归校正模型
对发酵原料待测目标属性对应校正模型进行评价与分析
对发酵液待测目标属性对应的回归校正模型进行评价与分析
建立厌氧发酵全过程关键信息NIRS快速检测方法

图 1 –9　技术路线图

2 材料与方法

2.1 实验原料

实验用玉米秸秆取自东北农业大学校内实验田，猪粪取自哈尔滨三元畜产实业公司（哈尔滨市香坊区），牛粪取自哈尔滨宇峰奶牛养殖农民专业合作社（哈尔滨市香坊区），羊粪取自东北农业大学阿城实验实习基地（哈尔滨市阿城区）。畜禽粪便收集后，挑出其中的沙石、垫料、干草等杂质。玉米秸秆、猪粪、牛粪和羊粪各采集1份样品，用于后续秸秆预处理和秸秆粪便混合物厌氧发酵样品制备。采集的玉米秸秆样品自然风干后装袋保存，采集的猪粪、牛粪和羊粪样品于零下18 ℃冷冻保存。沼液取自黑龙江省寒地农业可再生资源利用技术及装备重点实验室内以秸秆和牛粪为底物的中温批式厌氧发酵反应器，待反应器持续厌氧消化30天后，使用18目筛网过滤采集的沼液作为接种物，以保证使用时具有同一性。实验原料相关特性如表2-1所示，与畜禽粪便相比，玉米秸秆的蛋白质较少，粗脂肪含量较多，木质纤维素含量较高，碳氮比很高。在畜禽粪便中牛粪、羊粪的木质纤维素含量大于猪粪，因为饲喂牛、羊的饲料中粗纤维含量高，而猪粪中的蛋白质和粗脂肪成分较高。

表2-1 原料特性

理化指标	玉米秸秆	牛粪	羊粪	猪粪	接种物
TS含量(C_{TS})/%[a]	86.02±0.91	26.62±0.86	79.86±1.78	31.22±3.97	4.76±0.21
VS含量(C_{VS})/%[a]	80.89±0.67	19.37±0.43	66.72±1.45	23.27±2.61	3.47±0.21
粗蛋白含量/%[b]	1.99±0.01	11.65±0.01	15.27±0.03	22.49±0.01	—
粗脂肪含量/%[b]	8.83±0.40	3.30±0.58	6.68±0.37	7.95±0.75	—
纤维素含量/%[b]	32.41±2.30	21.25±0.32	22.63±0.18	9.26±0.22	—
半纤维素含量/%[b]	28.40±2.24	26.57±0.85	28.15±0.57	23.16±0.56	—
木质素含量/%[b]	3.08±0.08	6.88±0.07	8.38±0.45	2.56±0.51	—
总糖含量/%[b]	51.03±1.98	46.68±1.48	59.96±2.11	49.56±1.89	—
总碳含量/%[b]	42.94±0.29	38.26±0.25	43.47±0.72	37.66±0.89	36.36±0.19
总氮含量/%[b]	0.49±0.01	2.15±0.06	2.41±0.22	3.46±0.14	3.23±0.05
碳氮比	88.35	17.83	18.02	10.89	11.26±0.15

注：a，按样品总质量计算；b，按样品干物质计算；TS，总干物质；VS，总挥发性物质。

2.2 实验设备及试剂

2.2.1 实验设备

实验中主要用到的实验仪器如表 2－2 所示。

表 2－2 实验仪器列表

设备名称	生产厂家
Bruker TANGO 傅里叶近红外光谱仪	德国 Bruker 公司
Antaris Ⅱ型傅里叶近红外光谱仪	美国 Thermo Fisher 科技公司
Ankom 200i 半自动型纤维分析仪	美国 ANKOM 科技公司
EA 3000 元素分析仪	北京利曼科技有限公司
Agilent GC－6890N 气相色谱仪	美国 Agilent 公司
FOSS FIASTAR 5000 连续流动分析仪	丹麦 Foss 公司
PHSJ－3F 型 pH 计	上海雷磁仪器有限公司
RJM－28－10 型马弗炉	沈阳市节能电炉厂
101－1 型电热鼓风干燥箱	天津市泰斯特仪器有限公司
SIGMA 高速冷冻离心机	德国 SIGMA 公司
Kjeltec8420 自动定氮系统	丹麦 Foss 公司
Foss 2050 脂肪测定仪	丹麦 Foss 公司
ALC－4100.1 型及 ALC－210.4 型电子天平	北京赛多利斯仪器系统有限公司
9FQ－36B 粉碎机	北京环亚天元机械有限公司
JFSD－100－Ⅱ粉碎机	上海嘉定粮油仪器有限公司
KHW－D－2 精密电热恒温水浴锅	苏州江东精密仪器有限公司

2.2.2 实验试剂

实验中主要用到的实验试剂如表 2－3 所示。

表 2－3 主要实验试剂

药品试剂	生产厂家
无水乙醇(色谱纯)、乙酸(色谱纯)、丙酸(色谱纯)、异丁酸(色谱纯)、正丁酸(色谱纯)、异戊酸(色谱纯)、丙酮	天津市科密欧化学试剂开发中心

表 2-3(续)

药品试剂	生产厂家
重铬酸钾、乙二胺四乙酸二钠(Na_2EDTA)	天津基准化学试剂有限公司
十水硼酸钠($Na_2B_4O_7 \cdot 10H_2O$)、十二烷基磺酸钠(USP)、十六烷基三甲基溴化铵(CTAB)	北京益利精细化学品有限公司
硫酸汞($HgSO_4$)	天津市天力化学试剂有限公司
硫酸银(Ag_2SO_4)	姜堰市环球试剂厂
钼酸铵($H_8MoN_2O_4$)	天津市赢达稀贵化学试剂厂
浓盐酸(HCl)	哈尔滨市化工试剂厂
氯化钠(NaCl)、氢氧化钠(NaOH)	天津市大陆化学试剂厂
甲基红、溴甲酚绿	天津市天新精细化工研发中心
硼酸(H_3BO_3)	天津市耀华化学试剂有限责任公司
磷酸氢二钠(Na_2HPO_4)、浓硫酸(H_2SO_4)、三甘醇($C_6H_{14}O_4$)、偏磷酸(HPO_3)	天津市天大化学试剂厂

2.3 实验数据测定方法

2.3.1 光谱数据扫描

1. 木质纤维素样品光谱扫描

对预处理后的玉米秸秆样品粉末使用美国 Thermo Fisher 科技公司的 Antaris Ⅱ型傅里叶近红外光谱仪进行积分球漫反射光谱扫描，光谱采集范围 4 000 ~ 10 000 cm^{-1}(1 000 ~ 2 500 nm)，分辨率为 8.0 cm^{-1}，每个样品扫描 32 次，数据保存格式为 log 1/R，背景每小时扫描一次，装样方式为带透明塑料袋扫描，扫描时去除透明塑料袋背景。在保持室内温湿度基本稳定的情况下，每个样品装样 3 次，取 3 次扫描平均值作为样品的原始光谱。原始光谱的波长变量为 1 557 个，数据点间距为 3.86 cm^{-1}，起始波长变量为 10 001.03 cm^{-1}，结束波长变量为 3 999.64 cm^{-1}。

2. 碳氮比和 BMP 样品光谱扫描

对发酵原料样品使用德国 Bruker 公司的 Bruker TANGO 傅里叶近红外光谱仪进行积分球漫反射光谱扫描，光谱采集范围 3 946 ~ 11 542 cm^{-1}(866 ~ 2 534 nm)，分辨率为 8.0 cm^{-1}，样品扫描 32 次，采用 50 mm 样品杯作为采样容器，装样质量约 7.0 g，数据保存格式为 Absorbance，采用旋转台进行旋转扫描，背景每小时扫描一次。在保持室内温湿度基本稳定的情况下，每个样品装样 3 次，取 3 次扫描平均值作为样品的原始光谱。每个样品原始光谱的波长变量个数为1 845 个，数据点间距为 4.12 cm^{-1}，起始波长变量为11 542.24 cm^{-1}，结束波长变量为3 946.28 cm^{-1}。

3. 发酵液样品光谱扫描

发酵液冷冻样品溶解后在冷冻离心机中以 12 000 r/min 离心 10 min，取上清液待测。使用美国 Thermo Fisher 科技公司的 Antaris Ⅱ型傅里叶近红外光谱仪对采集样品进行透射光谱扫描，光谱采集范围 4 000 ~ 10 000 cm^{-1}（1 000 ~ 2 500 nm），分辨率为 8.0 cm^{-1}，样品扫描 32 次，数据保存格式为 log 1/R，背景每小时扫描一次，采用 1 mm 方形比色皿作为采样容器进行前置通道扫描。在保持室内温湿度基本稳定的情况下，每个样品装样 3 次，取 3 次扫描平均值作为样品的原始光谱。原始光谱的波长变量为 1 557 个，数据点间距为 3.86 cm^{-1}，起始波长变量为 10 001.03 cm^{-1}，结束波长变量为 3 999.64 cm^{-1}。

2.3.2 理化指标测定

1. C_{TS}和 C_{VS}测定

试验原料的 C_{TS}和 C_{VS}采用标准方法进行测定，具体步骤如下。

（1）将洗净后的瓷坩埚置于 600 ℃马弗炉中灼烧 1 h，待炉温降至 100 ℃以下后取出，放于干燥皿中冷却至室温、称重，直至恒重，记为 w_1；

（2）将称取的一定量料液放于恒重瓷坩埚内，称得两者质量之和，记为 w_2；

（3）将装有样品的坩埚放入鼓风干燥箱内，在（105 ±2）℃条件下烘干至恒重，记为 w_3；

（4）将上一步骤的坩埚置于马弗炉内，在 550 ~ 600 ℃条件下灼烧 2 h，待炉温降至 100 ℃以下后取出，放置于干燥皿内冷却后称重，记为 w_4；

（5）按如下公式计算 C_{TS}和 C_{VS}：

$$C_{TS} = \frac{w_3 - w_1}{w_2 - w_1} \times 100\% \tag{2-1}$$

$$C_{灰分} = \frac{w_4 - w_1}{w_2 - w_1} \times 100\% \tag{2-2}$$

$$C_{VS} = C_{TS} - C_{灰分} = \frac{w_3 - w_4}{w_2 - w_1} \times 100\% \tag{2-3}$$

式中，w_1 为坩埚质量（g）；w_2 为烘干前坩埚和料液质量和（g）；w_3 为烘干之后的坩埚和料液质量和（g）；w_4 为灰化之后的坩埚和料液质量和（g）。

2. 木质纤维素含量测定

按照 Van Soest 法的原理对木质纤维素各成分进行测定，采用 Ankom 200i 半自动纤维分析仪作为消化装置，使用 Ankom F57 滤袋对秸秆粉末的中性洗涤纤维（neutral detergent fiber，NDF）和酸性洗涤纤维（acid detergent fiber，ADF）含量进行测定，再采用 72% 浓硫酸水解法测定秸秆粉末中的酸性洗涤木质素（acid detergent lignin，ADL）含量，再通过马弗炉测定灰分含量，然后通过计算得到样品的纤维素（纤维素含量 = $C_{ADL} - C_{ADF}$）、半纤维素（半纤维素含量 = $C_{NDF} - C_{ADF}$）和木质素（木质素含量 = $C_{ADL} - C_{灰分}$）含量。具体测定步骤如下。

（1）C_{NDF}的测定

试剂配制：称取 Na_2EDTA 18.61 g、USP 30.0g、无水 Na_2HPO_4 4.56 g、$Na_2B_4O_7 \cdot 10H_2O$ 6.81 g，将上述试剂全部放入烧杯（1 000 mL）中，用量筒量取 10.0 mL $C_6H_{14}O_4$ 倒入烧杯中，最后加水 1 000 mL，用磁力搅拌器边加热边搅拌，加快其溶解。待样品全部溶解后监测其 pH 值，使 pH =6.9 ~7.1。

测定方法：

①将待测样品粉碎后过筛（筛孔 1 mm），放置烘箱中烘干至恒重，称取 1 g 左右的样品放入标记好的滤袋中。并记录滤袋及样品质量分别为 w_1 和 w，用封口机封口。注意在测量时一组可以同时测量 24 个样品，其中应至少取 1 个空白滤袋不装入样品作为空白对照。

②将封好的滤袋放入滤袋架上，每层放 3 个，一次最多放 24 个滤袋，两层之间错开 120°。将滤袋架放入消煮仪中，放上金属锤并加入配好的中性洗涤液拧紧盖子进行消煮。消煮时间 75 min。

③消煮结束后，用蒸馏水（70～90 ℃）冲洗 3 遍，每次冲洗时间 5 min，然后再用室温蒸馏水洗涤 1 次，时间 5 min。取出滤袋架，同时轻压滤袋挤去一些水分后将滤袋放入烧杯中，再倒入丙酮浸泡 5 min，以便去除滤袋里的水分。

④取出滤袋，再轻压挤出多余的丙酮后，将滤袋放在通风处晾干。待其完全干燥后将滤袋放入烘箱里烘干 4 h，取出放入干燥皿中，待其冷却后称其质量记为 w_2。

⑤计算空白滤袋校正系数 c_1（c_1 = 烘干后滤袋质量/原始质量）。

（2）C_{ADF}的测定

试剂的配制：称取 49.04 g 的浓硫酸倒入 500 mL 烧杯中稀释，用 1 000 mL 的容量瓶进行定容，再称取 10 g CTAB 溶于已定容的硫酸溶液中，用磁力搅拌使其溶解。

测定方法：

①将测完的 NDF 的滤袋重新放入滤袋架上并放入消煮器中，放上金属锤后再倒入已配好的酸性洗涤溶液，确保溶液盖过滤袋，盖上盖子并拧紧阀门，同时打开搅拌及加热开关。设定消煮时间为 60 min。

②消煮结束后的处理方法和 NDF 的处理方法相同。待其冷却后，称其质量记为 w_3。

③计算空白滤袋校正系数 c_2（c_2 = 烘干后滤袋质量/原始质量）。

（3）C_{ADL}的测定

试剂的配制：量取 734.69 mL 的浓硫酸（72%）倒入 200 mL 的蒸馏水中，不断搅拌，待其冷却后定容到 1 000 mL 备用。

测定方法：

①将酸洗后并烘干称重的滤袋放入大烧杯中，倒入已配好的浓硫酸，以刚盖过滤袋为宜。用小一号的烧杯放入大烧杯中上下提起 30 次，频率大约为 1 次/min。3 h 后将滤袋捞出，并用清水冲洗滤袋，直到 pH 值为 7 左右，再用丙酮清洗滤袋洗去多余的水分。将滤袋置于滤纸上放入通风橱自然风干后，再放入烘箱烘干至恒重，记录其质量为 w_4。

②计算空白滤袋校正系数 c_3（c_3 = 烘干后滤袋质量/原始质量）。

③将滤袋放入坩埚内，放入马弗炉中，600 ℃下灼烧 2 h，取出放入干燥皿，冷却后称其质量为 w_5。

样品中 NDF、ADF、ADL 质量分数计算公式如下：

$$C_{NDF} = \frac{w_2 - w_1 \cdot c_1}{w} \times 100\% \tag{2-4}$$

$$C_{ADF} = \frac{w_3 - w_1 \cdot c_2}{w} \times 100\% \tag{2-5}$$

$$C_{ADL} = \frac{(w_4 - w_1 \cdot c_3) - (w_5 - w_0)}{w} \times 100\% \tag{2-6}$$

式中，w_2 为中洗后样品残渣和滤袋质量(g)；w_1 为空滤袋质量(g)；w 为样品质量(g)；c_1、c_2、c_3为空白滤袋校正系数；w_3 为酸洗后样品残渣和滤袋质量(g)；w_4 为浓硫酸洗、烘干后滤袋和样品的质量(g)；w_5 为灼烧后坩埚和灰分的质量(g)；w_0 为坩埚质量(g)。

3. 碳氮比的测定

样品碳、氮含量的测定按照干烧法的原理，采用 EA 3000 元素分析仪测定，测试模式为 CHN 模式，测试温度为 980 ℃，运行时间为 320 s，样品杯为 5 mm × 9 mm 锡囊，装样质量为 1.0 ~ 3.0 mg，载气为氦气，反应管型号为 E13041。标样为琥乙红霉素标准品($C_{43}H_{75}NO_{16}$)，其碳、氢、氮、氧含量分别为 59.91%，8.77%，1.62% 和 29.70%，与玉米秸秆碳氮比接近，适用于测试玉米秸秆碳氢氮含量。

采用外标法，按质量梯度在 0.5 ~ 1.5 mg 称量 6 个标样进行碳、氢、氮含量测试，以建立标准曲线。通过修改氮、碳、氢各元素的积分时间，对标准曲线进行修正。本实验中，氮、碳、氢的积分时间分别由默认积分时间(氮为(33 ± 5) s、碳为(50 ± 10) s、氢为(143 ± 20) s)改为 31 ~ 47 s、52 ~ 86 s 和 132 ~ 318 s，使氮、碳、氢各元素标准曲线的相关系数都大于 0.999 9。建立并修正标准曲线后，对样品的碳、氢、氮含量进行测试。每个样品测试 3 次，取 3 次的平均值作为待测样品的碳、氮含量值，然后通过计算可得样品的碳氮比。修改积分时间后的氮含量的校正曲线如图 2 – 1 所示。

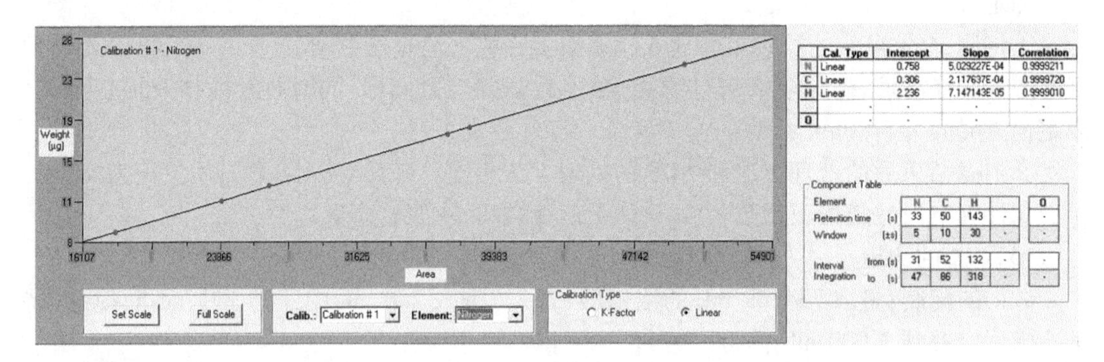

图 2 – 1　氮含量校正曲线

4. 氨氮浓度的测定

冷冻样品溶解后在冷冻离心机中以 12 000 r/min 离心 10 min 后，取上清液，通过 0.45 μm 超滤膜过滤后取滤液待测。采用 FOSS FIASTAR 5000 连续流动注射分析仪对样品的氨氮浓度进行自动检测，其基本原理在于：氨经氯化作用形成氯化铵，氯化铵与水杨酸盐反应，形成 5 – 氨基水杨酸；经氧化和氧化络合后，形成绿色络合物；加硝普钠作催化剂，加柠檬酸钠来隔离阳离子氢氧化物，在 660 nm 处测定吸光度；通过测定的待测样品吸光度值和绘制的标准曲线求得样品的氨氮浓度值。采用氯化铵制备 5 个梯度的标准液，运行流动分析仪测定其吸光度值，并绘制标准工作曲线(相关系数为 0.999 92)后，再对样品的氨氮浓度进行测试。由于发酵液样本的氨氮浓度比较高，将样本稀释 81 倍后再进行测试。氨氮校正曲线和测量峰形如图 2 – 2 所示。

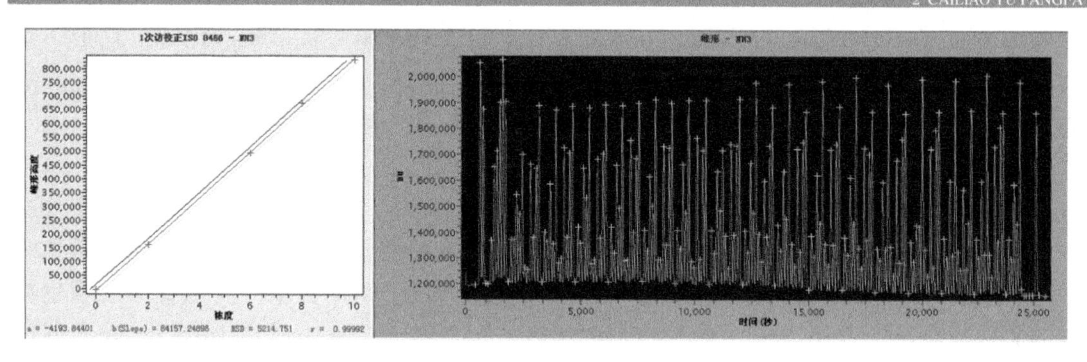

图 2－2　氨氮校正曲线和测量峰形

5. C_{VFA}的测定

使用 Agilent GC－6890N 气相色谱仪测定厌氧发酵过程中微生物代谢产生的 VFA 浓度（C_{VFA}）。测试条件为 Agilent DB－Heavy WAX Polyethylene Glycol（122－7132－INT）毛细管柱，FID 火焰离子检测器，氮气作为载气，采用后进样口分流进样，进样量为 0.4 L，分流比为 5.6∶1，进样口温度为 220 ℃，氮气流量为 40.5 mL/min，检测器温度为 250 ℃，氢气流量为 40 mL/min，初始柱箱温度为 60 ℃，平衡时间为 1.2 min，最高温度 240 ℃，测量时按 15 ℃/min升温至 140 ℃，并保持 1 min。

采用外标法建立 C_{VFA}标准曲线，先制备乙酸、丙酸、异丁酸、丁酸和异戊酸的混合标准溶液（乙醇分析纯密度 0.79 g/mL，乙酸分析纯密度 1.049 g/mL，丙酸分析纯密度 0.992 g/mL，丁酸分析纯密度 0.959 g/mL），再使用去离子水稀释至 6 种不同浓度，并测定不同浓度标准溶液各成分对应的出峰时间和积分面积。将混合溶液的保留时间与单品的保留时间进行比较，根据已知标准溶液中各物质的浓度和积分时间绘制标准曲线。乙酸、丙酸、异丁酸、丁酸和异戊酸标准曲线的相关系数分别为 0.995 98，0.997 10，0.997 34，0.997 48 和 0.997 52。不同 VFA 成分的标准曲线相关系数都大于 0.99，说明标准曲线绘制成功，可以使用该标准曲线进行发酵液 C_{VFA}浓度的测定。VFA 混合标准溶液的气相色谱图如图 2－3 所示。

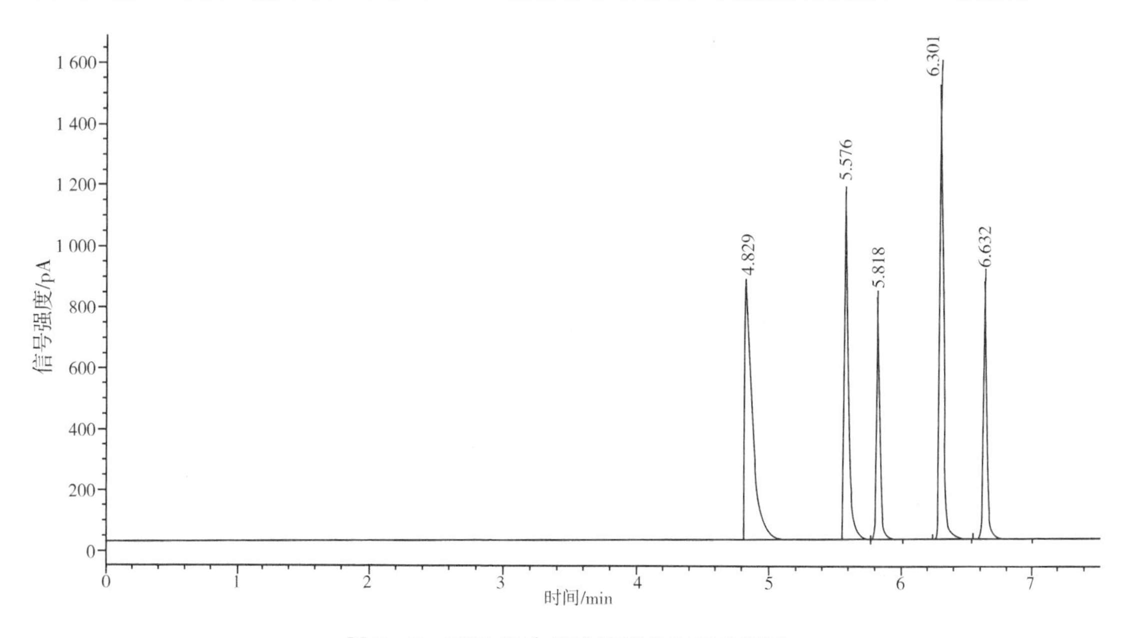

图 2－3　VFA 混合标准溶液的气相色谱图

将厌氧发酵液冷冻样品溶解后，在冷冻离心机中以12 000 r/min离心10 min后取上清液，将上清液与25%偏磷酸溶液按体积比10∶1的比例进行混合，然后再以12 000 r/min离心10 min后取上清液，将上清液使用0.45 μm超滤膜过滤，取滤液进行C_{VFA}测定。

6. 气体成分和产量的测定

甲烷发酵过程中产生的沼气是一种可燃性混合气体，主要成分是CH_4和CO_2，还含有少量的N_2、H_2S、NH_3和H_2等气体。沼气的成分取决于发酵原料的种类及总固体的质量分数，同时还会随着发酵条件及发酵阶段的不同而发生改变，CH_4含量的高低直接影响生物气的品位，同时还反映出厌氧发酵反应器的运行状况。实验过程中所产生的气体采用气体采样袋进行收集，用排水法测量发酵过程中产生气体的体积，用Agilent GC－6890N气相色谱仪测定气体组分。

Agilent GC－6890N气相色谱仪的色谱条件：柱型号为TDX－01，柱温为170 ℃，运行时间为2.5 min，总流量为30.8 mL/min，进样口温度为室温，TCD检测器温度为220 ℃，载气为氩气，尾吹气为氮气。采用外标法测定气体成分及含量，具体操作方法如下。

（1）建立H_2、N_2、CH_4和CO_2标准曲线，测定5个浓度梯度的混合气体标样（表2－4）对应的出峰时间和积分面积，根据已知标气中各成分的含量和积分时间绘制标准曲线。

表2－4　标准混合气体浓度梯度

浓度梯度	H_2/%	N_2/%	CH_4/%	CO_2/%
1	11.00	39.70	9.80	39.50
2	33.20	19.90	26.90	20.00
3	26.30	5.50	37.60	20.40
4	15.00	14.00	61.40	9.60
5	5.00	9.70	80.30	5.00

（2）评判标准曲线的拟合性能。本研究建立的H_2、N_2、CH_4和CO_2标准曲线的相关系数分别为0.999 29，0.993 55，0.997 58和0.998 61。不同气体成分的标准曲线相关系数都大于0.99，说明标准曲线绘制成功，可以使用该标准曲线进行气体成分含量的测定。混合气体标样的气相色谱图如图2－4所示。

采用酸性水溶液置换法（排水法）测量气体体积，并利用理想气体定律将所测的气体体积转化为标准温度和压力下的体积。具体计算公式如下：

$$V_{STP}=\frac{V_T\times 273\times(760-p_w)}{(273+T)\times 760} \tag{2-7}$$

式中，V_{STP}为在标准温度（273 K）和压力（760 mmHg）下的气体体积（mL）；V_T为在温度T（℃）下测量的气体体积（mL）；p_w为实际气体压力（mmHg）；T为实验室环境空间的温度（℃）。

7. $C_{总糖}$的测定

总糖是区别于木质纤维素的较易于被厌氧微生物利用降解的糖，比如具有还原性的葡萄糖、果糖、戊糖、乳糖，以及在测定时水解为单糖的蔗糖、麦芽糖和一部分淀粉。其测定方法如下。

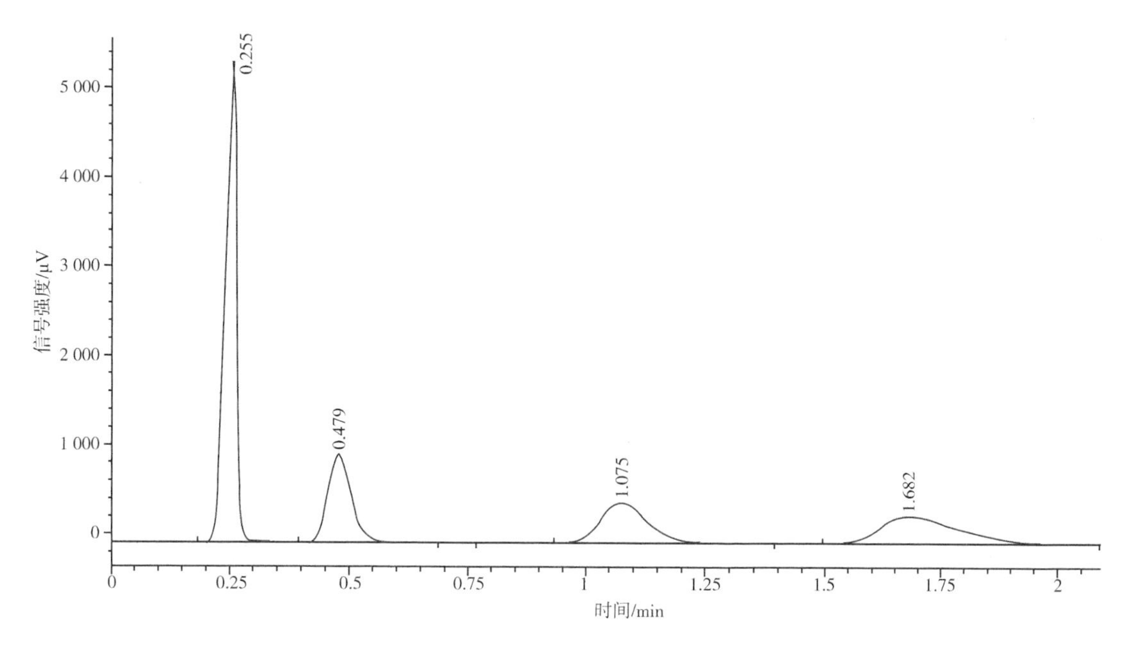

图 2-4　混合气体标样的气相色谱图

(1)实验试剂和器材

①碱性酒石酸铜甲液:准确称取 15 g 硫酸铜($CuSO_4 \cdot 5H_2O$)及 0.05 g 亚甲基蓝,溶于蒸馏水中并稀释到 1 000 mL。

②碱性酒石酸铜乙液:准确称取 50 g 酒石酸钾钠及 75 g NaOH,溶于蒸馏水中,再加入 4 g 亚铁氰化钾[$K_4Fe(CN)_6$],待完全溶解后,用蒸馏水稀释到 1 000 mL,贮存于具有橡皮塞的玻璃瓶中。

③ 0.1% 葡萄糖标准溶液:准确称取 1 g 经 98 ~ 100 ℃干燥至恒重的无水葡萄糖,加蒸馏水溶解后移入 1 000 mL 容量瓶中,加入 5 mL 浓 HCl(防止微生物生长),并用蒸馏水稀释到 1 000 mL。

④ 6 mol/L 的 HCl 溶液:准确量取 250 mL 浓 HCl(35% ~ 38%)并用蒸馏水稀释到 500 mL。

⑤碘 - 碘化钾(I - KI)溶液:将准确称取的 5 g 碘和 10 g 碘化钾溶于 100 mL 蒸馏水中。

⑥ 6 mol/L NaOH:称取 120 g NaOH,溶于 500 mL 蒸馏水中。

⑦试验所需器材主要有:电热恒温水浴锅、调温电炉、250 mL 锥形瓶、滴定管。

(2)测定方法

①样品中总糖的水解及提取

准确称取 1 g 原材料,放在锥形瓶中,加入 6 mol/L 的 HCl 溶液 10 mL 以及蒸馏水 15 mL,然后在沸水浴中加热 0.5 h,取出 1 ~ 2 滴置于白瓷板上,加 1 滴 I - KI 溶液检查水解是否完全。如已水解完全,则不会呈现蓝色。水解完毕后,冷却至室温然后加入 1 滴酚酞指示剂,用 6 mol/L NaOH 溶液中和至溶液呈微红色,并定容到 100 mL。过滤取滤液 10 mL 放于 100 mL容量瓶中,定容至刻度并混匀,即为稀释 1 000 倍的总糖水解液,用于 $C_{总糖}$测定。

②碱性酒石酸铜溶液的标定

准确量取碱性酒石酸铜甲液和乙液各 5 mL,置于 250 mL 锥形瓶中,加蒸馏水 10 mL 和玻璃珠3粒。从滴定管滴加约9 mL葡萄糖标准溶液，加热使其在2 min内沸腾，准确沸腾30 s，趁热以每滴2 s的速度继续滴加葡萄糖标准溶液，至溶液蓝色刚好褪去为止。记录消耗葡萄糖标准溶液的总体积。重复操作3次，取其平均值，并按下式进行计算：

$$F = C \times V \tag{2-8}$$

式中，F为10 mL碱性酒石酸铜溶液相当于葡萄糖的量(mg)；C为葡萄糖标准溶液的浓度(mg/mL)；V为标定时消耗葡萄糖标准溶液的总体积(mL)。

③样品糖的定量测定

样品溶液预测定：准确量取碱性酒石酸铜甲液及乙液各5 mL，置于250 mL锥形瓶中，加入蒸馏水10 mL和玻璃珠3粒，加热使其在2 min内沸腾，准确沸腾30 s，趁热以先快后慢的速度从滴定管中滴加样品溶液，滴定时要保持溶液呈沸腾状态。待溶液由蓝色变浅时，以每滴2 s的速度滴定，直至溶液的蓝色刚好褪去为止。此时，记录样品溶液消耗的体积。

样品溶液测定：准确量取碱性酒石酸铜甲液及乙液各5 mL，置于锥形瓶中，加入蒸馏水10 mL和玻璃珠3粒，从滴定管中加入比与测试样品溶液消耗的总体积少1 mL的样品溶液，加热使其在2 min内沸腾，准确沸腾30 s，趁热以每滴2 s的速度继续滴加样品溶液，直至蓝色刚好褪去为止。记录消耗样品溶液的总体积。重复操作3次，取其平均值作为试验结果。

④结果处理

$C_{总糖}$采用下式进行计算：

$$C_{总糖} = \frac{F \cdot V_1}{m \cdot V_2 \cdot 1\,000} \times 100\% \tag{2-9}$$

式中，m为样品质量(g)；V_1为总糖样品溶液的总体积(mL)；V_2为标定时消耗葡萄糖标准溶液的总体积(mL)。

8. 粗蛋白含量的测定

粗蛋白含量是各种含氮物质的总称，其含量一般采用凯氏氮乘以6.25计算。凯氏氮指的是以Kjeldahl法测得的含氮量，包括氨氮以及在此条件下能转化为铵盐而被测定的有机氮化合物。此类有机氮化合物主要有蛋白质、氨基酸、肽、胨、核酸、尿素，以及合成的氮为−3价形态的有机氮化合物，但不包括叠氮化合物、硝基化合物等。即凯氏氮包括氨氮和有机氮两部分。测定凯氏氮时需要对样品进行消解。

(1)试验试剂和配制方法

① 40% NaOH溶液：准确称取400 g NaOH固体并溶于1 L的蒸馏水中。

② 1%硼酸吸收液：准确称取50 g硼酸固体并溶于5 L蒸馏水中。每5 L硼酸吸收液中含50 mL的溴甲酚绿溶液(100 mg溶于100 mL无水乙醇)以及35 mL的甲基红溶液(100 mg溶于100 mL无水乙醇)。

③ 0.1 mol/L的HCl标准溶液：准确量取9 mL浓HCl，加水稀释定容到1 000 mL并摇匀，用0.1 mol/L的标准NaOH溶液对其准确度进行标定。

(2)总凯氏氮的测定方法

将底物样品干燥后粉碎。分析前将样品混匀。称量1 g样品到250 mL的消化管中，在消化管中加入2片凯尔特催化片S3.5(相当于7 g K_2SO_4 +7 mg Se)，加入12 mL浓H_2SO_4。轻轻地摇动，将样品浸湿。将消化管就位，盖上废气罩并打开水抽气泵或涤气器。消化

60 min,将消化管连同排废罩一起取出,至少冷却 15 min。之后读取全自动凯氏定氮仪测定数据。

9. 粗脂肪含量的测定

采用质量法对粗脂肪含量进行测定。用脂肪溶剂将脂肪提取后进行称量,该方法适用于固体和液体样品。通常将样品浸于脂肪溶剂,即乙醚或沸点 30 ~ 60 ℃的石油醚,借助于索氏提取器进行循环抽提。用本法提取的脂肪性物质为脂肪类物质的混合物,其中含有游离脂肪酸、磷脂、固醇、芳香油、某些色素及有机酸等。

(1)试验试剂与仪器

试验试剂与仪器设备主要包括:无水乙醚、海砂、索氏提取器、恒温水浴锅、烘箱、脱脂棉花、脱脂滤纸。

(2)测定方法

样品的准备:根据材料中脂肪的含量称取样品的质量,通常脂肪含量在 10% 以下的,称取样品 10 ~ 12 g;脂肪含量为 50% ~ 60% 的,则称取样品 2 ~ 4 g(可以用测定水分后的样品)。将样品在 80 ~ 100 ℃烘箱中去水分,一般烘 4 h,烘干时要避免过热。冷却后,准确称取一定量样品,必要时拌以精制海砂,无损地移入滤纸筒内,用脱脂棉塞严,将滤纸筒放入索氏提取器的提取管内。

样品提取:将洗净的提取瓶在 1.5 ℃烘箱内烘干至恒重,加入乙醚至提取瓶容积的 1/2 ~ 2/3,然后将提取器各部分按要求连接,特别注意不能漏气。在电热恒温水浴中进行加热提取(水浴温度为 40 ~ 50 ℃),也可使用灯泡或电炉加热的水浴锅,严禁用火焰直接加热索氏提取器。在加热时乙醚蒸发,乙醚蒸气由连接管上升至冷凝器,凝结成液体滴入提取管中,此时样品内的脂肪连同乙醚一起经由提取管流入提取瓶,为循环抽提,调节水浴温度,使乙醚每小时循环 3 ~ 5 次,提取时间视样品的性质而定,一般需要 6 ~ 12 h。样品内的脂肪是否提取完全,可以用滤纸来粗略判断。从提取管内吸取少量的乙醚并滴在干净的滤纸上,待乙醚干后,滤纸上不留有油脂的斑点则表示已经提取完全。提取完全后,再将乙醚蒸发到提取管内,待乙醚液面达到虹吸管的最高处以前,取下滴管。

(3)称重和计算

将提取瓶中的乙醚全部蒸干,洗净外壁,置于 105 ℃烘箱干燥至恒重,按如下公式计算样品的脂肪含量($C_{脂肪}$):

$$C_{脂肪} = \frac{W_1 - W_0}{W} \times 100\% \qquad (2-10)$$

式中,W_1 为接收瓶和脂肪的质量(g);W 为样品质量(g);W_0 为接收收瓶质量(g)。

2.4 光谱数据处理方法

2.4.1 异常样本检测

在 NIRS 扫描过程中,光谱数据可能受到仪器状态、样品本身和测量环境等多方面因素的影响,导致光谱数据中除了有用的光谱信息外,还可能含有个别异常样本。而异常样本数据中存在的误差将严重影响 NIRS 校正模型的预测性能,且难以通过预处理等手段加以去除,必须将其从样本集中加以剔除。一般来说,异常样本的光谱数据和待测目标属性间都存在显著性差异，可以基于此特性进行异常样本剔除。对于第一类测量参考值有误（样本偏离正常样本对应空间）的异常样本，常通过距离法加以判别，如 PCA－MD 法和基于 XY 变量联合算法（Outlier Detection based on joint X－Y distances，ODXY）。对于第二类不适用于模型的异常样本，可以通过统计建立大量模型的评价参数特点进行判别，如 MCCV 法。

1. PCA－MD 法

d_{M} 表示数据的协方差距离，通过对协方差距离的计算得出两个 P 维样本 $\boldsymbol{X}_i$ 和 $\boldsymbol{X}_j$ 的相似度。样本的相似度与样本的协方差距离成反比，样本相似度越高，则样本间的协方差距离越小。两个样本的 d_{M} 计算如下：

$$d_{\mathrm{M}ij} = \sqrt{(\boldsymbol{X}_i - \boldsymbol{X}_j)^{\mathrm{T}} \mathbf{cov}^{-1} (\boldsymbol{X}_i - \boldsymbol{X}_j)} \tag{2-11}$$

式中，X_i 和 X_j 分别表示样本在 P 维空间中的位置；**cov** 表示两个样本的协方差矩阵。

采集的 NIRS 数据中包含大量的冗余、共线性和重叠信息，而在计算 d_{M} 的过程中需要计算矩阵的逆，因此 NIRS 数据一般不宜直接用于计算样本间的 d_{M}。利用 PCA 对光谱数据进行降维，消除光谱数据中的重叠信息，计算得到分矩阵 $\boldsymbol{S}$ 的 d_{M} 代替 NIRS 的 d_{M}，即 PCA－MD 法。NIRS 中第 i 个样本的 d_{M} 计算公式如下：

$$d_{\mathrm{M}ij} = \sqrt{(\boldsymbol{S}_i - \bar{\boldsymbol{S}})^{\mathrm{T}} \mathbf{cov}^{-1} (\boldsymbol{S}_i - \bar{\boldsymbol{S}})} \tag{2-12}$$

式中，$\boldsymbol{S}_i$ 代表第 i 个样本的得分向量；$\bar{\boldsymbol{S}}$ 为得分矩阵的均值向量；**cov** 为 $\boldsymbol{S}$ 的协方差矩阵。

MD 剔除异常样本主要是去掉相似度较低的样本，在 NIRS 分析中，一般通过设定阈值来剔除异常样本，因此设定合适的阈值是 MD 提出异常值的关键。通过数据的平均值反映样本的集中趋势，但异常值的过大或过小都会对平均值产生较大的影响，而样本集的标准偏差反映了样本集的离散程度，因此可以通过平均值和标准偏差来设定阈值。阈值设定计算公式如下：

$$T_{\mathrm{PCA-MD}} = \overline{d_{\mathrm{M}}} + k \cdot \sigma_{\mathrm{MD}} \tag{2-13}$$

式中，$T_{\mathrm{PCA-MD}}$ 为 MD 法阈值；$\overline{d_{\mathrm{M}}}$ 为样本 MD 的平均值；$k(k \in R^{+})$ 为阈值设定参数；σ 为样本 d_{M} 的标准偏差。

2. ODXY 法

与 MD 法相比，ODXY 法在判别异常值时同时考虑了光谱与对应目标属性值，其基于 NIRS 的输入变量 X 和输出变量 Y 之间的关系：任意样本的光谱 X_i 到平均光谱 $\bar{X}$ 的距离与该样本的目标属性值 Y_i 到平均目标属性值 $\bar{Y}$ 的距离成正比，即存在以下数学关系：

$$\frac{\mathrm{d}X(i)}{\mathrm{d}Y(i)} = \frac{\| X(i) - \bar{X} \|}{\| Y(i) - \bar{Y} \|} = C \tag{2-14}$$

式中，$\mathrm{d}X(i)$ 和 $\mathrm{d}Y(i)$ 分别是 $X(i) - \bar{X}$ 和 $Y(i) - \bar{Y}$ 的 L2 范数；C 表示 $\mathrm{d}X(i)$ 和 $\mathrm{d}Y(i)$ 的比例为一个常数。

考虑到 NIRS 数据的高维相关特征对结果的影响，在 ODXY 法中首先利用 PCA 对 NIRS 数据进行降维，然后再在此基础上计算样本的 ODXY 距离。在 ODXY 法中，对 $\mathrm{d}X$ 和 $\mathrm{d}Y$ 进行标准化（除以各自最大值）消除因各自权重不同而引起的差异。在利用 ODXY 法剔除异常值的过程中，同样需要设置阈值来控制剔除异常样本的个数，采用与 PCA－MD 法中阈值设定类似的方法进行 ODXY 法阈值的设定，其计算公式如下：

$$T_{\mathrm{ODXY}} = \overline{\mathrm{d}X/\mathrm{d}Y} + k \cdot \sigma_{\mathrm{ODXY}} \tag{2-15}$$

式中，T_{ODXY} 为 ODXY 法的阈值；$\overline{\mathrm{d}X/\mathrm{d}Y}$ 为样本 ODXY 距离的平均值；$k(k \in R^{+})$ 为阈值设定参数；σ 为样本 ODXY 距离的标准偏差。

3. MCCV 法

PCA - MD 法和 ODXY 法都是基于判别偏离正常样本对应空间的第一类异常样本识别的方法，在识别第二类异常样本（不适应模型）时比较困难。第二类异常样本往往可能是影响模型性能的关键，MCCV 法在识别第二类异常样本时具有显著的优势。该方法通过大量计算寻找样本的统计规律，从而反映样本的差异，确定有效样本光谱矩阵和目标属性值矩阵的方向，剔除偏离有效方向的样本。一般的应用过程是通过 MCCV 法随机地划分出校正集和验证集。当异常样本出现在校正集中，会对整个模型的预测性能与效果产生影响，当验证集中含有异常样本时，只对该异常样本的预测结果有影响。MCCV 法根据异常样本在校正集和验证集中对模型预测影响效果的不同对异常样本进行识别，并基于统计学理论将光谱数据与待测目标属性建立联系，可以同时识别出光谱数据和待测目标属性数据中存在的异常样本，有效解决了由于掩蔽效应导致异常样本无法正确识别的问题。基于 MCCV 的异常样本判别方法主要有基于 MCCV 的残差均值方差分布图奇异样本筛选法和基于 MCCV 的预测残差法。

（1）基于 MCCV 的残差均值方差识别方法的具体执行步骤

①采用 MCS 进行样本随机划分，取一部分样本作为校正集建立 PLS 回归模型，剩余的样本作为测试集对回归模型进行验证，通常选取总体样本的 80% 作为校正集样本。

②重复第一步中的建模过程，建立大量的 PLS 模型，通常重复次数在 1 000 次以上，以保证可以得到每个样本的预测残差。

③在建立大量模型后计算得到每个样本的预测残差，接下来求得每个样本预测残差的均值和方差，以均值和方差作为坐标绘制样本残差的均值方差分布图，在图中距离原点较远且远离正常样本区域的高均值或高方差样本作为异常样本加以剔除。

（2）基于 MCCV 的预测残差法的具体执行步骤

①采用 MCS 进行样本随机划分，取一部分样本（80%）作为校正集建立 PLS 回归模型，剩余的样本作为测试集对回归模型进行验证。

②重复第一步中的建模过程，建立大量的 PLS 模型，得到每一个模型的预测残差平方和（prediction residual error sum of squares，PRESS）。

③将模型按 PRESS 值排序后，统计每个样本在小 PRESS 值模型中出现的频率，频率很高、与其他样本有明显区别的样本视为异常样本加以剔除。

本研究采用基于 MCCV 的残差均值方差识别方法进行异常样本剔除，通过绘制残差的均值方差分布图对高均值和高方差的离群样本加以剔除。

2.4.2 样本集划分

利用化学计量学方法建立 NIRS 分析模型时需要有充足的且具有代表性的样本，但在使用 NIRS 结合多元定量校正方法建立回归模型的过程中，很难通过手动的方式获取足够多的具有代表性的校正集样本。通过大量采集样本的方式可以获取满足建模要求的校正集样本，但进行大量样本采集时，不仅成本昂贵，而且会出现很多重复样本。因此，采用样本集划分方法从已有样本中选取具有强代表性的样本构建校正集来建立预测模型是非常必要的。常用的样本集划分方法主要包括:随机选择法(random selection,RS)、Kernard - Stone(KS)法和 Sample Set Portioning based on Joint x - y Distances(SPXY)法。

1. RS 法

RS 法是在采集的全部样本中随机选择一定数量的样本作为校正集建立回归模型,随机特性导致 RS 法很难得到符合理想要求的代表性校正集样本,从而导致建模精度较差,难以满足实际应用需求。

2. KS 法

KS 法把所有的样本都看作训练集候选样本,依次从中挑选样本进入训练集。首先选择欧氏距离最远的两个样本进入训练集,其后通过计算剩下的每一个样品到训练集内每一个已知样品的欧式距离,找到距已选样本最远以及最近的两个样本,并将这两个样本选入训练集,重复上述步骤直到样本数量达到要求。KS 法基于光谱数据间的欧氏距离,通过依次选取欧氏距离最大的样本加入校正集中,能够有效保证校正集样本的空间分布均匀性和代表性,从而能够建立满足问题求解的回归模型。KS 算法计算样本 p 和 q 之间的光谱欧氏距离的公式如下:

$$d_x(p,q) = \sqrt{\sum_{i=1}^{n} [x_p(i) - x_q(i)]^2}\ ;\quad p,q \in [1,N] \tag{2-16}$$

式中, $d_x(p,q)$ 为样本 p 和 q 之间的光谱欧氏距离; x_p 和 x_q 代表两个不同的样本; n 为样本的光谱波长数; N 为样本个数。

3. SPXY 法

SPXY 法与 KS 法建立的过程基本相同,但相对于 KS 法只考虑光谱特征信息外,SPXY 将待测目标属性引入欧氏距离的计算中,充分考虑了待测目标属性变化对建模的影响。SPXY 法能有效地覆盖多维空间,极大地避免了光谱信息较弱和目标属性值较低样本对 KS 法反应不灵敏的问题。当样品某一待测目标组分含量较低时,SPXY 法能够克服光谱特征不够明显的问题,从而选取到满足问题求解的、具有代表性的校正集建模样本。SPXY 法计算样本 p 和 q 之间的光谱和目标属性的联合距离公式如下:

$$d_{xy}(p,q) = \frac{d_x(p,q)}{\max_{p,q\in[1,N]d_x}} + \frac{d_y(p,q)}{\max_{p,q\in[1,N]d_y}} \tag{2-17}$$

$$d_x(p,q) = \sqrt{\sum_{i=1}^{n} [x_p(i) - x_q(i)]^2} \tag{2-18}$$

$$d_y(p,q) = \sqrt{(y_p - y_q)^2} = | y_p - y_q | \tag{2-19}$$

式中, n 为样本的光谱波长数; N 为样本个数; $d_x(p,q)$ 为样本 p 和 q 之间的光谱欧氏距离; $d_y(p,q)$ 为样本 p 和 q 之间目标属性值的欧式距离。在计算样本的联合距离时,为了平衡光谱和目标属性值对联合距离的计算结果, $d_x(p,q)$ 和 $d_y(p,q)$ 分别除以各自数据集中的最大值。

本研究基于 RS 法构建独立测试集,用于测试回归模型的鲁棒性。在构建校正集和验证集时主要采用KS 和 SPXY 两种方法,并基于验证集的 MREP 确定采用的校正集和验证集样本划分方法,以提高回归校正模型的预测能力和精度。

2.4.3 光谱预处理

在对样品进行 NIRS 扫描过程中,样品光谱数据的质量易受仪器响应情况、环境条件变化、样品自身特性等因素的影响，使采集的 NIRS 数据存在基线漂移、随机噪声、光谱变异等问题，从而导致最终建立的回归模型预测精度下降。为了改善光谱特征、修正基线漂移和光谱散射、消除仪器产生的随机噪声、有效提高光谱数据的信噪比，本书采用光谱平滑、MSC、SNV、导数处理等光谱预处理方法对 NIRS 数据进行变换和处理，以提高建模性能。

1. 光谱平滑

光谱平滑主要用于去除光谱扫描时仪器本身产生的随机高频噪声，在一定程度上提高光谱的信噪比。这些噪声若与待测目标间存在偶然的相关性，将严重影响预测模型的精度。常用的光谱平滑算法主要有移动平均平滑和 Savitzky – Golay(SG)卷积平滑两种。其中 SG 卷积平滑是一种加权平均法，通过多项式对移动窗口内的数据进行最小二乘拟合，并采用最小二乘拟合系数作为权重，应用时需结合实际情况选择移动窗口的宽度和多项式阶数。SG 卷积平滑的计算公式为

$$x_{i,j}^{sg} = \sum_{k=-w}^{w} x_{i,j+k}h_k / \sum_{k=-w}^{w} h_k \tag{2-20}$$

式中，$x_{i,j}^{sg}$ 和 $x_{i,j}$ 分别为第 i 个样品光谱数据中第 j 个波长变量的 SG 卷积平滑值和原始值；w 为窗口系数；h_k 为平滑系数，可基于最小二乘原理通过多项式拟合计算获得。

2. MSC

MSC 主要用于消除由于固体样品因颗粒大小不同、颗粒形状差异、分布不均匀等物理因素引起的散射影响。MSC 主要通过统计的方法对样品光谱因散射而发生的线性变化进行校正，实现化学信息与散射信号分离，有效消除样品 NIRS 扫描时产生的光散射效应。其具体计算过程如下。

步骤 1：对采集的全部光谱数据计算平均光谱 $\bar{x}$，计算公式为

$$\bar{x} = \frac{1}{m}\sum_{i=1}^{m} x_i \tag{2-21}$$

式中，m 为光谱数据样本个数。

步骤 2：对样品的光谱数据 x 与 $\bar{x}$ 做最小二乘线性回归，回归方程为

$$x = a\bar{x} + b \tag{2-22}$$

式中，a 和 b 分别为光谱数据对应的最小二乘回归系数和偏移量矩阵。

3. SNV

步骤 3：计算 MSC 处理后的每个光谱数据 x_i^{msc}，计算公式为

$$x_i^{msc} = \frac{x - b}{a} \tag{2-23}$$

SNV 也称光谱归一化，功能与 MSC 类似，主要用来消除样品因颗粒大小不均匀或光程的微小变化引起的光谱散射。SNV 先假设每条光谱的数据点都符合正态分布，再采用光谱矩阵中心化的方式(将光谱中的每个数据点减去该光谱所有数据点的平均值后再除以标准差)来消除散射带来的影响。其具体计算过程如下。

步骤 1：计算原始光谱每条光谱数据的平均值 $\bar{x}_i$ 与标准差 σ_i，计算公式为

$$\bar{x}_i = \frac{1}{n}\sum_{j=1}^{n} x_{i,j} \tag{2-24}$$

$$\sigma_i = \sqrt{\frac{1}{n}\sum_{j=1}^{n} (x_{i,j} - \bar{x}_i)^2} \tag{2-25}$$

式中，$x_{i,j}$ 为光谱扫描获得的第 i 个样品光谱数据中第 j 个波长变量的数据值；n 为波长变量个数。

步骤 2：计算 SNV 处理后的每一个光谱数据点值 $x_{i,j}^{snv}$，计算公式为

$$x_{i,j}^{snv} = \frac{x_{i,j} - \bar{x}_i}{\sigma_i} \tag{2-26}$$

4. 导数处理

导数处理是消除基线漂移、分辨重叠峰和背景干扰的有效方法，能够有效增加 NIRS 的可视分辨率。常用的导数处理有两种：一阶导数处理(first derivative，FD)和二阶导数处理(second derivative，SD)。FD 常用来消除光谱基线不平对建模性能的影响，SD 常用来消除光谱基线旋转对建模性能的影响。但需要注意的是，导数处理在求导过程中会放大仪器产生的高频噪声，从而降低光谱数据的信噪比，可以通过结合光谱平滑进行避免。本研究采用直接差分法进行导数处理，相应的 FD 和 SD 计算公式为

$$x'_{i,j} = \frac{x_{i,j+1} - x_{i,j}}{\lambda_{i,j+1} - \lambda_{i,j}} \tag{2-27}$$

$$x''_{i,j} = \frac{x'_{i,j+1} - x'_{i,j}}{\lambda_{i,j+1} - \lambda_{i,j}} \tag{2-28}$$

式中，$x'_{i,j}$ 和 $x''_{i,j}$ 分别为第 i 个样品光谱数据第 j 个波长变量的 FD 和 SD 值；$x_{i,j}$ 为第 i 个样品光谱数据中第 j 个波长变量的数据值；$\lambda_{i,j}$ 为第 i 个样品光谱数据中第 j 个波长变量对应的波长值，它也可以用波数替换。若光谱波长或波数为等间距时，FD 和 SD 计算公式可进行简化，其简化公式为

$$x'_{i,j} = x_{i,j+1} - x_{i,j} \tag{2-29}$$

$$x''_{i,j} = x_{i,j+1} - 2x_{i,j} + x_{i,j-1} \tag{2-30}$$

在采用上述光谱预处理技术对 NIRS 数据进行处理变换时，往往需要将多种预处理技术相结合，根据实际问题和校正模型的性能选取合适的预处理技术。本研究采用 SG 卷积平滑、FD、SD、MSC 和 SNV 及其组合方法进行光谱预处理，优选厌氧发酵原料和发酵液光谱数据最佳预处理方法，以完成光谱基线校正，并去除光谱中的无关信息和高频噪声，有效提高光谱数据分辨率和信噪比。为防止 SG 卷积平滑因窗口过大影响其他预处理方法的性能导致光谱失真的问题出现，设定 SG 卷积平滑窗口为 7，阶数为 3。

2.4.4 特征波长优选

1. GSA 构建

(1)算法初始化

算法初始化包括编码、种群初始化、初温设定、退温操作设计、进化代数设定等。编码方式采用二进制编码，码长为待优选光谱波长变量或区间个数。“1”和“0”分别表示该波长变量或区间对应的数据“是”“否”选中参与运算。例如，GSA 一个码长为 10 的染色体“1000010001”表示从左到右的第 1，6 和 10 位被选中，其对应的波长变量或波长区间包含的所有光谱数据都要参与建模或回归计算。种群初始化时随机产生一个 $M \times L$ 的二元矩阵，其中 M 为种群规模，L 为码长。初温确定采用 $t_0 = K(f_{0\_max} - f_{0\_min})$ 的形式，其中初温确定系数 K 是一个正整数，f_{0_max} 和 f_{0_min} 分别对应着初始种群中的最大和最小目标函数值。退温操作采用 $t_{n+1} = \alpha t_n$ 的形式，α 为退温系数，且 $0 < \alpha < 1$。

(2)适应度函数设计

适应度函数对算法的进化方向起指导作用,其设计是否合理直接决定着算法的优化性能。选择校正集 PLS 回归模型的 RMSECV 作为 GSA 的待优化目标函数,RMSECV 越小预示着校正模型的预测性能越好,属于最小值优化问题。而 GSA 进化过程中采用赌轮选择,适应度函数值越大越容易遗传给下一代,因此必须对目标函数加以转换。结合温度参数对 GSA 的适应度函数进行设计,具体计算公式为

$$fit(x) = \exp\left(-\frac{f(x) - f_{\min}}{t}\right) \tag{2-31}$$

式中,$f(x)$ 为当前染色体的目标函数值;$f_{\min}$ 为当前代种群中的最小目标函数值;t 为当前代温度值。

采用此适应度函数设计方法,使得算法在初始阶段(高温时)计算的适应度函数值差异较小,能够有效避免个别优良染色体充斥整个种群导致算法收敛到局部最优解;在进化后期(低温时)优良染色体具有相对更大的适应度函数值,更容易遗传给下一代,进而加快算法的搜索速度。

(3)进化过程设计

算法的进化过程由选择、交叉、变异和 Metropolis 选择复制操作四部分组成。选择操作采用带最优保留策略的赌轮选择,交叉操作采用离散重组交叉,变异操作采用离散变异策略,Metropolis 选择复制操作由邻域解的构建和状态接受函数两部分构成。

邻域解的构建采用多位变异策略,在当前染色体 i 中随机选择 m 位进行位变异,生成新染色体 j 。状态接受函数基于 Metropolis 判别准则实现,Metropolis 判别准则具体执行过程为:令 $\Delta f = fit(i) - fit(j)$,若 $\Delta f \leq 0$,则新染色体 j 将被复制到下一代种群中;若 $\Delta f > 0$,则生成一个随机数 $r \in [0,1]$,当 $r < \exp(-\Delta f/t)$ 时,新染色体 j 仍将被复制到下一代种群中;否则,把染色体 i 复制到下一代种群中。

通过在 Metropolis 判别准则中引入温度参数,使算法在高温时接受劣质解的能力比较强,保证了种群的多样性,避免“早熟”。而当温度下降时,使优良染色体更容易遗传给下一代,进一步加快算法的收敛速度。GSA 优选特征波长变量流程如图 2-5 所示。

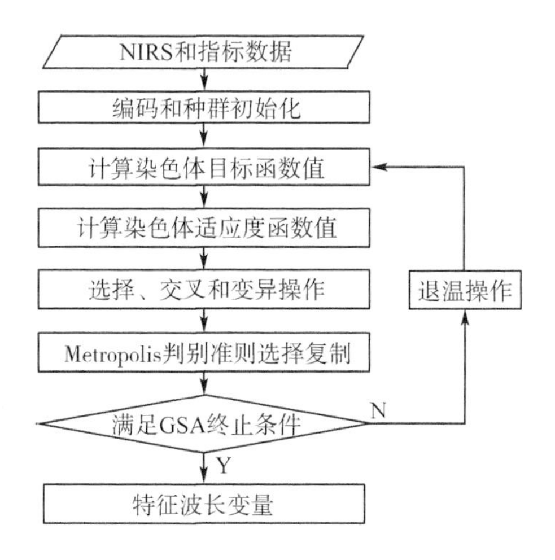

图 2-5 GSA 优选特征波长变量流程图

GSA 融合了 GA 和 SA 的优势,通过结合温度参数设计适应度函数和 Metropolis 选择复制策略,提高了算法运行早期(高温时)种群的多样性,又扩大了进化后期(低温时)优良染色体的适应度函数值,能够有效克服 GA 早熟收敛和进化后期搜索效率低的不足。GSA 与 GA 进行纤维素全谱特征波长优选过程对比结果如图 2-6 所示。

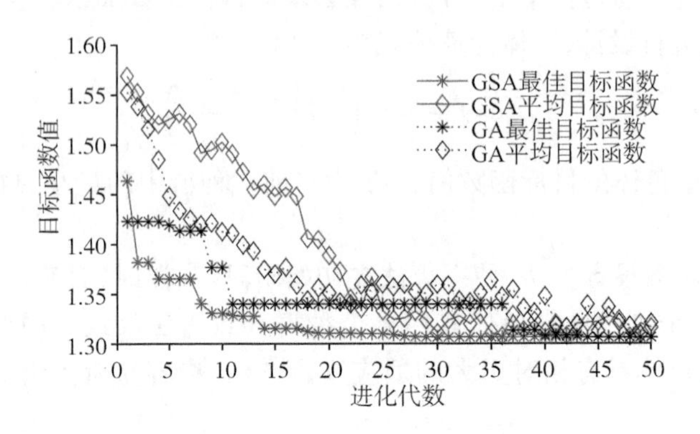

图 2-6 GSA 与 GA 优化过程对比图

由图 2-6 可知,在整个特征波长优选过程中,GSA 优选结果的最佳目标函数值都优于 GA 的优选结果。但 GSA 优选结果的平均目标函数值在进化过程的前 22 代(高温时)与最佳目标函数值差异较大,且都大于 GA 的平均目标函数值,而 25 代后(低温时)GSA 优选结果的平均目标函数值更接近最佳目标函数值,且都小于 GA 的平均目标函数值。这说明特征波长优选程序运行前半程(高温时)由于 GSA 温度参数的引入,不同染色体之间的适应度函数值差异较小,接受劣质解的能力较强,有效扩展了种群的多样性,避免早熟收敛;而算法运行后半程(低温时)GSA 计算的优良染色体具有更大的适应度函数值,被选取的概率更大,有效提高了算法的搜索能力。

2. GSA 波长优选基础算法

(1)Full-GSA

Full-GSA 直接使用 GSA 对 NIRS 全谱进行特征波长优选,以全谱波长变量个数为码长,随机生成一定数量的染色体构建初始种群。在确定初始温度、退温操作,并计算适应度函数值后,执行多个轮次的 GSA 选择、交叉、变异和 Metropolis 选择复制进化操作,完成 NIRS 特征波长变量的优选。针对 GSA 优选结果的随机性问题,多次执行该特征波长优选算法,并选择多次重复选中的波长变量作为特征波长变量建立 PLS 回归模型,能够得到较高的回归模型性能。但 Full-GSA 以全谱波长变量为码长进行特征波长优选,容易因码长太长导致解空间发散的问题,且算法的时间复杂度较高。

(2)SiPLS-GSA

针对 Full-GSA 时间复杂度高的问题,提出将 SiPLS 与 GSA 相结合构建 SiPLS-GSA 用于 NIRS 特征波长优选。

iPLS 首先将整个光谱分成 k 个等宽区间,然后分别对每个区间进行 PLS 回归得到 k 个回归模型。采用交叉验证的方法分别计算 k 个模型对应的 RMSECV,通过比较各个模型的 RMSECV,选择 RMSECV 最小的区间作为选取的最佳子区间建立回归模型。

SiPLS 是在 iPLS 的基础上发展而来的一种特征谱区优选算法。SiPLS 将整个谱区划分

为 k 个等宽的子区间后，随机选择 j ($2 < j < 4$) 个子区间组合作为联合区间建立 PLS 模型，并计算对应模型的 RMSECV，选择 RMSECV 最小的子区间组合作为 SiPLS 优选后的特征谱区。SiPLS 在特征波长于整个光谱空间中分布比较集中的情况下，具有很好的波长搜索性能。SiPLS 在运行过程中需要建立 C_k^j 个 PLS 模型，其计算量与 k 和 j 有很大关系，当 k 值一定时，随着 j 值的增加，其计算量将呈指数级增长，因此 SiPLS 的计算过程中 j 值不宜过大，一般 j 都小于 5。

SiPLS－GSA 先使用 SiPLS 选取性能最佳的固定个数子区间组合作为特征谱区，再使用 GSA 对 SiPLS 优选后的谱区进行特征波长变量优选，能够有效去除 SiPLS 优选子区间内部存在的不相关波长变量，进一步解决波长变量之间的共线性问题。SiPLS－GSA 以 SiPLS 优选后特征谱区包含的特征波长变量个数为码长，进行二进制编码和种群初始化。在确定初始温度、退温操作，并计算适应度函数值后，执行多个轮次的 GSA 选择、交叉、变异和 Metropolis 选择复制进化操作，完成 NIRS 特征波长变量的优选。多次执行 SiPLS－GSA 特征波长变量优选算法，并选择多次重复选中的波长变量作为特征波长变量建立 PLS 回归模型，以解决 GSA 的随机性问题。

(3) BiPLS－GSA

针对 SiPLS－GSA 算法在 SiPLS 优选的 2～4 个固定个数子区间内部进行波长变量二次优选，难以满足特征波长分布范围较广情况下的优选需求，提出将 BiPLS 与 GSA 相结合构建 BiPLS－GSA 进行 NIRS 特征波长优选。

BiPLS 是在 iPLS 的基础上发展而来的又一种特征谱区优选算法。BiPLS 将整个谱区划分为 k 个等宽的子区间后，首先剔除 k 个区间中 RMSECV 最大的子区间（相关性最差），对 $k-1$ 个区间建立 PLS 模型，并计算相应的 RMSECV。然后再次剔除剩余 $k-1$ 个区间中相关性最差的区间，对剩余 $k-2$ 个区间建立 PLS 模型，并计算相应的 RMSECV，以此类推，直到只剩下一个区间为止。以每次 PLS 模型的 RMSECV 为评价指标，并选择 RMSECV 最小时对应的多个子区间组合作为优选后的特征谱区。

BiPLS－GSA 先使用 BiPLS 剔除相关性较差的子区间，完成光谱子区间组合的初步定位，再使用 GSA 对 BiPLS 优选后的谱区进行特征波长变量优选，有效去除 BiPLS 优选子区间内部存在的不相关和共线性波长变量。BiPLS－GSA 以 BiPLS 优选后特征谱区包含的特征波长变量个数为码长，进行二进制编码和种群初始化。在确定初始温度、退温操作，并计算适应度函数值后，执行多个轮次的 GSA 选择、交叉、变异和 Metropolis 选择复制进化操作，完成 NIRS 特征波长变量的优选。多次执行 BiPLS－GSA 特征波长变量优选算法，并选择多次重复选中的波长变量作为特征波长变量建立 PLS 回归模型，以解决 GSA 算法的随机性问题。

3. DGSA－PLS 算法

DGSA－PLS 由 GSA－iPLS 特征谱区优选和 GSA 特征波长变量二次优选两部分组成。GSA－iPLS 用于优选相关性高的特征波长子区间组合，GSA 用于剔除特征波长子区间中不相关和共线性的冗余波长变量。

GSA－iPLS 将 iPLS 的思想与 GSA 强大的随机搜索能力相结合，相对于 SiPLS 组合固定个数子区间和 BiPLS 逐一剔除子区间的方式具有更大的随机性。GSA－iPLS 将 NIRS 数据划分为 n 个等宽子区间，然后使用 GSA 优选出有效的特征谱区建模，以提高模型精度。GSA－iPLS 采用二进制编码方式，以子区间个数为码长，进行 GSA 的种群初始化。“1”和

“0”分别表示相应子区间所包含波长变量对应的数据“是”“否”选中参与运算。根据种群初始化结果计算各染色体的目标函数值,确定初始温度和退温操作,并计算各染色体的适应度函数值。然后依据适应度函数值对种群中的染色体依次执行带最优保留策略的赌轮选择、离散重组交叉、离散变异和 Metropolis 选择复制操作,完成一轮次的 GSA 种群进化过程。经过多个轮次的种群进化,满足设定的算法终止条件后,即完成 NIRS 特征谱区优选。按如上方法,执行多次特征谱区优选算法,求出不同子区间个数下对应的多个备选特征子区间组合,通过综合评测建模性能后,确定最佳子区间划分个数和最佳特征谱区。

DGSA - PLS 以 GSA - iPLS 优选后特征谱区包含的特征波长变量个数为码长,进行二进制编码和种群初始化。“1”和“0”分别表示该波长变量对应的数据“是”“否”选中参与运算。在确定初始温度、退温操作,并计算适应度函数值后,执行多个轮次的 GSA 选择、交叉、变异和 Metropolis 选择复制进化操作,完成 NIRS 特征波长变量的优选。多次执行 GSA 特征波长变量二次优选算法,并选择多次重复选中的波长变量作为特征波长变量建立 PLS 回归模型,能够得到较高的回归模型性能。

4. CARS - GSA

SiPLS - GSA、BiPLS - GSA 和 DGSA - PLS 三种波长优选算法在进行 NIRS 特征波长优选过程中,先分别以 SiPLS、BiPLS 和 GSA - iPLS 进行特征谱区优选,再使用 GSA 进行特征波长变量二次优选。但上述算法在搜索特征谱区过程中,难以避免特征谱区内部存在冗余波长变量。为此,提出将 CARS 与 GSA 相结合构建 CARS - GSA 用于 NIRS 特征波长优选,有效解决 SiPLS - GSA、BiPLS - GSA 和 DGSA - PLS 敏感波段初步定位过程中存在冗余波长变量的问题。

CARS 是梁逸曾教授及其团队在 2009 年提出的一种高效特征波长优选方法。该算法基于“适者生存”的原则,将 MCS、指数衰减函数(exponentially decreasing function, EDF)和自适应加权采样(adaptive reweighted sampling, ARS)相结合获取波长子集,基于 PLS 回归系数绝对值的大小获取一系列变量组合,并选择 RMSECV 值最小的子集作为特征波长。CARS 在迭代过程中引入 MCS 和 ARS 两个随机因素,难以保证每次优选结果的同一性。可以采用多次运行 CARS,每次都选中的波长变量代表着光谱数据中与待测目标属性相关性高的波长变量,选定这些多次都选中波长变量作为特征波长,能够建立高性能的回归模型。

CARS - GSA 以 CARS 优选后的特征波长为输入,采用 GSA 对 CARS 优选结果进行再优化,以剔除 CARS 优选结果中相关性较差的波长变量,从而进一步提高建模性能。CARS - GSA 以 CARS 优选后特征波长变量个数为码长,进行二进制编码和种群初始化。“1”和“0”分别表示该波长变量对应的数据“是”“否”选中参与运算。在确定初始温度、退温操作,并计算适应度函数值后,执行多个轮次的 GSA 选择、交叉、变异和 Metropolis 选择复制进化操作,完成 NIRS 特征波长变量的优选。多次执行 GSA 对 CARS 优选结果进行再优化,并选择多次重复选中的波长变量作为特征波长变量建立 PLS 回归模型,能够得到较高的回归模型性能。

2.4.5 多元定量校正

NIRS 分析的最终目的是要通过化学计量学分析方法找到光谱及其对应目标属性的内在关系,建立预测效果好、稳定性强的数学模型,根据数学模型和待测样品的光谱来检测未知样品的目标属性值。多元定量校正方法作为典型的化学计量学方法,是建立定量回归模型的核心,在此对本书中使用的多元定量校正方法进行简要介绍。

1. 多元回归

多元回归主要研究一个因变量与多个自变量之间的相关关系,包括线性回归和高阶回归。当因变量与多个自变量之间具有较好的线性关系时,可以采用 MLR 进行求解。当因变量与多个自变量的平方项和交互项之间存在线性关系式,可以采用二阶回归进行求解。MLR 和二阶回归模型表达式如下:

$$Y_{\mathrm{MLR}} = \omega_0 + \sum_{i=1}^{n} \omega_i x_i \tag{2-32}$$

$$Y_{\mathrm{SOR}} = \omega_0 + \sum_{i=1}^{n} \omega_i x_i + \sum_{i=1}^{n} \omega_{ii} x_i^2 + \sum_{i=1}^{n-1} \sum_{j=i+1}^{n} \omega_{ij} x_i x_j \tag{2-33}$$

式中,Y_{MLR} 为 MLR 的因变量(目标属性值);Y_{SOR} 为二阶回归方程的因变量(目标属性值);x_i 和 x_j 为自变量(第 i 和 j 个波长处的光谱数据值);ω_0 、ω_i 、ω_{ii} 和 ω_{ij} 为回归系数;n 为变量个数。

2. PCA

PCA 作为一种多元统计分析方法,能够消除各指标间的相互关联影响,常用于高维数据的降维,可用于提取数据的主要特征分量,即主成分(principal components,PCs)。PCA 能够将高维特征映射到低维空间上,并在低维空间上构建全新的正交特征(PCs)。这些正交特征能够保证不丢失信息并且最大范围地表达出原有特征的信息。PCA 的中心思想是将原始数据矩阵拆解成得分矩阵与载荷矩阵的乘积,表达式如下:

$$\boldsymbol{X} = \boldsymbol{T}\boldsymbol{L}^{\mathrm{T}} \tag{2-34}$$

式中,$\boldsymbol{X}$ 为原始数据矩阵,由 n 行(样本)和 p 列(特征)构成;$\boldsymbol{T}$ 为得分矩阵,由 n 行和 d 列(PCs 数目)构成。$\boldsymbol{L}$ 为载荷矩阵,由 p 行和 d 列构成,$\boldsymbol{T}^{\mathrm{T}}\boldsymbol{T}$ 的对角线元素称为特征值 λ_i 。换句话说,借助透射矩阵 $\boldsymbol{L}^{\mathrm{T}}$ 将 $\boldsymbol{X}$ 透射到多维子空间得到在此空间的目标坐标 $\boldsymbol{T}$。$\boldsymbol{T}$ 中的列为得分向量,而 $\boldsymbol{L}$ 中的列为载荷向量,且得分向量和载荷向量均为正交向量。

$$\begin{cases} \boldsymbol{l}_i^{\mathrm{T}}\boldsymbol{l}_j = 0 \\ \boldsymbol{t}_i^{\mathrm{T}}\boldsymbol{t}_j = 0 \end{cases} \tag{2-35}$$

式中,$\boldsymbol{t}_i$ 和 $\boldsymbol{t}_j$ 为得分向量;$\boldsymbol{l}_i$ 和 $\boldsymbol{l}_j$ 为载荷矩阵。

重建后的数据变量相互独立,PCs 的确定是以最大方差准则为基础的。第一 PCs 包含了数据方差的绝大部分,后续 PCs 按所占的方差大小依次排列,均描述前一个 PCs 未描述的部分。因此,排位越靠前的主成分所包含的信息量越丰富。

PCs 可以看作是原始数据矩阵 $\boldsymbol{X}$ 在新空间的投射,也就是得分矩阵 $\boldsymbol{T}$,其表达式如下:

$$\boldsymbol{T} = \boldsymbol{X}\boldsymbol{L} \tag{2-36}$$

新坐标是原变量的线性组合,例如第一主成分的元素表达式如下:

$$\begin{cases} t_{11} = x_{11} l_{11} + x_{12} l_{21} + \cdots + x_{1p} l_{p1} \\ t_{21} = x_{21} l_{11} + x_{22} l_{21} + \cdots + x_{2p} l_{p1} \\ \cdots\cdots\cdots\cdots \\ t_{n1} = x_{n1} l_{11} + x_{n2} l_{21} + \cdots + x_{np} l_{p1} \end{cases} \tag{2-37}$$

式中,t_{n1} 为第 n 个样本的第一个主成分得分;x_{np} 为第 n 个样本的第 p 个分量;l_{p1} 为载荷矩阵第 p 行的第一个分量。

绝大部分数据可由 2 ~3 个 PCs 加以解释,可以使用这 2 ~3 个 PCs 作为数据,绘制二维 PCs 平面图或三维 PCs 空间分布图的方式,来直观显示低维空间中样品之间的关系。PCA 光谱数据降维就是通过线性变换算法将若干个相互作用的波长变量转化为数量较少且不相关的综合指标,且这些综合指标仍能反映原始光谱数据的绝大部分信息。本研究主要使用 PCA 绘制光谱数据在二维或三维 PCs 空间的分布图,对样本光谱数据和样本集划分结果进行分析。

3. PLS 回归

PLS 结合了 PCA 和 MLR 的优点,有效消除了光谱数据矩阵和待测目标矩阵的噪声信号,保证了特征向量与样品待测目标属性间的相关性,提高了回归模型的精度和鲁棒性,尤其适用于小样本和复杂样本分析体系,已成为 NIRS 定量分析中应用最广泛的线性多元定量校正分析方法。PLS 回归分析的本质是在样品待测目标浓度矩阵和光谱信息矩阵间建立线性回归模型,通过引入隐含变量,利用光谱信息矩阵的线性组合来表示隐含变量,并建立待测目标组分浓度矩阵与隐含变量间的一元线性回归方程,从而实现由光谱矩阵预测浓度矩阵的目标。PLS 回归的计算过程如下。

步骤 1:对光谱数据矩阵 $\boldsymbol{X}$ 和待测目标属性矩阵 $\boldsymbol{Y}$ 进行分解,其计算公式为

$$\boldsymbol{X} = \boldsymbol{T}\boldsymbol{P}^{\mathrm{T}} + \boldsymbol{E}_X = \sum_{k=1}^{n} \boldsymbol{t}_k \boldsymbol{p}_k^{\mathrm{T}} + \boldsymbol{E}_X \tag{2-38}$$

$$\boldsymbol{Y} = \boldsymbol{U}\boldsymbol{Q}^{\mathrm{T}} + \boldsymbol{E}_Y = \sum_{k=1}^{n} \boldsymbol{u}_k \boldsymbol{q}_k^{\mathrm{T}} + \boldsymbol{E}_Y \tag{2-39}$$

式中,$\boldsymbol{T}$ 和 $\boldsymbol{U}$ 分别代表矩阵 $\boldsymbol{X}$ 和 $\boldsymbol{Y}$ 的得分矩阵;$\boldsymbol{P}$ 和 $\boldsymbol{Q}$ 是对应的载荷矩阵;$\boldsymbol{E}_X$ 和 $\boldsymbol{E}_Y$ 是对应的残差矩阵;n 为 PCs 个数;$\boldsymbol{t}_k$ 和 $\boldsymbol{u}_k$ 分别代表矩阵 $\boldsymbol{X}$ 和 $\boldsymbol{Y}$ 第 k 个 PCs 的得分;$\boldsymbol{p}_k$ 和 $\boldsymbol{q}_k$ 是矩阵 $\boldsymbol{X}$ 和 $\boldsymbol{Y}$ 第 k 个 PCs 对应的载荷。

步骤 2:对得分矩阵 $\boldsymbol{T}$ 和 $\boldsymbol{U}$ 做线性回归分析,其计算公式为

$$\boldsymbol{U} = \boldsymbol{T}\boldsymbol{B} \tag{2-40}$$

$$\boldsymbol{B} = (\boldsymbol{T}^{\mathrm{T}}\boldsymbol{T})^{-1}\boldsymbol{T}^{\mathrm{T}}\boldsymbol{Y} \tag{2-41}$$

式中,$\boldsymbol{B}$ 为回归系数矩阵。

步骤 3:预测时,根据载荷矩阵 $\boldsymbol{P}$ 求出未知样品光谱矩阵 $\boldsymbol{X}_P$ 对应的得分矩阵 $\boldsymbol{T}_P$,然后计算出未知样品的待测目标属性矩阵 $\boldsymbol{Y}_P$,其计算公式为

$$\boldsymbol{Y}_P = \boldsymbol{T}_P\boldsymbol{B}\boldsymbol{Q} \tag{2-42}$$

在 PLS 回归过程中,最佳 PCs 个数的选择对建模性能具有重要影响。PCs 个数太多,将出现过拟合,PCs 中将含有校正集的部分冗余信息,导致模型的预测能力下降。PCs 个数太少,将出现欠拟合,选用的 PCs 难以反映校正集的足够信息,导致模型的解释能力不够,进而影响预测能力。在 NIRS 定量分析中,常采用交叉验证法进行 PCs 个数的选择,通过比较 PLS 回归模型的 PRESS,选取 PRESS 值最小的 PCs 个数作为最佳 PCs 个数。本研究除 SiPLS 和 BiPLS 搜索特征谱区最佳 PCs 个数时基于 iToolbox 工具箱直接计算获得外,其他 PLS 回归模型都基于校正集的 MCCV 的 PRESS 值最小确定最佳 PCs 个数。

4. SVM 回归

SVM 是一种基于小样本统计学习理论和结构风险最小化原则的机器学习方法,具有良好的泛化能力,能够有效地处理各种非线性问题。SVM 作为一种非线性多元定量校正方法,在建立 NIRS 定量回归模型方面,已经得到了广泛应用。SVM 回归的目标就是要寻求函

数 $f(x)$，使其在训练后能够通过样本以外的自变量 x 预测对应的因变量 y，即寻求回归函数 $f(x)$，其计算公式为

$$f(x) = (\boldsymbol{w}^{\mathrm{T}}x) + b \tag{2-43}$$

式中，$\boldsymbol{w}$ 为权重；b 为阈值。

所求的回归函数 $f(x)$ 是使下面的目标函数最小，目标函数计算公式为

$$\min\left(\frac{1}{2}\|\boldsymbol{w}\|^2 + c \cdot R_{\mathrm{emp}}\right) \tag{2-44}$$

式中，C 为惩罚参数；R_{emp} 为训练误差。

SVM 非线性回归的基本思想是利用非线性变换将原问题映射到高维特征空间的线性问题上，并在该空间中进行线性回归，而这种非线性变换是通过定义适当的内积函数实现的。在高维特征空间中，线性问题中的内积运算可以用核函数代替，常用的核函数有线性核函数、多项式核函数、径向基(radial basis function，RBF)核函数、Sigmoid 核函数等。其中，在求解非线性多变量回归问题时，RBF 核函数应用较多。最常用的 RBF 核函数是高斯核函数，其计算公式如下：

$$K(u,v) = \exp(-\gamma\|u-v\|^2) \tag{2-45}$$

式中，$\gamma = \frac{1}{2\sigma^2}$ 为核函数参数，σ 为宽度参数；u 为空间内任一点；v 为中心点。

在建立 SVM 回归校正模型时，惩罚参数 C、RBF 核函数参数 γ 和不敏感损失函数参数 ε 对建模性能具有重要影响。因此，为了有效提高 SVM 的学习和泛化能力，本研究提出使用 GSA 对 SVM 回归模型的参数 C、γ 和 ε 进行优化。在进行 SVM 回归模型参数寻优时，GSA 采用二进制实数编码方案，并以 SVM 回归模型的 K 折 RMSECV 为目标函数，其他部分与 GSA 用于 NIRS 特征波长优选时一致。

在进行二进制实数编码时，C、γ 和 ε 各对应染色体的一个基因，每个基因编码成 k 位二进制数。染色体编码为 $a_1a_2\cdots a_kb_1b_2\cdots b_kc_1c_2\cdots c_k$ 的形式，其中 $a_1a_2\cdots a_k$、$b_1b_2\cdots b_k$ 和 $c_1c_2\cdots c_k$ 分别对应着参数 C、γ 和 ε 的编码基因。以参数 C 为例，对应的解码公式为

$$f(x) = \left(\sum_{i=1}^{k} ai \cdot 2^{i-1}\right) \cdot \frac{(U_2 - U_1)}{2^k - 1} + U_1 \tag{2-46}$$

式中，$[U_1, U_2]$ 为 C 的取值范围；k 为单个基因的码长。

5. PCA－SVM

在使用 SVM 建立 NIRS 回归模型时，若直接以原始光谱数据作为 SVM 的输入变量训练校正模型，光谱数据的高维数特性将导致校正模型过于复杂且训练时间过长。PCA 作为一种常用的数据降维方法，能够通过构造原始光谱数据的线性组合得到维数较少且互不相关的主成分，且这些主成分能够反应原始光谱数据所提供的大部分有用信息。通过这些主成分代替原始高维光谱数据建立 SVM 回归模型，能够起到简化模型的作用。因此，本研究采用 PCA 降维后的 PCs 建立 SVM 回归模型(记为 PCA－SVM)，构建相应的 NIRS 快速检测模型。

PCA－SVM 融合了 PCA 光谱数据降维方法和 SVM 非线性回归思想，既解决了 PLS 在处理光谱数据多重共线性时表现不佳的问题，又避免了以全谱波长变量直接建模效率低的不足。在采用 RBF 核函数进行 PCA－SVM 建模过程中，PCs 个数、惩罚参数 C、RBF 核函数参数 γ 和不敏感损失函数参数 ε 对建模性能具有重要影响。合理的 PCs 个数不仅能够避免

模型出现过拟合，还能保证模型具有较好的解释能力。本书采用 MCCV 结合 PLS 回归模型进行最佳 PCs 个数的选取。通过比较 PLS 回归模型的 PRESS，选取 PRESS 值最小的 PCs 个数作为最佳 PCs 个数。为了有效提高 PCA - SVM 的学习和泛化能力，采用 GSA 对回归模型的参数 C 、γ 和 ε 进行优化。

2.5 模型建立及评价

在完成样品采集与制备后，采用积分球漫反射方式采集厌氧发酵原料的 NIRS 数据，采用透射方式采集厌氧发酵液的 NIRS 数据，并采用理化指标测定方法测定发酵原料样品的木质纤维素含量、碳氮比、BMP 和发酵液样品的氨氮和 VFA 浓度。接着，对采集的厌氧发酵关键信息指标进行统计分析，并绘制统计直方图和箱线图。对于发酵液的透射光谱，要先去掉 NIRS 数据中吸光度值较大的平顶峰区域的波长变量，以消除水对光谱测量结果的影响。然后，对光谱数据先使用 SG 卷积平滑、FD、SD、MSC、SNV 及其组合方法进行光谱预处理，并建立全谱下的 PLS 回归模型，计算不同预处理方法下的回归模型性能，并基于 K 折 RMSECV 确定采用的光谱预处理方法。对于采集样本个数较多的氨氮数据，使用 MCCV 残差均值方差分布图法进行异常样本剔除。此后，再使用 RS、KS、SPXY 和手动指定等方法将预处理后的光谱数据按一定的比例划分成校正集样本和验证集样本，并基于验证集的 MREP 确定采用的样本集划分方法。再使用 Full - GSA、SiPLS - GSA 和 BiPLS - GSA 对发酵原料木质纤维素成分进行特征波长优选，使用 DGSA - PLS 和 BiPLS - GSA 对发酵原料碳氮比进行特征波长优选，使用 CARS - GSA 对发酵液氨氮和 VFA 进行特征波长优选，并使用 SiPLS - GSA、BiPLS - GSA、DGSA - PLS 和 CARS - GSA 对发酵原料 BMP 进行特征波长优选，通过比较各关键信息对应特征波长的建模性能确定最佳特征波长。最后，使用优选的最佳特征波长建立厌氧发酵各关键信息对应的 PLS 和 PCA - SVM 回归校正模型，在 R_c^2 、R_p^2 、RMSEC、RMSEP、rRMSEC、rRMSECP 和 RPD 等指标中选择特定评价指标对回归校正模型的性能进行评价。

本书算法包括光谱预处理、异常样本剔除、样品集划分、PCA 的实现、特征波长优选、PLS 和 SVM 回归模型构建等全部在 Matlab R2016b 软件平台中实现，其中 BiPLS 和 SiPLS 基于 Lars Nørgaard 开发的 iToolbox 工具箱实现，CARS 基于梁逸曾教授及其团队开发的 CARS 工具箱实现，SVM 基于台湾大学林智仁教授及其团队开发的 LibSVM 工具箱实现。

2.6 本章小结

本章介绍了实验原料来源、实验设备与试剂、样品光谱扫描和样品理化指标测定等数据获取方法；对异常样本检测、样本集划分、光谱预处理和多元定量校正等 NIRS 数据处理及建模方法进行了阐述，并重点阐述了 GSA、Full - GSA、SiPLS - GSA、BiPLS - GSA、DGSA - PLS、CARS - GSA 几种特征波长优选算法的结构和优化过程；最后对校正模型的建立和评价过程进行了论述。

3 基于近红外光谱的木质纤维素成分快速检测

玉米秸秆是我国主要的农作物秸秆之一，是一种亟待处理和利用的可再生生物质资源，厌氧发酵产沼气是将其变废为宝的有效手段。在以玉米秸秆为发酵原料进行厌氧消化生产沼气时，秸秆因其自身紧密的木质纤维素结构而具有强大的耐酶解特性，导致其生物转化效率偏低。通过预处理打破玉米秸秆自身紧密的木质纤维素结构，能够有效提高玉米秸秆的产甲烷能力和原料利用率。玉米秸秆经厌氧发酵转化为生物燃气时，其产率与其原料内的纤维素、半纤维素和木质素含量直接相关。因此，在预处理后玉米秸秆的厌氧发酵过程中，快速准确测定发酵原料中的木质纤维素成分含量对分析和指导厌氧发酵进料具有重要意义。

针对传统化学方法测定木质纤维素成分时存在的操作过程复杂、原料成本高、测试时间长等问题，本章探讨将 NIRS 定量分析技术与化学计量学方法相结合，对预处理后玉米秸秆木质纤维素各成分含量进行快速检测的可行性。针对以 NIRS 全谱建模时模型复杂度高、冗余波长变量影响建模精度的问题，提出以 Full - GSA、SiPLS - GSA 和 BiPLS - GSA 对纤维素、半纤维素和木质素进行特征波长优选并建立相关回归模型，从而有效提高纤维素、半纤维素和木质素含量 NIRS 回归模型的检测性能。

3.1 实验设计

3.1.1 玉米秸秆发酵原料样品制备

在预处理玉米秸秆样品制备时，将实验用玉米秸秆自然风干后采用铡草机将其切成长 10 mm 的秸秆段备用。依据秸秆在生物炼制过程中碱性预处理技术处理效果好、工艺简单，以及生物预处理方法在环境友好性方面的优势，本书采用地衣芽孢杆菌（生物方法）、NaOH 溶液（碱性试剂）、猪粪沼液（富含微生物的弱碱性溶液）、沼液加 NaOH（富含微生物的强碱性溶液）共 4 种方法对玉米秸秆进行预处理实验，并按不同处理试剂浓度、不同处理时间采样。其中生物方法预处理玉米秸秆样品取自课题组进行的地衣芽孢杆菌降解秸秆优化实验，共计 10 个。玉米秸秆预处理实验方案如表 3 - 1 所示。

表 3 - 1 玉米秸秆预处理实验方案

预处理试剂	处理方式	处理温度/℃	采样间隔	样本数量/个
地衣芽孢杆菌液体菌种	固体接种	22 ± 1	1 d	10
1%（NaOH）	浸渍 + 密封	常温	1 d	11
2%（NaOH）	浸渍 + 密封	常温	1 d	11

表 3-1(续)

预处理试剂	处理方式	处理温度/℃	采样间隔	样本数量/个
3%(NaOH)	浸渍+密封	常温	1 d	11
4%(NaOH)	浸渍+密封	常温	1 d	11
1%(NaOH) +沼液	浸渍+密封	常温	1 d	11
2%(NaOH)+沼液	浸渍+密封	常温	1 d	11
3%(NaOH)+沼液	浸渍+密封	常温	1 d	11
4%(NaOH)+沼液	浸渍+密封	常温	1 d	11
沼液	浸渍+密封	常温	5 d	9
沼液	好氧水解+定时搅拌	44	2 h	6
沼液	好氧水解+定时搅拌	48	2 h	6

注:预处理试剂中的百分数为 NaOH 的质量分数。

地衣芽孢杆菌液体菌种的最优培养条件为:接种量为 4%,培养时间为 48 h,pH 值为 4.00,温度为 34.3 ℃,转速为 158 r/min。预处理试剂“1%(NaOH)”指质量分数为 1% 的 NaOH 水溶液,“1%(NaOH)+沼液”指质量分数为 1% 的 NaOH 沼液溶液,即 1 g NaOH 溶于 99 g 沼液中;处理方式“浸渍+密封”指将玉米秸秆段全部浸泡到溶液中 3 s 后,捞出秸秆段用力挤压排水后用密封袋密封保存;“好氧水解+定时搅拌”指秸秆段和沼液按总 C_{TS} 为 10% 混合,采用曝气球饱和曝气方式进行好氧水解,且每 2 h 采用机械搅拌桨搅拌 1 次,搅拌持续 1 min,并基于课题组前期研究结果选定好氧水解温度。

定时取样后,使用蒸馏水充分润洗样品 5 次后,将样品烘干、粉碎、过 40 目筛后装袋备用。连同未处理秸秆样品,共计采集与制备玉米秸秆厌氧发酵样品 120 个。

3.1.2 光谱数据采集

对采集的 120 个预处理玉米秸秆厌氧发酵样品粉末使用美国 Thermo Fisher 科技公司的Antaris Ⅱ型傅里叶近红外光谱仪进行积分球漫反射光谱扫描,获取其 NIRS 光谱数据。按照 Van Soest 法的原理采用 Ankom 200i 结合 ANKOM F57 滤袋和马弗炉依次测定预处理玉米秸秆样品的 NDF、ADF、ADL 和灰分含量,计算获取样品的纤维素、半纤维素和木质素含量。木质纤维素成分测定过程中,每个样品测试 3 次,取 3 次的平均值作为样品的待测含量。

3.1.3 建模方法及评价

为了改善光谱特征、修正基线漂移和光谱散射、消除仪器产生的随机噪声,有效提高光谱数据的信噪比,采用 SG 卷积平滑、MSC、SNV、FD、SD 及其组合对光谱数据预处理,再使用 KS 和 SPXY 将预处理后光谱数据按一定的比例划分成校正集样本和验证集样本,并建立全谱下的 PLS 回归模型。分别计算不同预处理方法和样本集划分方法下的回归模型性能,并基于 RMSECV 确定采用的光谱预处理方法,基于验证集的 MREP 确定采用的样本集划分方法;然后,再采用 PCA 对样本划分方案的合理性进行分析;此后,采用 Full-GSA、SiPLS-GSA 和 BiPLS-GSA 分别优选纤维素、半纤维素和木质素的特征波长,建立相应的 PLS 和

PCA－SVM 模型，并采用 R_c^2 、R_p^2 、RMSEC、RMSEP 和 RPD 对校正模型的性能进行评价，进而确定木质纤维素相应成分对应的最佳特征波长和建模方法。

3.2　数据处理与分析

在对玉米秸秆进行预处理过程中，纤维素、半纤维素、木质素的特性和预处理试剂的类型决定着预处理后玉米秸秆木质纤维素含量的变化，例如好氧水解半纤维素的降解速度较快，强碱性试剂的木质素去除率较高。对 120 个预处理玉米秸秆样品的木质纤维素成分含量进行分析可知，样本纤维素含量基本且呈正态分布（图 3－1（a））；从半纤维素和木质素的样本含量分布来看，半纤维素样本在低含量区域占比较大，而木质素样本在 0～1% 和 2%～3% 区域占比较大，这符合预处理试剂对不同木质纤维素成分的作用机理：预处理过程中半纤维素降解快，而强碱性环境下木质素去除率高（图 3－1（b）和图 3－1（c））。样本纤维素含量位于 36.23%～51.53%，分布较为均匀；样本半纤维素含量位于 9.48%～20.03%，低浓度区域占比略大；样本木质素含量位于 0.25%～5.82%（图 3－1（d））。

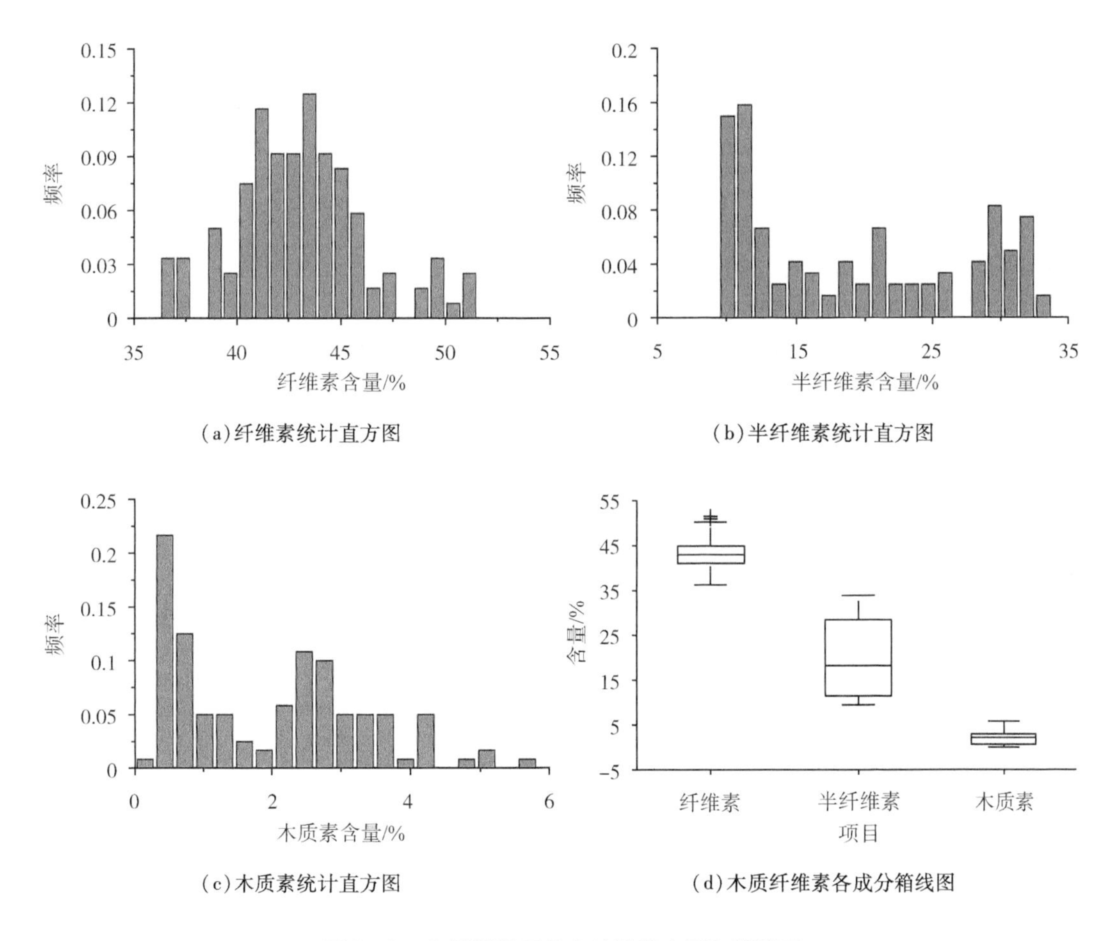

（a）纤维素统计直方图　（b）半纤维素统计直方图

（c）木质素统计直方图　（d）木质纤维素各成分箱线图

图 3－1　木质纤维素信息统计直方图和箱线图

经计算比较后最终确定纤维素、半纤维素和木质素含量预测模型的光谱预处理方法为 SG＋MSC＋SNV，样本集划分方法为 KS 法。玉米秸秆样品光谱数据如图 3－2 所示，由图可知光谱数据中4 000 ~9 000 cm^{-1}低波数频段对应着NIRS的组合频、一倍频和二倍频区域，该区域吸收峰较强，波形比较尖锐，分辨能力较好。由图3-2(a)可知，原始光谱数据因分两批扫描，不同扫描批次的光谱数据存在明显的基线漂移现象。由图3-2(b)可知，通过将SG卷积平滑、MSC和SNV相结合对原始光谱进行预处理，修正了因扫描时间、周边环境、设备状态的不同导致的基线漂移、噪声干扰和光谱散射等问题，有效提高了光谱数据的分辨率和信噪比。

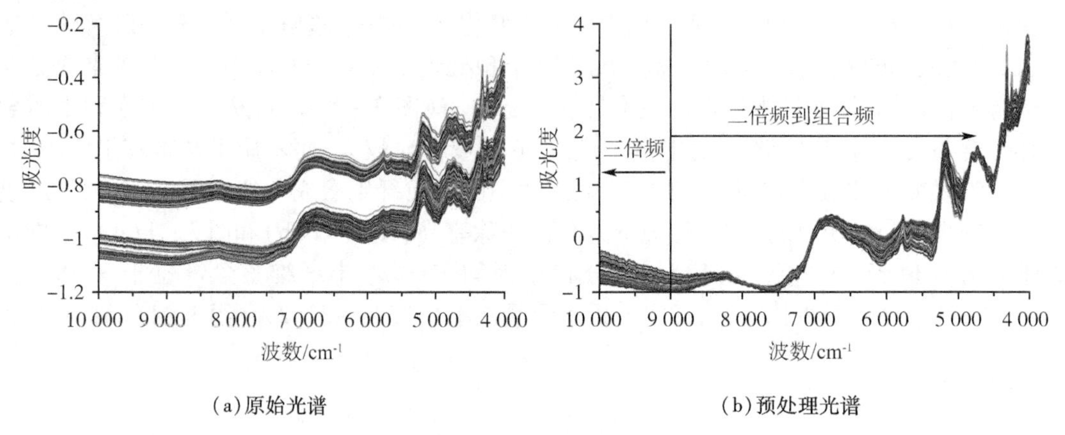

(a)原始光谱　　(b)预处理光谱

图3-2　样品光谱数据

对NIRS数据进行预处理后，使用KS法按3∶1的比例进行样本集划分，得到校正集样本90个、验证集样本30个，对应的纤维素、半纤维素和木质素含量数据如表3-2所示。变异系数代表了标准差与均值的比值，该指标可以有效消除因单位不同或平均值差异对建模性能产生的不利影响，校正集的变异系数范围是7.71% ~65.69%，验证集的变异系数范围是6.66% ~70.81%，较大的样品变异范围有利于建立鲁棒性强的回归模型。

表3-2　木质纤维素各成分含量

样本	成分	样本数量/个	平均值/%	最大值/%	最小值/%	标准偏差/%	变异系数/%
校正集	纤维素	90	42.94	51.53	36.23	3.31	7.71
	半纤维素	90	20.03	33.25	9.48	8.26	41.22
	木质素	90	2.13	5.82	0.32	1.40	65.69
验证集	纤维素	30	43.39	50.98	36.48	2.89	6.66
	半纤维素	30	17.23	33.80	9.51	7.23	41.99
	木质素	30	1.50	3.49	0.25	1.06	70.81

对预处理后的NIRS数据进行PCA计算，第一、第二和第三PCs的贡献率分别为69.73%，13.87%和7.38%，前3个PCs的累积贡献率达90.98%。校正集和验证集的PCs空间分布情况如图3-3所示。

由表3-2和图3-3可知，校正集纤维素、半纤维素和木质素含量基本涵盖了验证集，且校正集和验证集样本在 PCs 空间上分布比较均匀,可以用该样本划分方法进行 NIRS 建模。

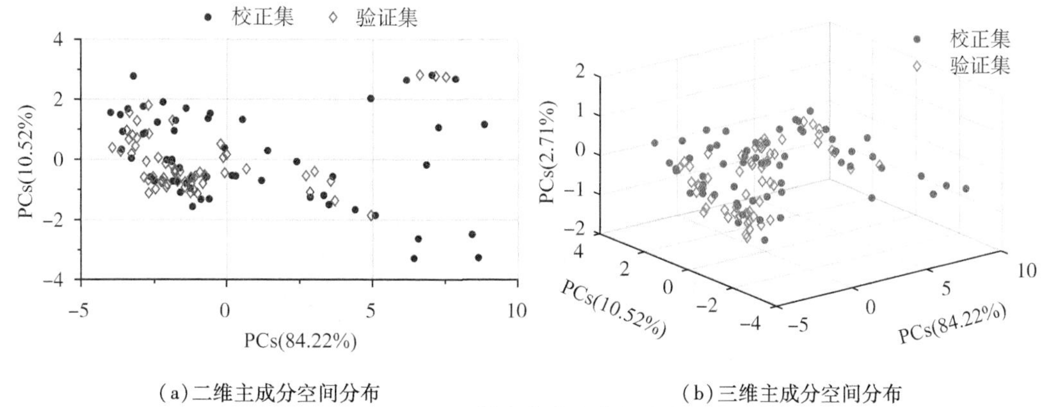

(a)二维主成分空间分布　　(b)三维主成分空间分布

图 3-3　样本主成分空间分布

3.3　纤维素特征波长优选

3.3.1　基于 Full-GSA 的纤维素特征波长优选

在采用 Full-GSA 进行纤维素特征波长优选时,以全谱 1 557 个波长变量为基因,随机生成 300 个码长为 1 557 的染色体构建初始种群;综合考虑搜索效率和性能,初温确定系数 K 取 100,退温系数取 0.8,进化代数取 50,交叉概率取 0.7,变异概率取 0.01,邻域解扰动位数 m 取 50。为消除 GSA 的随机性,分别执行算法 10 次(记为 Full-GSA-10)、12 次(记为 Full-GSA-12)和 16 次(记为 Full-GSA-16)对纤维素含量特征波长进行优选。多次执行时,每次都选中的波长变量代表了染色体的优良基因,以这些特征波长变量作为特征波长建立回归模型时,可以有效消除 GSA 的随机性,且能够得到较高的回归模型性能。测试发现,校正集和验证集回归模型性能参数 R_c^2 和 R_p^2 随选中次数的增加呈先升高后降低的趋势,但验证集要早于校正集降低。原因在于 GSA 以校正集 PLS 回归模型的 RMSECV 为依据进行特征波长优选,验证集回归性能拐点出现时表明校正集发生了过拟合。

测试后发现,算法执行 10 次时,选中 9 次以上的波长变量(73 个)回归性能最佳;执行 12 次时,选中 10 次以上的波长变量(101 个)回归性能最佳;执行 16 次时,选中 13 次以上的波长变量(118 个)回归性能最佳,其特征波长优选结果与预处理后的平均光谱对比如图 3-4 所示。

由图 3-4 可知,筛选出的纤维素特征波长中多数波长变量位于样本 NIRS 吸收峰附近,能真实地反映纤维素结构对应的 C—C、—OH、—CH 和—CH_2 等基团。其中,选中 15 次以上的波长变量(37 个)中,波数 9 009.80 cm^{-1}、8 462.11 cm^{-1}、8 438.97 cm^{-1}、8 192.13 cm^{-1}、7 575.02 cm^{-1}、7 440.02 cm^{-1}、7 432.31 cm^{-1}、6 977.19 cm^{-1} 和 6 834.49 cm^{-1} 波长变量对应着—CH、—CH_2 和—OH 基团的二级倍频,波数 6 097.81 cm^{-1}、6 005.25 cm^{-1}、6 001.39 cm^{-1}、5 962.82 cm^{-1}、5 804.69 cm^{-1}、5 800.83 cm^{-1}、5 692.83 cm^{-1}、5 457.56 cm^{-1}、5 284.00 cm^{-1}、5 110.44 cm^{-1}、5 068.01 cm^{-1}、

5 056.44 cm^{-1}和5 037.16 cm^{-1}波长变量对应着—CH、—CH_2 和—OH 基团的一级倍频，波数4 705.46 cm^{-1}、4 450.90 cm^{-1}、4 342.91 cm^{-1}和4 273.48 cm^{-1}波长变量对应着 C—C、—CH和—CH_2 基团的组合频。

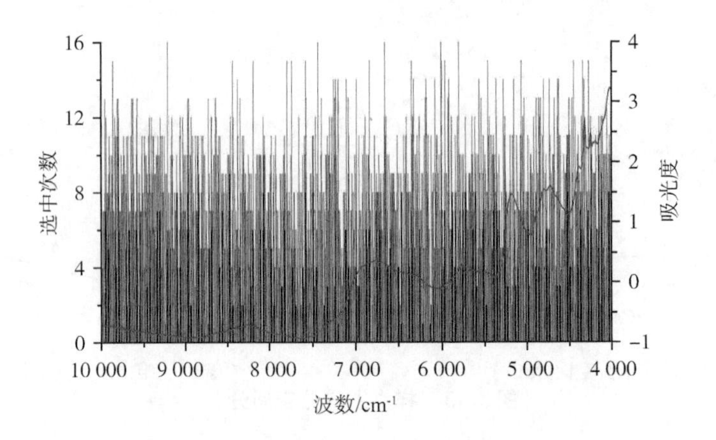

图3－4 Full－GSA 纤维素特征波长优选结果

3.3.2 基于 SiPLS－GSA 的纤维素特征波长优选

在使用 SiPLS－GSA 进行纤维素特征波长优选时，为考察分割波长变量个数对波长选择及模型预测性能的影响，分别按约30,40,50,60,80,100,120个波长变量划分子区间，依次将光谱划分为52,39,31,26,20,16,13个子区间，并依据 RMSECV 选取2～4个子区间构建的组合区间作为 SiPLS 优选的特征谱区，其优选结果如表3－3所示。

表3－3 纤维素 SiPLS 优选谱区结果

划分区间数	PCs	最佳子区间编号	波长个数	RMSECV/%
13	5	[8 9 10 13]	479	1.361
16	10	[11 12 13 15]	388	1.228
20	10	[12 14 16 19]	311	1.299
26	10	[7 18 19 13]	241	1.311
31	9	[8 9 23]	150	1.316
39	9	[10 11 28]	120	1.233
52	9	[13 14 16 28]	120	1.246

依据 RMSECV 选取划分16个子区间的最佳组合区间[11 12 13 15]作为 SiPLS 优选后的纤维素特征谱区，对应波数为5 122.01～6 240.52 cm^{-1}和4 373.76～4 744.03 cm^{-1}，共计388个波长变量，这些波长变量主要对应着 C—C、—CH 和—CH_2 等基团的一级倍频和组合频。SiPLS－GSA 以 SiPLS 优选的特征谱区波长变量个数为码长进行 GSA 再次寻优，GSA 的种群规模取80，退温系数取0.9，进化代数取100，邻域解扰动位数 m 取15，其他参数与使

用 Full - GSA 进行纤维素特征波长优选时一致。连续执行算法 50 次后，经计算后确定选中 28 次以上的波长变量(110 个)作为 SiPLS - GSA 优选的纤维素特征波长。SiPLS - GSA 纤维素特征波长优选结果与预处理后的平均光谱对比如图 3 - 5 所示。

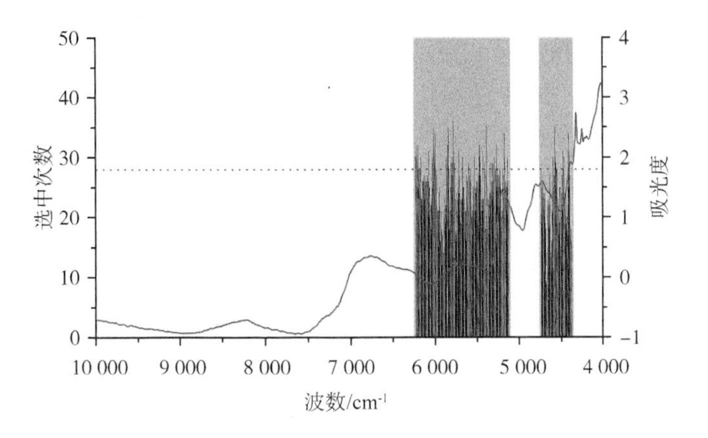

图 3 - 5　SiPLS - GSA 纤维素特征波长优选结果

由图 3 - 5 可知，选中 35 次以上的波长变量(14 个)中，波数 6 232.81 cm^{-1}、6 020.67 cm^{-1}、6 016.82 cm^{-1}、6 012.96 cm^{-1}、5 997.53 cm^{-1}、5 993.68 cm^{-1}、5 858.68 cm^{-1}、5 847.11 cm^{-1}和 5 785.40 cm^{-1}波长变量对应着—CH 和—CH_2 基团的一级倍频，波数5 388.14 cm^{-1}和 5 145.15 cm^{-1}波长变量对应着—OH 基团的一级倍频，波数 4 720.89 cm^{-1}和 4 578.18 cm^{-1}波长变量对应着 C—C 基团的组合频。

3.3.3　基于 BiPLS - GSA 的纤维素特征波长优选

在使用 BiPLS - GSA 对纤维素特征波长进行优选时，采用与 SiPLS - GSA 相同的区间划分方案，先将光谱划分为 13,16,20,26,31,39,52 个子区间，再使用 BiPLS 选取每种子区间数下 RMSECV 最小的组合区间作为 BiPLS 优选后谱区，然后再使用 GSA 对优选后的谱区进行特征波长变量优选。不同子区间数下优选的纤维素特征谱区如表 3 - 4 所示。

表 3 - 4　纤维素 BiPLS 优选谱区结果

划分区间数	PCs	最佳子区间编号	波长个数	RMSECV/%
13	8	[4 7 8 9 10 12 13]	838	1.344
16	8	[6 11 12 15]	388	1.323
20	10	[12 14 16 19]	311	1.299
26	7	[16 18 19 20 24 25]	358	1.283
31	8	[15 18 21 22 23 28 29]	350	1.292
39	8	[2 10 14 24 27 28 30 35 37]	359	1.296
52	8	[18 23 30 35 37 40 47 49 50]	269	1.289

选取划分 26 个子区间的最佳组合区间[16 18 19 20 24 25]作为 BiPLS 优选后的纤维素

特征谱区,对应的波长变量为波数 6 302.23 ~ 6 529.79 cm^{-1}、5 376.57 ~ 6 066.96 cm^{-1} 和 4 227.20 ~ 4 678.46 cm^{-1},共计 358 个波长变量。BiPLS 优选的纤维素特征谱区中,子区间 6 302.23 ~ 6 529.79 cm^{-1} 和 5 376.57 ~ 6 066.96 cm^{-1} 波长变量对应着—CH 和—CH_2 基团的一级倍频,子区间 4 227.20 ~ 4 678.46 cm^{-1} 波长变量对应着 C—C、—CH 和—CH_2 等基团的组合频。分析发现,SiPLS 和 BiPLS 优选的纤维素特征谱区存在 260 个波长变量的重复,占 BiPLS 优选谱区的 72.63%,说明 SiPLS 和 BiPLS 谱区优选结果具有一致性。将 BiPLS 优选的 358 个波长变量作为 GSA 的输入码长进行再次优选,GSA 种群规模取 70,其他参数与使用 SiPLS - GSA 进行纤维素特征波长优选一致。连续执行算法 50 次后,经计算确定选中 27 次以上的波长变量(118 个)作为 BiPLS - GSA 优选的纤维素特征波长。BiPLS - GSA 纤维素特征波长优选结果与预处理后的平均光谱对比如图 3 - 6 所示。

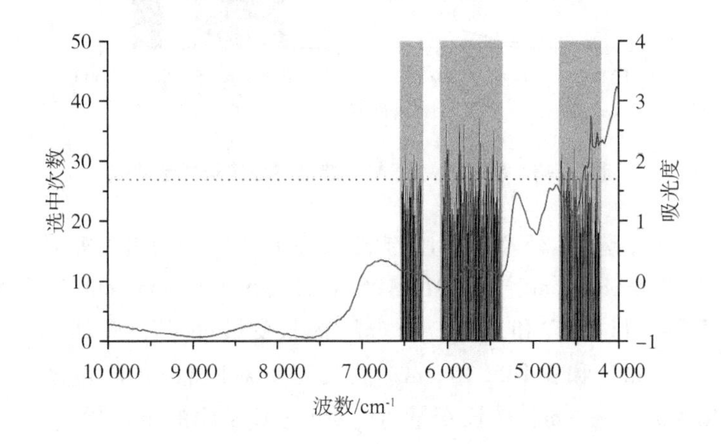

图 3 - 6 BiPLS - GSA 纤维素特征波长优选结果

图中选中 35 次以上的波长变量(8 个)中,波数 6 012.96 cm^{-1}、6 009.10 cm^{-1}、5 858.68 cm^{-1}、5 854.83 cm^{-1}、5 804.69 cm^{-1} 和 5 627.27 cm^{-1} 波长变量对应着—CH 和—CH_2基团的一级倍频,波数 5 476.85 cm^{-1} 和 5 461.42 cm^{-1} 波长变量对应着—OH 基团的一级倍频。

3.4 半纤维素特征波长优选

3.4.1 基于 Full - GSA 的半纤维素特征波长优选

在采用 Full - GSA 进行半纤维素特征波长优选时,以全谱 1 557 个波长变量为染色体的基因,随机生成 300 个码长为 1 557 的染色体构建初始种群,执行 GSA 优选半纤维素特征波长。算法的其他参数与使用 Full - GSA 进行纤维素特征波长优选时一致。测试发现执行 Full - GSA 算法 10 次,选中 8 次以上的波长变量(83 个)回归模型性能最佳;执行 12 次时,选中9 次以上的波长变量(119 个)回归性能最佳;执行 16 次时,选中 11 次以上的波长变量(164 个)回归性能最佳,其优选结果如图 3 - 7 所示。

由图 3 - 7 可知,筛选出的多数特征波长变量位于样本的 NIRS 吸收峰附近,能真实地反映半纤维素对应的 C—C、—OH、—CH、—CH_2 和—CH_3 等基团。选中 13 次以上的波长变量(34 个)中,波数 9 634.62 cm^{-1}、9 576.77 cm^{-1}、9 515.06 cm^{-1}、9 318.35 cm^{-1}、9 287.50 cm^{-1} 和 9 171.79 cm^{-1} 波长变量对应着—CH 基团的三级倍频,波数 8 963.51 cm^{-1}、8 755.24 cm^{-1}、8 716.67 cm^{-1}、8 712.81 cm^{-1}、8 616.39 cm^{-1}、8 361.83 cm^{-1}、8 269.27 cm^{-1}、8 242.27 cm^{-1}、8 064.85 cm^{-1}和 7 756.29 cm^{-1}波长变量对应着—CH、—CH_2和—CH_3 基团的二级倍频高频区域,波数 7 497.88 cm^{-1}、7 332.03 cm^{-1}、7 278.03 cm^{-1}、7 247.18 cm^{-1}和 7 185.47 cm^{-1}波长变量对应着—CH、—CH_2、—CH_3 和—OH 基团的二级倍频低频区域,波数 6 456.51 cm^{-1}、6 417.94 cm^{-1}、6 147.95 cm^{-1}、6 109.38 cm^{-1}和5 893.39 cm^{-1}波长变量对应着—CH、—CH_2 和—CH_3 基团的一级倍频,波数 4 925.30 cm^{-1}、4 852.02 cm^{-1}、4 774.88 cm^{-1}、4 593.61 cm^{-1}波长变量对应着—OH 基团组合频,波数 4 358.33 cm^{-1}和 4 111.49 cm^{-1}波长变量对应着—CH、—CH_2 和—CH_3 基团的组合频。

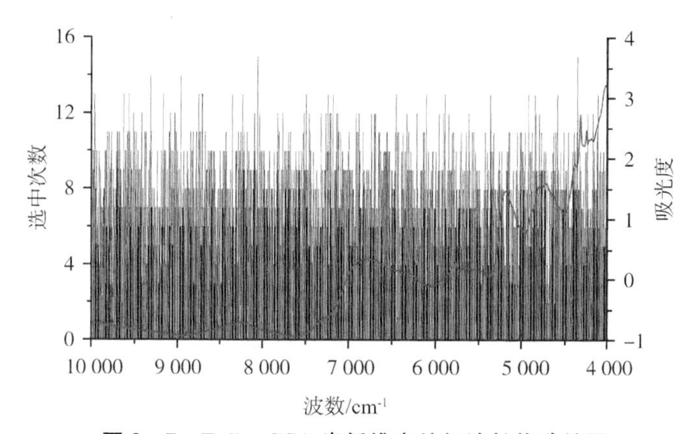

图 3-7 Full-GSA 半纤维素特征波长优选结果

3.4.2 基于 SiPLS-GSA 的半纤维素特征波长优选

在使用 SiPLS-GSA 进行半纤维素特征波长优选时,采用与 SiPLS-GSA 优选纤维素特征波长时一致的划分方案,依次将光谱划分为 52,39,31,26,20,16,13 个子区间,并依据 RMSECV 选取 2~4 个子区间构建的组合区间作为 SiPLS 优选的半纤维素特征谱区。不同子区间个数下优选的半纤维素特征谱区如表 3-5 所示。

表 3-5 半纤维素 SiPLS 优选谱区结果

划分区间数	PCs	最佳子区间编号	波长个数	RMSECV/%
13	10	[2 5 7 12]	479	1.062
16	10	[6 9 12 14]	388	1.079
20	10	[6 11 13 18]	311	1.048
26	10	[8 14 15 22]	240	1.045
31	10	[14 17 22 27]	200	1.066
39	10	[17 21 27 33]	160	1.032

表 3-5(续)

划分区间数	PCs	最佳子区间编号	波长个数	RMSECV/%
52	10	[24 28 36 44]	120	1.044

依据 RMSECV 选取划分 39 个子区间的组合区间[17 21 27 33]作为半纤维素特征谱区,对应波长变量所处的波数区间是 7 382.17 ~ 7 532.59 cm^{-1}、6 765.06 ~ 6 915.48 cm^{-1}、5 839.40 ~ 5 989.82 cm^{-1}和 4 913.73 ~ 5 064.15 cm^{-1},共计 160 个。SiPLS 优选的半纤维素特征谱区中,子区间 7 382.17 ~ 7 532.59 cm^{-1}和 6 765.06 ~ 6 915.48 cm^{-1}波长变量对应着—OH、—CH、—CH_2 和—CH_3 基团的二级倍频,子区间 5 839.40 ~ 5 989.82 cm^{-1}波长变量对应着—CH、—CH_2 和—CH_3 基团的一级倍频,子区间 4 913.73 ~ 5 064.15 cm^{-1}波长变量对应着—OH 基团的组合频。使用 GSA 对 SiPLS 优选后的半纤维素特征谱区进行波长变量优选,算法码长为 160,种群规模为 50,邻域解扰动位数 m 取 10,其他参数与使用 SiPLS-GSA 进行纤维素特征波长优选时一致。连续执行算法 50 次后,经计算后确定选中 20 次以上的波长变量(127 个)为 SiPLS-GSA 优选的半纤维素特征波长。SiPLS-GSA 半纤维素特征波长优选结果与预处理后的平均光谱对比如图 3-8 所示。

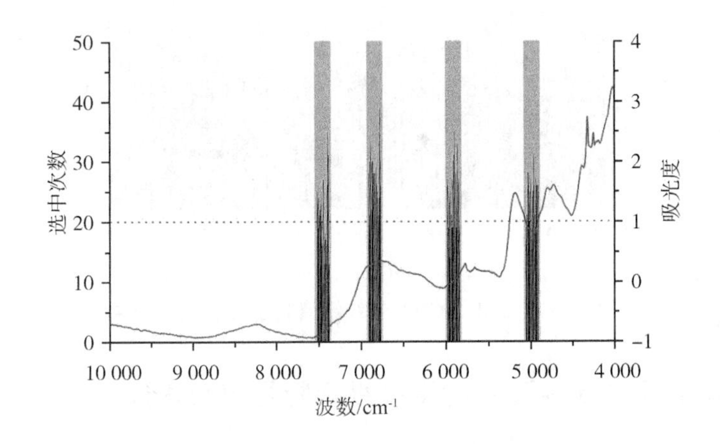

图 3-8　SiPLS-GSA 半纤维素特征波长优选结果

图中选中 30 次以上的波长变量(23 个)中,波数 7 401.46 cm^{-1}、7 397.60 cm^{-1}、7 393.74 cm^{-1}、7 389.89 cm^{-1}、6 896.20 cm^{-1}、6 892.34 cm^{-1}、6 888.48 cm^{-1}、6 873.06 cm^{-1}、6 865.34 cm^{-1}、6 861.49 cm^{-1}、6 784.35 cm^{-1}、6 780.49 cm^{-1}、6 776.63 cm^{-1}和6 772.78 cm^{-1}波长变量对应着—OH、—CH、—CH_2 和—CH_3 基团的二级倍频,波数 5 916.54 cm^{-1}、5 912.68 cm^{-1}、5 908.82 cm^{-1}、5 904.97 cm^{-1}、5 901.11 cm^{-1}、5 897.25 cm^{-1}、5 893.39 cm^{-1}和 5 866.40 cm^{-1}波长变量对应着—CH、—CH_2 和—CH_3 基团的一级倍频,波数 4 967.73 cm^{-1}波长变量对应着—OH 基团的组合频。

3.4.3　基于 BiPLS-GSA 的半纤维素特征波长优选

在使用 BiPLS-GSA 优选半纤维素特征波长时,采用与 SiPLS-GSA 相同的划分方案,先将光谱划分为 13,16,20,26,31,39,52 个子区间,再使用 BiPLS 选取每种子区间数下 RMSECV 最小的组合区间作为 BiPLS 优选后的特征谱区,然后再使用 GSA 对优选后的特征谱区进行特征波长变量优选。不同子区间数下优选的半纤维素特征谱区如表 3 –6 所示。

表 3 –6　半纤维素 BiPLS 优选谱区结果

划分区间数	PCs	最佳子区间编号	波长个数	RMSECV/%
13	10	[3 5 7 8 9 12]	719	1.061
16	9	[5 6 9 14 16]	486	1.087
20	10	[1 3 7 8 10 11 14 17 20]	701	1.028
26	10	[7 11 12 14 15 18 22 23 24]	539	1.031
31	10	[5 10 16 17 22 26 27]	351	1.030
39	9	[1 13 15 18 20 21 32 34 36]	360	1.039
52	10	[17 20 24 28 36 44]	180	0.984

选取划分 52 个子区间的最佳组合区间[17 20 24 28 36 44]作为 BiPLS 优选后的半纤维素特征谱区，对应波长变量的波数区间是 8 037.85 ~ 8 149.70 cm^{-1}、7 690.73 ~ 7 802.58 cm^{-1}、7 227.89 ~ 7 339.75 cm^{-1}、6 765.06 ~ 6 876.91 cm^{-1}、5 839.40 ~ 5 951.25 cm^{-1}和4 913.73 ~5 025.59 cm^{-1}，共计 180 个。BiPLS 优选的半纤维素特征谱区中，子区间 8 037.85 ~8 149.70 cm^{-1}和 7 690.73 ~7 802.58 cm^{-1}波长变量对应着—CH、—CH_2和—CH_3基团的二级倍频高频区域，子区间 7 227.89 ~7 339.75 cm^{-1}和 6 765.06 ~ 6 876.91 cm^{-1}波长变量对应着—CH、—CH_2 和—CH_3 基团二级倍频的低频区域和—OH 基团的二级倍频，子区间 5 839.40 ~5 951.25 cm^{-1}波长变量对应着—CH、—CH_2 和—CH_3 基团的一级倍频，子区间 4 913.73 ~5 025.59 cm^{-1}波长变量对应着—OH 基团的组合频。BiPLS 和 SiPLS 优选的半纤维素特征谱区同样具有一致性。使用 GSA 对 BiPLS 优选后的半纤维素特征谱区进行波长变量优选时，算法码长为 180，种群规模为 50，其他参数与使用 SiPLS – GSA 进行半纤维素波长优选时一致。连续执行算法 50 次后，经计算后确定选中 10 次以上的波长变量(171 个)作为 BiPLS – GSA 优选的半纤维素特征波长。BiPLS – GSA 半纤维素特征波长优选结果与预处理后的平均光谱对比如图 3 –9 所示。

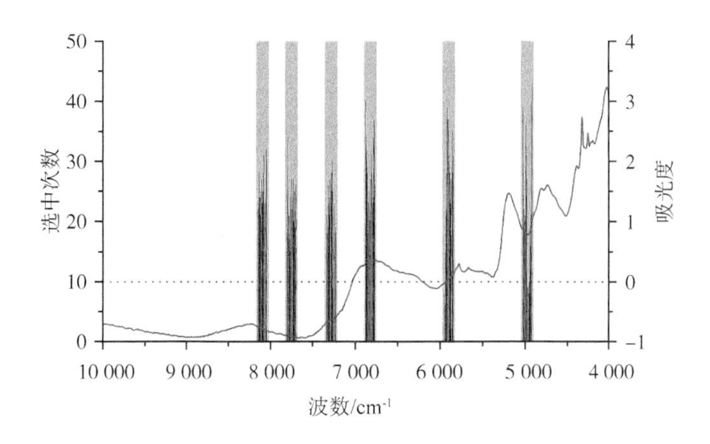

图 3 –9　BiPLS – GSA 半纤维素特征波长优选结果

图中选中 35 次以上的波长变量（13 个）中，波数 6 876.91 cm^{-1}、6 776.63 cm^{-1} 和 6 772.78 cm^{-1} 波长变量对应着—OH、—CH、—CH_2 和—CH_3 基团的二级倍频，波数 5 916.54 cm^{-1}、5 904.97 cm^{-1}、5 901.11 cm^{-1}、5 858.68 cm^{-1} 和 5 850.97 cm^{-1} 波长变量对应着—CH、—CH_2 和—CH_3 基团的一级倍频，波数 5 025.58 cm^{-1}、5 021.73 cm^{-1}、4 987.02 cm^{-1}、4 917.59 cm^{-1} 和 4 913.73 cm^{-1} 波长变量对应着—OH 基团的组合频。

3.5 木质素特征波长优选

3.5.1 基于 Full - GSA 的木质素特征波长优选

在采用 Full - GSA 进行木质素特征波长优选时，以全谱 1 557 个波长变量为基因，随机生成 300 个码长为 1 557 的染色体构建初始种群，其他参数与使用 Full - GSA 进行纤维素特征波长优选时一致。测试发现执行 Full - GSA 算法 10 次，选中 8 次以上的波长变量（90 个）回归模型性能最佳；执行 12 次时，选中 9 次以上的波长变量（103 个）回归性能最佳；执行 16 次时，选中 13 次以上的波长变量（19 个）回归性能最佳，其优选结果如图 3 - 10 所示。

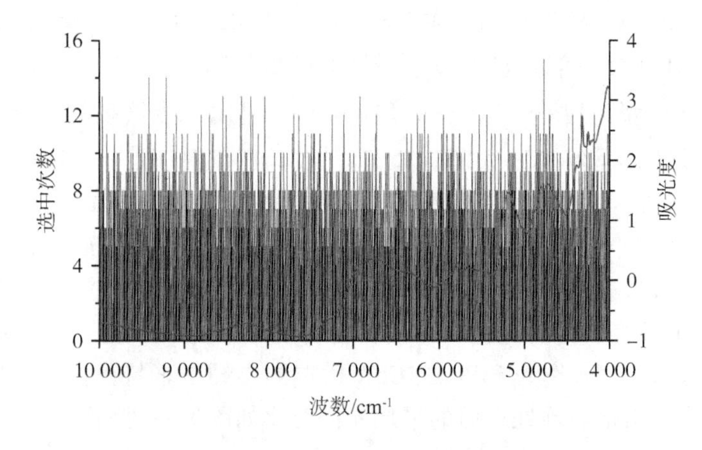

图 3 - 10 Full - GSA 木质素特征波长优选结果

由图 3 - 10 可知，筛选出的多数特征波长变量位于样本的 NIRS 吸收峰附近，能真实地反映木质素对应的 C—C、C ═O、—OH、—CH、—CH_2 和—CH_3 等基团。其中，选中 13 次以上的波长变量（19 个）中，波数 9 515.06 cm^{-1}、9 418.63 cm^{-1} 和 9 214.22 cm^{-1} 波长变量对应着—CH 基团的三级倍频，波数 8 543.11 cm^{-1}、8 408.12 cm^{-1}、8 323.26 cm^{-1}、8 303.98 cm^{-1}、8 207.56 cm^{-1} 和 8 207.56 cm^{-1} 波长变量对应着—CH、—CH_2 和—CH_3 基团的二级倍频高频区域，波数 7 544.16 cm^{-1}、7 119.90 cm^{-1} 和 6 919.34 cm^{-1} 波长变量对应着—CH、—CH_2 和—CH_3 基团的二级倍频低频区域，还对应着 C ═O 和—OH 基团的二级倍频，波数 5 796.97 cm^{-1} 波长变量对应着—CH、—CH_2 和—CH_3 基团的一级倍频，波数 5 179.86 cm^{-1}、5 160.58 cm^{-1} 和 5 060.30 cm^{-1} 波长变量对应着 C ═O 和—OH 基团的一级倍频，波数 4 828.88 cm^{-1}、4 778.74 cm^{-1} 波长变量对应着 C ═O 和—OH 基团的组合频。

3.5.2 基于 SiPLS－GSA 的木质素特征波长优选

在使用 SiPLS－GSA 进行木质素特征波长优选时，采用与 SiPLS－GSA 优选纤维素特征波长时一致的划分方案，依次将光谱划分为 52，39，31，26，20，16，13 个子区间，并依据 RMSECV 选取 2～4 个子区间构建的组合区间作为 SiPLS 优选的特征谱区。不同子区间个数下优选的木质素特征谱区如表 3－7 所示。

表 3－7 木质素 SiPLS 优选谱区结果

划分区间数	PCs	最佳子区间编号	波长个数	RMSECV/%
13	7	[3 7 12]	359	0.468
16	6	[8 14 15]	291	0.438
20	9	[4 7 12 15]	312	0.454
26	7	[5 13 23 24]	239	0.461
31	10	[3 10 23 28]	201	0.451
39	6	[7 19 34 35]	160	0.453
52	8	[9 26 44 47]	120	0.446

依据 RMSECV 选取划分 16 个子区间的组合区间[8 14 15]作为 SiPLS 优选后的木质素特征谱区，波长变量对应的波数区间为 6 992.62～7 362.89 cm^{-1} 和 4 373.76～5 118.15 cm^{-1}，共计 291 个。SiPLS 优选后的木质素特征谱区中，子区间 6 992.62～7 362.89 cm^{-1} 包含的波长变量对应着 C＝O、—OH、—CH、—CH_2 和—CH_3 基团的二级倍频，子区间 4 373.76～5 118.15 cm^{-1} 包含的波长变量对应着—OH 基团的一级倍频及 C—C、C＝O、—OH、—CH、—CH_2 和—CH_3 基团的组合频。使用 GSA 对 SiPLS 优选后的木质素特征谱区进行波长变量优选，算法码长为 291，种群规模为 60，其他参数与使用 SiPLS－GSA 进行纤维素优选时一致。连续执行算法 50 次后，经计算后确定选中 28 次以上的波长变量（82 个）为 SiPLS－GSA 优选的木质素特征波长。SiPLS－GSA 木质素特征波长优选结果与预处理后的平均光谱对比如图 3－11 所示。

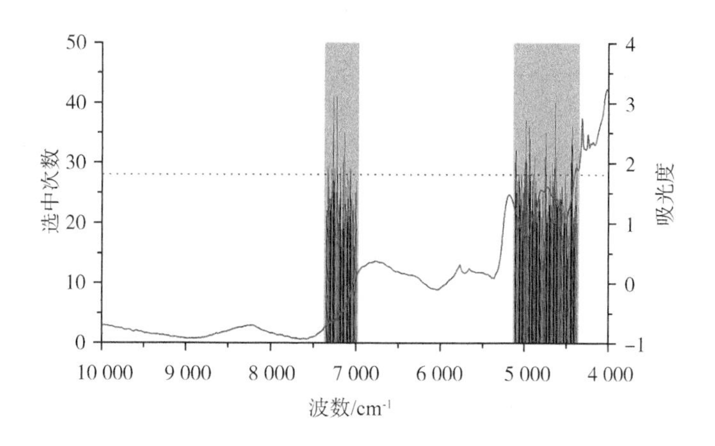

图 3－11 SiPLS－GSA 木质素特征波长优选结果

图中选中 35 次以上的波长变量(13 个)中,波数 7 274.18 cm^{-1}、7 235.61 cm^{-1}、7 231.75 cm^{-1}和 7 143.04 cm^{-1}波长变量对应着—OH、—CH、—CH_2 和—CH_3 基团的二级倍频,波数 4 987.02 cm^{-1}、4 956.16 cm^{-1}、4 948.45 cm^{-1}和 4 747.89 cm^{-1}波长变量对应着 C═O 和—OH 基团的组合频,波数 4 639.89 cm^{-1}、4 636.03 cm^{-1}、4 632.18 cm^{-1}和 4 439.33 cm^{-1}波长变量对应着 C—C、—CH、—CH_2 和—CH_3 基团的组合频。

3.5.3 基于 BiPLS - GSA 的木质素特征波长优选

在使用 BiPLS - GSA 对木质素特征波长进行优选时,采用与 SiPLS - GSA 相同的区间划分方案,先将光谱划分为 13,16,20,26,31,39,52 个子区间,再使用 BiPLS 选取每种子区间数下 RMSECV 最小的组合区间作为 BiPLS 优选后谱区,然后再使用 GSA 对优选后的谱区进行特征波长变量优选。不同子区间数下优选的木质素特征谱区如表 3 - 8 所示。

表 3 - 8 木质素 BiPLS 优选谱区结果

划分区间数	PCs	最佳子区间编号	波长个数	RMSECV/%
13	7	[3 7 8 12]	479	0.468
16	6	[6 8 12 14 15]	485	0.480
20	6	[4 7 10 18]	311	0.456
26	7	[4 13 15 22 23 24 26]	418	0.462
31	6	[6 15 27 28]	201	0.454
39	7	[8 16 19 30 33 34 35]	280	0.442
52	7	[4 15 22 26 29 38 43 45 46 47 52]	329	0.449

选取划分 39 个子区间的最佳组合区间[8 16 19 30 33 34 35]作为 BiPLS 优选后的木质素特征谱区,对应波长变量波数区间为 8 770.67 ~ 8 921.09 cm^{-1}、7 536.45 ~ 7 686.87 cm^{-1}、7 073.62 ~ 7 224.04 cm^{-1}、5 376.57 ~ 5 526.99 cm^{-1}和 4 605.18 ~ 5 064.15 cm^{-1},共计 280 个。BiPLS 优选后的木质素特征谱区中,子区间 8 770.67 ~ 8 921.09 cm^{-1}包含的波长变量对应着—CH、—CH_2 和—CH_3 基团的二级倍频的高频区域,子区间 7 536.45 ~ 7 686.87 cm^{-1}和 7 073.62 ~ 7 224.04 cm^{-1}包含的波长变量对应着—CH、—CH_2 和—CH_3 基团的二级倍频的高频区域,还对应着—OH 基团的二级倍频,子区间 4 605.18 ~ 5 064.15 cm^{-1}包含的波长变量对应着 C ═O、C—C 和—OH 基团的组合频。BiPLS 和 SiPLS 优选的木质素特征谱区同样具有一致性。使用 GSA 对 BiPLS 优选后谱区进行波长变量优选时,算法码长为 280,其他参数与使用 SiPLS - GSA 进行木质素特征波长优选时一致。连续执行算法 50 次后,经计算后确定选中 18 次以上的波长变量(270 个)作为 BiPLS - GSA 优选的半纤维素特征波长。BiPLS - GSA 木质素波长优选结果与预处理后的平均光谱对比如图 3 - 12 所示。

图中选中 30 次以上的波长变量(26 个)中,波数 8 874.81 cm^{-1}、8 859.38 cm^{-1}、8 793.81 cm^{-1}波长变量对应着—CH、—CH_2 和—CH_3 基团的二级倍频高频区域,波数 7 185.47 cm^{-1}和 7 170.04 cm^{-1}波长变量对应着—CH、—CH_2 和—CH_3 基团的二级倍频低

频区域,还对应着 C ═O 和—OH 基团的二级倍频,波数 5 523.13 cm^{-1}、5 496.13 cm^{-1}、5 480.70 cm^{-1}、5 476.85 cm^{-1}、5 469.13 cm^{-1}、5 449.85 cm^{-1}波长变量对应着 C ═O 和—OH 基团的一级倍频,波数5 029.44 cm^{-1}、4 979.30 cm^{-1}、4 963.87 cm^{-1}、4 952.30 cm^{-1}、4 940.73 cm^{-1}、4 933.02 cm^{-1}、4 852.02 cm^{-1}、4 774.88 cm^{-1}、4 767.17 cm^{-1}、4 763.31 cm^{-1}、4 759.46 cm^{-1}、4 678.46 cm^{-1}波长变量对应着 C ═O、C—C 和—OH 基团的组合频。

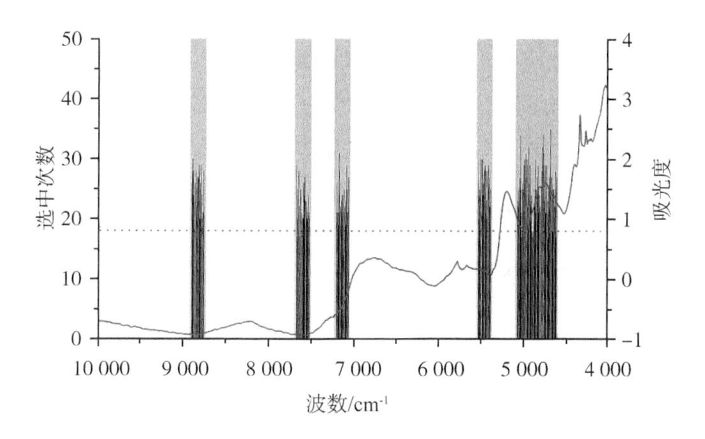

图 3 - 12　BiPLS - GSA 木质素特征波长优选结果

3.6　回归模型评价与分析

3.6.1　纤维素回归模型评价与分析

为评测三种波长优选算法的性能,以 Full - GSA、SiPLS - GSA 和 BiPLS - GSA 优选后的纤维素特征波长作为 PLS 回归模型的输入,建立预处理后玉米秸秆纤维素含量定量分析模型,并与全谱建模(记为 Full - PLS)结果、单次 CARS 优选结果(执行 10 次选最佳)及 GA 对全谱(记为 Full - GA)、SiPLS 优选后谱区(记为 SiPLS - GA)和 BiPLS 优选后谱区(记为 BiPLS - GA)进行特征波长优选的结果进行对比,其结果如表 3 - 9 所示。

表 3 - 9　纤维素 PLS 回归模型评价指标

方法	波长个数	R_c^2	R_p^2	RMSEC/%	RMSEP/%	RPD	PCs
Full - PLS	1 557	0.869	0.831	1.127	1.206	2.379	10
CARS	42	0.921	0.861	0.893	1.125	2.571	9
Full - GSA - 10	73	0.877	0.854	1.094	1.111	2.602	10
Full - GSA - 12	101	0.882	0.858	1.075	1.104	2.618	10
Full - GA - 16	48	0.884	0.862	1.067	1.107	2.611	10
Full - GSA - 16	118	0.882	0.859	1.075	1.086	2.664	10
SiPLS	388	0.877	0.843	1.095	1.120	2.581	10
SiPLS - GA	101	0.854	0.852	1.183	1.049	2.758	7

表 3-9(续)

方法	波长个数	R_c^2	R_p^2	RMSEC/%	RMSEP/%	RPD	PCs
SiPLS - GSA	110	0.884	0.887	1.068	0.997	2.900	7
BiPLS	358	0.884	0.830	1.066	1.147	2.522	10
BiPLS - GA	93	0.852	0.828	1.188	1.117	2.588	7
BiPLS - GSA	118	0.883	0.839	1.079	1.078	2.683	7

注:Full - GA - 16 表示执行 16 次 Full - GA。

由表 3-9 可知,Full - GSA 和 Full - GA 的建模性能优于 Full - PLS 模型,且随着 Full - GSA 搜索次数的增加,模型的回归性能得到增强;SiPLS - GSA 和 SiPLS - GA 的建模性能优于 SiPLS、BiPLS - GSA 和 BiPLS - GA 的建模性能优于 BiPLS 模型。说明 GSA 和 GA 都能够有效剔除全谱及 SiPLS 和 BiPLS 优选后谱区中的不相关和共线性冗余波长变量,能够有效提高纤维素回归模型的性能。由 GSA 优化全谱、SiPLS 和 BiPLS 优选后谱区的建模性能可知,相关 GSA 优选方法的建模结果都要高于 GA 优选方法,说明 GSA 寻优性能高于 GA,GSA 更适用于 NIRS 特征波长优选。

由纤维素 CARS、SiPLS 和 BiPLS 回归模型的评价参数可知:CARS 依据 RMSECV 选取构建的特征波长子集作为优选的特征波长变量,SiPLS 和 BiPLS 依据 RMSECV 选择多个组合区间作为优选谱区,三者都在一定程度上体现了纤维素特征波长变量的分布特性,三种方法建立的回归模型性能都高于 Full - PLS 模型,其中 SiPLS 优选的纤维素特征谱区建模性能最高,CARS 次之,BiPLS 最差。但 CARS 优选的特征波长变量个数最少,而 SiPLS 和 BiPLS 优选的特征波长变量个数相差不大。

除 BiPLS - GSA 外,CARS、Full - GSA 和 SiPLS - GSA 三种纤维素特征波长优选方法所建回归模型的 R_c^2 和 R_p^2 都大于 0.85,RPD 都大于 2.57,说明建模基本成功。其中,使用 SiPLS - GSA 优选的纤维素特征波长建立的 PLS 回归模型性能最佳。

为了评价 SiPLS - GSA 优选纤维素特征波长的建模性能和适用性,以全谱、CARS、SiPLS、BiPLS 和 SiPLS - GSA 优选波长为输入,建立纤维素 SVM 回归模型。通过比较全谱下使用网格搜索、GA 和 GSA 优化 SVM 和 PCA - SVM 两种模型参数后的建模性能,确定采用 GSA 优化参数的 PCA - SVM 作为非线性多元定量校正方法建立相关校正模型。不同参数优化方法建立的纤维素全谱 SVM 和 PCA - SVM 回归校正模型性能如表 3-10 所示。

表 3-10　纤维素 SVM 回归模型评价指标

模型	优化方法	R_c^2	R_p^2	RMSEC/%	RMSEP/%	RPD	PCs
SVM	网格搜索	0.999	0.831	0.075	1.238	2.335	—
	GA	0.941	0.875	0.828	1.052	2.748	—
	GSA	0.941	0.877	0.834	1.051	2.752	—
PCA - SVM	网格搜索	0.970	0.855	0.574	1.221	2.369	10
	GA	0.954	0.885	0.716	1.099	2.652	10
	GSA	0.924	0.877	0.922	1.035	2.795	10

在建立全谱、CARS、SiPLS、BiPLS 和 SiPLS - GSA 优选波长对应的纤维素 PCA - SVM 回归模型时,使用 GSA 进行参数 C 、γ 和 ε 优化。C 、γ 和 ε 取值范围分别为[0,100]、[0,100]和[0.001,1],每个参数编码成一个 20 位长的基因(染色体码长为 60),种群规模取 50,遗传代数取 200,初温确定系数取 200,退温系数取 0.95,交叉概率取 0.7,变异概率取 0.7/L(L 为染色体码长),采用 10 折交叉验证的 SVM 回归模型 RMSECV 为目标函数。不同波长优选方案下纤维素 PCA - SVM 回归模型参数优化结果及评价指标如表 3 - 11 所示。

表 3 - 11　纤维素 PCA - SVM 回归模型评价指标

优选方法	波长个数	C	γ	ε	R_c^2	R_p^2	RMSEC /%	RMSEP /%	RPD	PCs
Full	1 557	99.598	0.036	0.008	0.924	0.877	0.922	1.035	2.795	10
CARS	42	74.812	0.024	0.045	0.965	0.840	0.623	1.226	2.358	9
SiPLS	388	24.906	0.026	0.051	0.918	0.884	0.949	1.008	2.868	10
BiPLS	358	98.501	0.012	0.032	0.934	0.885	0.863	1.015	2.848	10
SiPLS - GSA	118	53.211	0.036	0.044	0.942	0.879	0.799	1.031	2.806	7

由表 3 - 11 可知,PCA - SVM 回归模型的泛化能力更强,其针对全谱及 SiPLS、BiPLS 优选后谱区建立回归模型的性能要分别优于全谱及 SiPLS、BiPLS 优选后谱区对应的 PLS 回归模型。但 PCA - SVM 建立的 CARS 回归模型的性能弱于 PLS 的建模性能,原因在于 CARS 从基于 PLS 回归系数绝对值构建的多个特征波长子集中选取 PLS 模型 RMSECV 最小的子集作为优选的特征波长,CARS 优化结果的不确定性可能导致部分有效波长变量被剔除,从而影响 PCA - SVM 的建模性能。PCA - SVM 建立 SiPLS - GSA 回归模型性能也弱于 PLS 的建模性能,原因也在于使用 GSA 对 SiPLS 优选后谱区进行特征波长优选过程中,同样以 PLS 回归模型的 RMSECV 为目标函数进行优化,优化结果不适用于 PCA - SVM 模型。SiPLS 和 BiPLS 虽然也是以 RMSECV 为依据选取的特征谱区,但二者选择的特征谱区波长变量个数较多,子区间内部存在冗余波长变量。当波长变量个数较多且存在一定的冗余波长变量时,PCA - SVM 与 PLS 相比,能够充分发挥非线性映射的优势,建立性能更好的回归校正模型。

为了比较 PLS、SVM 和 PCA - SVM 三种多元定量校正方法的建模性能,绘制 SiPLS - GSA 优选特征波长建立的纤维素 PLS 回归模型(记为 PLS_SiPLS - GSA)、GSA 优化参数的全谱 SVM 回归模型(记为 SVM_Full_GSA)、GSA 优化参数的全谱 PCA - SVM 回归模型(记为 PCA - SVM_Full_GSA)和 SiPLS 优选特征波长建立的 PCA - SVM 回归模型(记为 PCA - SVM_SiPLS)预测性能的雷达图,如图 3 - 13 所示。

由图 3 - 13、表 3 - 9 和表 3 - 11 可知,SiPLS - GSA 优选特征波长建立的纤维素 PLS 回归模型的预测性能优于其他特征波长优选方法建立的 PLS 和 PCA - SVM 回归模型。因此,采用 SiPLS - GSA 作为纤维素的波长优选方案,以优选后的特征波长进行 PLS 回归模型建立及性能评测,其结果如图 3 - 14 所示。

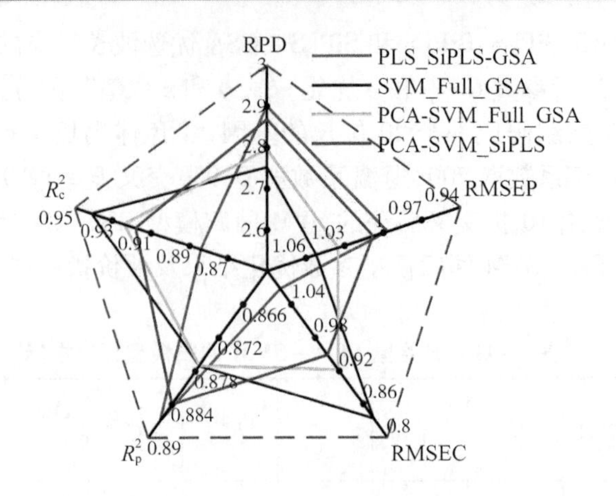

图 3－13　不同纤维素回归模型雷达图

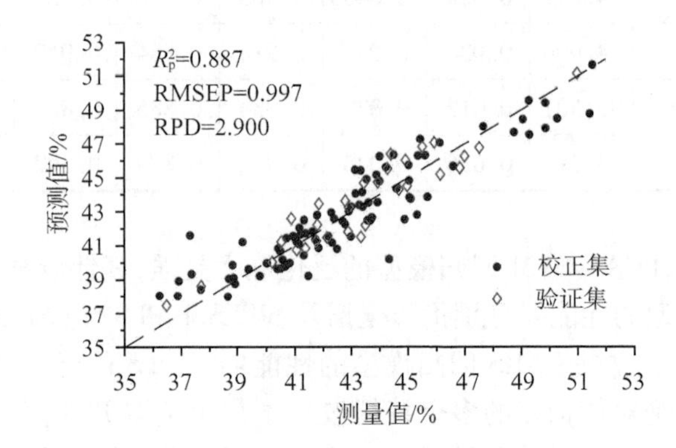

图 3－14　纤维素实测值与预测值分布

由图 3－14 可知，纤维素含量的实测值与预测值点基本呈对角线分布，经检验发现各参数的预测值与实测值无显著性差异。纤维素 PLS 回归模型的 R_p^2 为 0.887，RMSEP 为 0.997，RPD 为 2.900。基于 SiPLS－GSA 特征波长优选方法建立的 PLS 回归模型可以用于预处理后玉米秸秆纤维素含量的 NIRS 快速定量检测。

3.6.2　半纤维素回归模型评价与分析

以 Full－GSA、SiPLS－GSA 和 BiPLS－GSA 优选后的半纤维素特征波长作为 PLS 回归模型的输入，建立预处理后玉米秸秆半纤维素含量 PLS 定量分析模型，并与 Full－PLS、单次 CARS、Full－GA、SiPLS－GA 和 BiPLS－GA 特征波长优选结果的建模性能进行对比，其结果如表 3－12 所示。

表 3－12　半纤维素 PLS 回归模型评价指标

方法	波长个数	R_c^2	R_p^2	RMSEC/%	RMSEP/%	RPD	PCs
Full－PLS	1 557	0.983	0.972	1.075	1.171	6.176	10
CARS	51	0.990	0.984	0.842	0.904	8.001	9

表 3-12(续)

方法	波长个数	R_c^2	R_p^2	RMSEC/%	RMSEP/%	RPD	PCs
Full - GSA - 10	83	0.984	0.977	1.041	1.084	6.675	10
Full - GSA - 12	119	0.985	0.978	1.003	1.066	6.784	10
Full - GA - 16	68	0.984	0.980	1.048	1.008	7.177	10
Full - GSA - 16	164	0.986	0.983	0.989	0.921	7.855	10
SiPLS	160	0.988	0.985	0.915	0.863	8.384	10
SiPLS - GA	141	0.988	0.985	0.914	0.859	8.422	9
SiPLS - GSA	127	0.988	0.985	0.912	0.852	8.493	9
BiPLS	180	0.990	0.986	0.807	0.852	8.491	20
BiPLS - GA	170	0.990	0.985	0.804	0.873	8.283	20
BiPLS - GSA	171	0.990	0.987	0.804	0.823	8.786	20

注:Full - GA - 16 表示执行 16 次 Full - GA。

由表 3-12 可知,Full - GSA 的建模性能优于 Full - PLS 模型,SiPLS - GSA 的建模性能优于 SiPLS,BiPLS - GSA 的建模性能优于 BiPLS 模型,说明 GSA 在剔除光谱数据中与半纤维素不相关和共线性波长变量方面具有良好的性能。

虽然 Full - GA 的建模性能优于 Full - PLS,但 SiPLS - GA 的建模性能与 SiPLS 基本一致,且 BiPLS - GA 的建模性能比 BiPLS 要差。原因在于 GA 存在早熟收敛的问题,该问题可以通过增大种群规模的方式加以避免。当使用 GA 对全谱进行优化时,种群规模较大,不相关和冗余波长变量较多,能够剔除部分无效波长变量,进而提高模型性能。当使用 GA 对 SiPLS 和 BiPLS 优选后的特征谱区进行二次优化时,由于特征谱区的波长变量较少,设置的种群规模较少,早熟收敛问题导致 GA 收敛到局部最优解,难以搜寻到最佳特征波长变量,严重影响了 GA 的寻优性能。

Full - GSA、SiPLS - GSA 和 BiPLS - GSA 三种半纤维素特征波长优选方法的建模性能都优于对应 GA 的优化性能,这进一步说明了 GSA 有效解决了 GA 存在的早熟收敛和进化后期搜索效率低的问题,其在 NIRS 特征波长优选方面具有良好的性能。

由半纤维素的 CARS、SiPLS 和 BiPLS 回归模型的评价参数可知:CARS、SiPLS 和 BiPLS 优选特征波长在一定程度上体现了半纤维素特征波长变量的分布特性,三种方法的回归模型性能都高于 Full - PLS 模型,其中 BiPLS 优选的半纤维素特征谱区建模性能最高,SiPLS 次之,CARS 性能最差。

所有半纤维素特征波长优选方法所建 PLS 回归模型的 R_c^2 和 R_p^2 都大于 0.97,RPD 都大于 6.67,说明建模非常成功。其中,使用 BiPLS - GSA 优选的半纤维素特征波长建立的 PLS 回归模型性能最佳。

为了评价 BiPLS - GSA 优选半纤维素特征波长的建模性能和适用性,以全谱、CARS、SiPLS、BiPLS 和 BiPLS - GSA 优选波长为输入,建立 PCA - SVM 回归模型。在 GSA 优选参数条件不变的情况下,建立 PCA - SVM 回归模型参数优化结果及评价指标如表 3-13 所示。

表 3 – 13　半纤维素 PCA – SVM 回归模型评价指标

优选方法	波长个数	C	γ	ε	R_c^2	R_p^2	RMSEC /%	RMSEP /%	RPD	PCs
Full	1 557	96.362	0.013	0.064	0.989	0.983	0.888	0.970	7.461	10
CARS	51	6.964	0.027	0.010	0.991	0.987	0.782	0.827	8.746	9
SiPLS	160	40.595	0.008	0.032	0.983	0.978	1.084	1.163	6.221	10
BiPLS	180	58.936	0.003	0.048	0.991	0.979	0.803	1.075	6.729	20
BiPLS – GSA	171	12.126	0.021	0.010	0.990	0.981	0.843	1.046	6.913	20

由表 3 – 13 可知，PCA – SVM 建立的半纤维素全谱校正模型与建立的 PLS 回归模型相比，性能得到显著提升，R_p^2 由 0.972 增大到 0.983，RMSEP 由 1.171 降为 0.970，这充分说明 PCA – SVM 在进行多变量 NIRS 数据建模时具有很大的优势。PCA – SVM 在建立全谱校正模型时，使用 PCA 对模型进行简化，通过选取贡献率大的最佳 PCs 个数，弱化了不相关和冗余波长变量对建模精度的影响，通过其良好的泛化能力解决了高维数据的复杂性，有效提高了建模精度和效率。PCA – SVM 建立的 CARS 回归模型的精度与 PLS 回归模型性能略有提高，说明 CARS 在进行半纤维素特征波长优选时，获取的 51 个特征波长变量与半纤维素含量的相关性很强，其优选结果不仅具有很好的建模性能，而且还具有很好的适用性。PCA – SVM 建立 SiPLS、BiPLS 和 BiPLS – GSA 回归模型的精度都弱于相应的 PLS 回归模型，说明 SiPLS、BiPLS 在进行特征谱区选取的过程中，剔除掉的部分谱区中可能还含有部分有用的建模信息，从而导致 PCA – SVM 建立的 SiPLS、BiPLS 和 BiPLS – GSA 回归模型弱于 PCA – SVM 建立的全谱回归模型。

为了比较 PLS 和 PCA – SVM 的建模性能，绘制 BiPLS – GSA 优选特征波长建立的半纤维素 PLS 回归模型（记为 PLS_BiPLS – GSA）和 CARS 优选特征波长建立的 PCA – SVM 回归模型（记为 PCA – SVM_CARS）预测性能的雷达图，如图 3 – 15 所示。

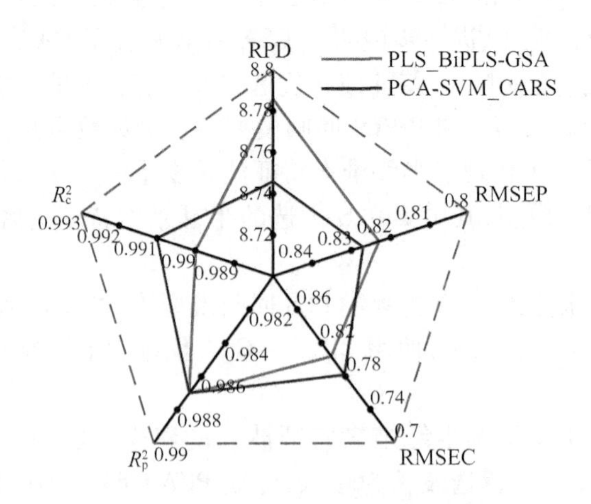

图 3 – 15　不同半纤维素回归模型雷达图

由图 3 – 15、表 3 – 12 和表 3 – 13 可知，BiPLS – GSA 优选特征波长建立的半纤维素 PLS

回归模型的预测性能优于其他特征波长优选方法建立的 PLS 和 PCA - SVM 回归模型。采用 BiPLS - GSA 作为半纤维素的波长优选方案，以优选后的特征波长进行 PLS 回归模型建立及性能评测，其结果如图 3 - 16 所示。

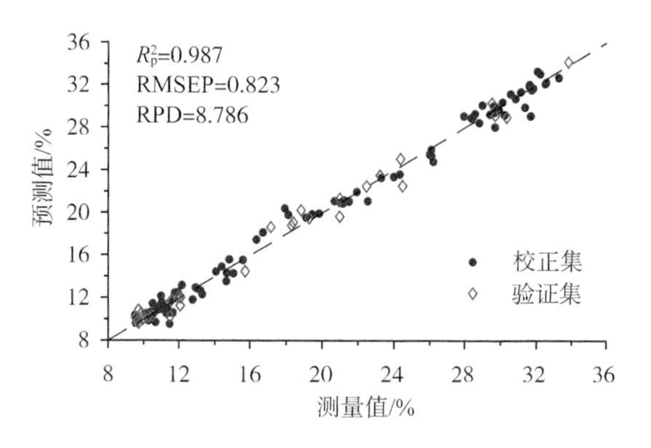

图 3 - 16　半纤维素实测值与预测值分布

由图 3 - 16 可知，半纤维素含量的实测值与预测值点基本呈对角线分布，经检验发现各参数的预测值与实测值无显著性差异。半纤维素 PLS 回归模型的 R_p^2 为 0.987，RMSEP 为 0.823，RPD 为 8.786。基于 BiPLS - GSA 特征波长优选方法建立的 PLS 回归模型可以用于预处理后玉米秸秆半纤维素含量的 NIRS 快速定量检测。

3.6.3　木质素回归模型评价与分析

以 Full - GSA、SiPLS - GSA 和 BiPLS - GSA 优选后的木质素特征波长作为 PLS 回归模型的输入，建立预处理后玉米秸秆木质素含量定量分析模型，并与 Full - PLS、单次 CARS、Full - GA、SiPLS - GA 和 BiPLS - GA 特征波长优选结果进行对比，其结果如表 3 - 14 所示。

表 3 - 14　木质素 PLS 回归模型评价指标

方法	波长个数	R_c^2	R_p^2	RMSEC/%	RMSEP/%	RPD	PCs
Full - PLS	1 557	0.899	0.886	0.423	0.335	3.175	9
CARS	53	0.917	0.893	0.388	0.320	3.329	15
Full - GSA - 10	90	0.900	0.897	0.422	0.313	3.394	9
Full - GSA - 12	103	0.895	0.901	0.431	0.307	3.462	9
Full - GA - 16	163	0.896	0.911	0.429	0.300	3.541	10
Full - GSA - 16	19	0.893	0.916	0.435	0.284	3.752	11
SiPLS	291	0.923	0.918	0.375	0.285	3.735	14
SiPLS - GA	67	0.923	0.920	0.375	0.278	3.820	14
SiPLS - GSA	82	0.926	0.935	0.367	0.256	4.149	14
BiPLS	280	0.924	0.916	0.371	0.294	3.616	22

表 3-14(续)

方法	波长个数	R_c^2	R_p^2	RMSEC/%	RMSEP/%	RPD	PCs
BiPLS-GA	274	0.927	0.913	0.365	0.293	3.636	22
BiPLS-GSA	270	0.926	0.915	0.368	0.289	3.685	22

注:Full-GA-16 表示执行 16 次 Full-GA。

由表 3-14 可知,使用 GSA 和 GA 能够实现 NIRS 全谱及 SiPLS、BiPLS 优选后谱区的木质素特征波长变量优选,但 GSA 的优化性能要高于 GA。GA 能够获取相对较高的纤维素和木质素特征波长优化性能,但半纤维素优化效果一般的原因在于:SiPLS 和 BiPLS 优选的纤维素特征谱区波长变量个数分别为 388 和 358,优选的木质素特征谱区波长变量个数分别为 291 和 280,而优选的半纤维素特征谱区波长变量个数分别为 160 和 180;纤维素和木质素优选的谱区波长变量个数较大,而半纤维素优选的谱区波长变量个数较小,较小的波长变量个数更容易导致 GA 在执行过程中发生早熟收敛。

由木质素的 CARS、SiPLS 和 BiPLS 回归模型评价参数可知:CARS、SiPLS 和 BiPLS 优选波长变量在一定程度上体现了木质素特征波长变量的分布特性,三种方法的回归模型性能都高于 Full-PLS 模型,其中 SiPLS 优选的木质素特征波长建模性能最高,BiPLS 次之,CARS 最差。

所有木质素特征波长优选方法所建 PLS 回归模型的 R_c^2 和 R_p^2 都大于 0.89,RPD 都大于 3.32,说明建模成功。其中,使用 SiPLS-GSA 优选的木质素特征波长建立的 PLS 回归模型性能最佳。

为了评价 SiPLS-GSA 优选木质素特征波长的建模性能和适用性,以全谱、CARS、SiPLS、BiPLS 和 SiPLS-GSA 优选波长为输入,建立 PCA-SVM 回归模型。在 GSA 优选参数条件不变的情况下,建立 PCA-SVM 回归模型参数优化结果及评价指标如表 3-15 所示。

表 3-15　木质素 PCA-SVM 回归模型评价指标

优选方法	波长个数	C	γ	ε	R_c^2	R_p^2	RMSEC/%	RMSEP/%	RPD	PCs
Full	1 557	63.641	0.025	0.003	0.942	0.936	0.342	0.286	3.717	9
CARS	53	6.964	0.016	0.010	0.928	0.934	0.381	0.286	3.718	15
SiPLS	291	147.033	0.007	0.010	0.975	0.940	0.224	0.285	3.728	14
BiPLS	280	27.858	0.009	0.010	0.929	0.932	0.378	0.287	3.707	22
SiPLS-GSA	82	12.126	0.027	0.010	0.943	0.943	0.336	0.267	3.981	14

由表 3-15 可知,PCA-SVM 建立的木质素全谱校正模型的性能优于 PLS 回归模型,R_p^2 由 0.886 增大到 0.936,RMSEP 由 0.335 降为 0.286,进一步说明了 PCA-SVM 在全谱建模方面的优势。PCA-SVM 建立的 SiPLS 和 BiPLS 回归模型与相应的 PLS 回归模型相比,性能相差不大。其中 PCA-SVM 建立的 SiPLS 回归模型性能略低于相应的 PLS 回归模型,PCA-SVM 建立的 BiPLS 回归模型性能略高于相应的 PLS 回归模型。这说明 PCA-SVM 建模方法在与 SiPLS 和 BiPLS 特征谱区优选算法联合使用时,当 SiPLS 和 BiPLS 优选后波长

变量个数较多时，能够体现 PCA－SVM 建模方法的优势；当 SiPLS 和 BiPLS 优选特征谱区对应的波长变量个数较少时，说明剔除了大量相关性较弱的光谱子区间，但这些相关性较弱的光谱子区间中可能含有部分相关性较高的波长变量，进而难以发挥 PCA－SVM 在多元高维数据处理方面的优势。PCA－SVM 建立的 CARS 回归模型与对应的 PLS 回归模型相比，性能得到一定提升。主要原因在于 CARS 是以波长变量为单位进行特征波长选取，通过基于 PLS 回归模型系数绝对值构建大量的建模波长变量子集，并以 PLS 回归模型的 RMSECV 最小为依据选取特定建模子集为特征波长，有效避免了 SiPLS 和 BiPLS 在特征波长区间选择过程中剔除部分相关性较高波长变量的问题。PCA－SVM 建立的 SiPLS－GSA 回归模型的性能低于对应的 PLS 回归模型，说明使用 GSA 与 SiPLS 相结合构建 SiPLS－GSA 优选的木质素特征波长不适用于 PCA－SVM 建模。

为了比较 PLS 和 PCA－SVM 的建模性能，绘制 SiPLS－GSA 优选特征波长建立木质素的 PLS 回归模型（记为 PLS_SiPLS－GSA）和 SiPLS－GSA 优选特征波长建立的 PCA－SVM 回归模型（记为 PCA－SVM_SiPLS－GSA）预测性能的雷达图，如图 3－17 所示。

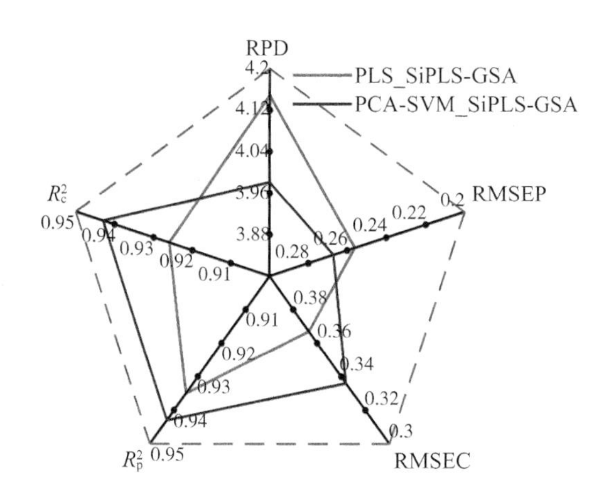

图 3－17　不同木质素回归模型雷达图

由图 3－17 和表 3－14、表 3－15 可知，SiPLS－GSA 优选木质素特征波长建立的 PLS 回归模型的预测性能优于其他特征波长优选方法建立的 PLS 和 PCA－SVM 回归模型。因此，采用 SiPLS－GSA 作为木质素的波长优选方案，以优选后的特征波长进行 PLS 回归模型建立及性能评测，其结果如图 3－18 所示。

由图 3－18 可知，木质素含量的实测值与预测值点基本呈对角线分布，经检验发现各参数的预测值与实测值无显著性差异。木质素回归模型的 R_p^2 为 0.935，RMSEP 为 0.256，RPD 为 4.149。基于 SiPLS－GSA 特征波长优选方法建立的 PLS 回归模型基本能够满足厌氧发酵过程中原料木质素含量快速定量检测的需求。

由木质纤维素各成分回归模型性能参数可知，半纤维素回归模型的预测效果要高于纤维素和木质素回归模型。虽然木质素的评价指标高于纤维素，但从绘制的实测值与预测值分布图可知，纤维素回归模型的实测值与预测值点更集中，更靠近对角线，而木质素实测值与预测值点分布比较分散。原因在于，采用本书的木质纤维素含量测试方法，需依次测定样品中的中性洗涤纤维、酸性洗涤纤维、酸性洗涤木质素和灰分的含量，最先求出半纤维素含量值,然后再求出纤维素含量值,而木质素含量为最后测定的酸性洗涤木质素和灰分含量之差。木质素含量测定过程中由于仪器误差和操作误差累积,导致其化学含量误差较大,进而影响所建立的 NIRS 回归模型的性能。因此,在建立 NIRS 快速检测模型时,一定要保证前期测量的基础目标属性化学含量准确。各种波长优选方法下,半纤维素 RPD 都是纤维素的 2 倍多,其原因在于:RPD 为标准偏差与 RMSEP 之比,半纤维素 RPD 较大的原因在于预处理过程中半纤维素容易被破坏,导致样本中半纤维素含量变化较大,进而标准偏差较大,而半纤维素与纤维素的 RMSEP 相差不大。

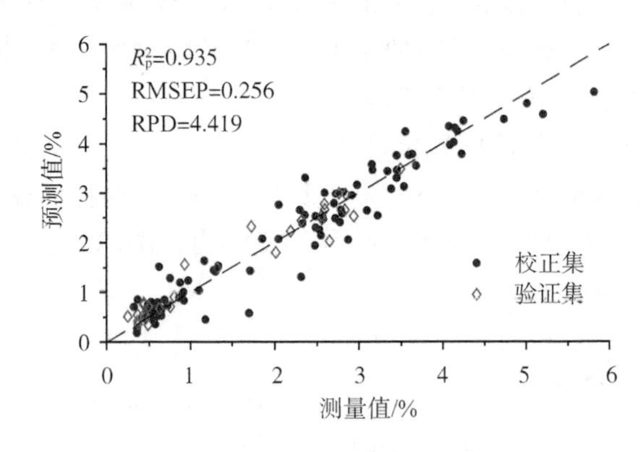

图 3-18　木质素实测值与预测值分布

由 Full-GSA、SiPLS-GSA 和 BiPLS-GSA 建立木质纤维素各含量 PLS 回归模型评价参数可知,GSA 可以对现有波长优选方法进行再优化,剔除无关波长变量,有效提高回归模型的性能。在使用 GSA 对全谱及 SiPLS 和 BiPLS 优选后特征谱区进行特征波长变量优选时,设置算法参数非常重要。经反复评测发现,Full-GSA 中全谱的码长为 1 557,种群规模设置为码长的五分之一时,能够有效兼顾搜索速度和寻优精度,整体性能较好。因种群规模较大,为节省算法运行时间,可适当减小遗传代数和退温系数。在执行 SiPLS-GSA 和 BiPLS-GSA 时,因码长较短,种群规模也较小,可以通过增大遗传代数和退温系数的方式来提高算法的进化次数,减缓适应度函数值的变化速度,有效提高算法的寻优性能。

Full-GSA 能够充分发挥 GSA 的全局寻优特性,还可以通过增大搜索次数的方式来解决随机性问题,适用于 NIRS 特征波长的优选。但以全谱波长变量为码长执行 GSA 耗时较长,在选定参数下,采用 10 折交叉验证时执行一次算法约需 8.27 h(硬件配置:CPU 为 AMD A6-7310 2.0 GHz,内存为 4 GB),还需要考虑码长太长可能引起解空间发散的问题。结合 SiPLS 和 BiPLS 在特征谱区优选方面的优势,采用 GSA 对优选后谱区进行特征波长变量优选,能够在兼顾波长优选性能的同时有效减少搜索时间。采用相同硬件配置下,按本章介绍的区间划分方法执行 SiPLS 和 BiPLS 优选特征谱区的时间分别为 5.35 h 和 0.14 h;SiPLS 和 BiPLS 优选的纤维素特征谱区波长变量分别为 388 和 358,然后再分别执行一次 GSA 二次优选算法的时间约为 0.91 h 和 0.69 h;SiPLS 和 BiPLS 优选的半纤维素特征谱区波长变量分别为 160 和 180,SiPLS 和 BiPLS 优选的木质素特征谱区波长变量分别为 291 和 280。在使用 GSA 对半纤维素和木质素的 SiPLS、BiPLS 优选后特征谱区进行二次优选时,运行时间少于对纤维素的优选时间。当多次执行 GSA 优选算法时,SiPLS-GSA 和 BiPLS-GSA 的搜索时间明显少于 Full-GSA。但 SiPLS 和 BiPLS 却限定了 GSA 搜索的波长变量范围,在一定程度上影响了 GSA 在光谱空间上的全局寻优能力。因此,在解决实际问题时,需综合评定 Full - GSA、SiPLS - GSA 和 BiPLS - GSA 三种方法的性能,以确定最佳特征波长优选方案。

3.7 本章小结

本章探讨了 NIRS 结合化学计量学方法进行预处理后玉米秸秆木质纤维素各成分含量快速检测的可行性。为提高 NIRS 回归模型的检测精度和效率,分别应用 Full - GSA、SiPLS - GSA 和 BiPLS - GSA 进行木质纤维素各成分的特征波长优选,建立了相应的 PLS 和 PCA - SVM 回归校正模型,并评测了各种特征波长优选方法的建模性能。通过优选敏感波长变量,有效提高了预测模型的精度和鲁棒性,为快速准确测量厌氧发酵原料的纤维素、半纤维素和木质素含量提供了新途径。具体结论如下:

(1)基于结合温度参数设计适应度函数的策略构建的 GSA 具有良好的全局搜索性能,适用于玉米秸秆纤维素、半纤维素和木质素含量 NIRS 特征波长优选。GSA 以光谱波长变量为染色体基因的编码方案适用于 NIRS 全谱的特征波长优选,更适用于 SiPLS 和 BiPLS 优选后谱区的特征波长优选,能够有效实现优选后谱区的波长变量优选。

(2)PCA - SVM 集成了 PCA 的数据降维能力和 SVM 的强大泛化能力,以 NIRS 全谱建立的 PCA - SVM 回归模型具有良好的性能。使用 PCA - SVM 建立的纤维素、半纤维素和木质素全谱回归模型的 RMSEP 分别为 1.035,0.970 和 0.286,与全谱 PLS 回归模型相比分别降低了 14.23%,17.22% 和 14.60%。

(3)Full - GSA 以全谱每个波长变量为染色体基因的编码方案适用于预处理后玉米秸秆纤维素、半纤维素和木质素含量的 NIRS 特征波长优选,其建模性能优于 Full - GA 的建模性能。Full - GSA 可以通过增大搜索轮次的方式有效提高建模性能,但算法时间复杂度较高。

(4)SiPLS - GSA 和 BiPLS - GSA 将 GSA 与光谱特征谱区优选算法相结合,在实现特征波长敏感区域初步定位的基础上,使用 GSA 实现了敏感区域内部不相关和共线性波长变量的有效剔除,具有良好的特征波长优选性能。SiPLS - GSA 优选的纤维素和木质素特征波长建模性能最好,BiPLS - GSA 优选的半纤维素建模性能最好。

4 基于近红外光谱的碳氮比快速检测

厌氧发酵作为农作物秸秆和畜禽粪便等生物质资源能源化利用的重要手段,其本质是微生物的培养过程。碳氮比作为厌氧发酵过程中一个重要的影响因素,不仅影响产气率同时还影响发酵料液的氨氮浓度等。碳氮比主要通过影响微生物的生长及代谢产物的形成和积累而影响产气量。在以玉米秸秆为发酵原料进行厌氧消化生产沼气时,秸秆自身的耐酶解特性和碳氮比的不平衡已成为导致沼气产量偏低的瓶颈问题。为了提高玉米秸秆厌氧发酵过程的生物转化率,有效提高其产甲烷能力,常需要对玉米秸秆进行预处理。同时,还通过秸秆粪便混合厌氧共发酵的方式,以碳氮比较低的畜禽粪便调配碳氮比过高的玉米秸秆,构建厌氧发酵微生物生长适宜的碳氮比,从而有效提高发酵原料的降解转化效率。快速、准确测定预处理后玉米秸秆和秸秆粪便混合物的碳氮比已成为评判其是否适宜进行厌氧发酵生产沼气的重要手段。

NIRS 已成为测定物料中碳、氮元素含量的高效方法,但光谱数据中包含了大量不相关的冗余信息,导致回归模型复杂度高,影响了模型的预测精度。同时,使用 NIRS 对植物类生物质中所含有的碳、氮成分进行检测时,能够获得较好的氮含量检测效果,但碳含量检测效果较差。针对以预处理后玉米秸秆和秸秆粪便混合物为原料的厌氧发酵过程中碳氮比的快速检测需求,及 NIRS 在秸秆和粪便碳、氮含量快速检测方面的优势与不足,本章提出尝试使用 NIRS 对厌氧发酵原料碳氮比进行直接快速检测,并应用 DGSA - PLS 算法进行碳氮比特征波长优选。DGSA - PLS 将基于 GSA - iPLS 的特征谱区优选和基于 GSA 的特征波长变量再优化相结合进行碳氮比特征波长变量优选。通过比较 DGSA - PLS 和 BiPLS - GSA 优选特征波长建立 PLS 和 PCA - SVM 回归模型的性能,选定碳氮比最佳特征波长优选方法和相应建模方法,进而构建满足厌氧发酵原料碳氮比实际检测需求的 NIRS 快速检测模型。

4.1 实验设计

1. 发酵原料样品制备

在碳氮比检测模型对应的厌氧发酵样品制备过程中,先将玉米秸秆自然风干后切成 10 mm 的秸秆段,再将秸秆段、牛粪、羊粪和猪粪烘干、粉碎,过 40 目筛后装袋备用。依据秸秆厌氧发酵过程中碱性预处理的高效性和生物预处理的环境友好性,分别采用地衣芽孢杆菌(生物方法)、NaOH 溶液(碱性试剂)、猪粪沼液(富含微生物的弱碱性试剂)和 NaOH 沼液溶液(富含微生物的强碱性试剂)对玉米秸秆进行预处理实验。生物方法预处理秸秆样品取自本课题组进行的地衣芽孢杆菌秸秆降解实验。按最优培养条件活化培养地衣芽孢杆菌后,将其液体菌种接种于秸秆粉末固体培养基上,进行为期 10 d 的降解实验,每 2 d 采样 1 次,共计采样 5 个。其他方法预处理实验过程中,将 10 mm 的秸秆段浸泡于处理液中 3 s 后,捞出挤压排水并装入自封袋进行密封处理。定时采样并用蒸馏水充分洗涤样品 5 次后,将样品干燥、粉碎过 40 目筛后装袋密封保存,制备预处理秸秆样品 45 个。NaOH、沼液预处理秸秆实验方案如表4－1所示。

表4－1 NaOH和沼液预处理玉米秸秆实验设计

试剂	溶剂	浓度(质量分数)/%	采样间隔/d	样本数量/个
NaOH	水	1	2	5
NaOH	水	2	2	5
NaOH	水	3	2	5
NaOH	水	4	2	5
NaOH	沼液	1	2	5
NaOH	沼液	2	2	5
NaOH	沼液	3	2	5
NaOH	沼液	4	2	5
—	沼液	—	10	5

将粉碎玉米秸秆按比例与粉碎后的牛粪、羊粪、猪粪粉末进行混合，制备秸秆和粪便混合发酵原料样品36个。混合比例为9:1,8:2,7:3,6:4,5:5,4:6,3:7,2:8,1:9和3个随机比例。连同玉米秸秆、猪粪、羊粪、牛粪样品4个，共计采集与制备样品90个。

2. 数据采集

对采集的90个发酵原料样品使用德国Bruker TANGO近红外光谱仪进行积分球漫反射光谱扫描，获取其NIRS光谱数据。按照干烧法的原理，采用EURO EA3000元素分析仪测定发酵原料样品的碳、氮含量。每个样品测试3次，取3次的平均值作为待测样品的碳、氮含量值，然后通过计算可得样品的碳氮比。

3. 建模方法及评价

在进行NIRS特征波长优选前，采用SG平滑、MSC、SNV、FD、SD及其组合对光谱数据进行预处理，建立全谱下的PLS回归模型，并基于K折RMSECV确定采用的最佳光谱预处理方法；接着，使用KS法将预处理后的光谱数据划分为60个校正集样本和30个验证集样本。然后，再使用GSA－iPLS、DGSA－PLS和BiPLS－GSA进行碳氮比特征波长优选，并建立发酵原料碳氮比PLS和PCA－SVM定量分析模型，并采用R_c^2、R_p^2、RMSEC、RMSEP和RPD来评价回归模型的优劣。

4.2 数据处理与分析

经计算比较后最终确定厌氧发酵原料碳氮比光谱数据的预处理方法为FD。FD预处理能够有效消除基线漂移和背景噪声对光谱数据的干扰，增强光谱数据的分辨率和信噪比，从而有效提高回归模型的检测精度。厌氧发酵原料样品的光谱数据如图4－1所示。

由图4－1可知，在NIRS低波数频段吸收峰较强，波形比较尖锐，分辨能力较好。其中波数4 000 ~ 5 000 cm^{-1}区域对应着C—C、C ═O、—CH、—CH_2、—CH_3、—NH_2和—COOH基团的组合频，5 000 ~ 5 500 cm^{-1}区域对应着—NH_2和—COOH基团的一级倍频，5 500 ~ 6 000 cm^{-1}区域对应着—CH、—CH_2和—CH_3基团的一级倍频，6 500 ~ 7 500 cm^{-1}区域对应

着—CH、—CH_2、—CH_3、—NH 和—NH_2 基团的二级倍频，8 250 ~ 9 000 cm^{-1} 区域对应着—CH、—CH_2 和—CH_3 基团的二级倍频高频区域。

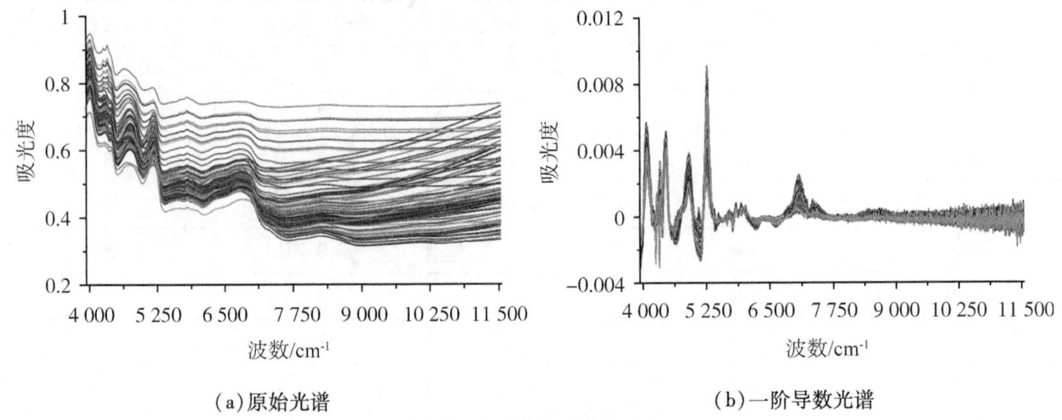

(a)原始光谱　　(b)一阶导数光谱

图 4-1　样品光谱数据

对 90 个样品的原始光谱经 FD 预处理后，使用 KS 法按 2∶1 的比例进行样本划分，得到校正集样本 60 个、验证集样本 30 个，对应的碳氮比值如表 4-2 所示。校正集的标准偏差为 29.03，变异系数为 53.32；验证集的标准偏差为 27.78，变异系数为 44.22；较大的变异系数有利于高鲁棒性的 NIRS 回归校正模型。

表 4-2　厌氧发酵原料碳氮比

样本	样本数量	平均值	最大值	最小值	标准偏差	变异系数
校正集	60	54.46	114.61	10.89	29.03	53.32
验证集	30	62.83	108.88	15.11	27.78	44.22

对预处理后的碳氮比 NIRS 数据进行 PCA 计算，第一、第二和第三 PCs 的贡献率分别为 71.14%，8.60% 和 5.33%，前 3 个 PCs 的累积贡献率达 85.07%，其空间分布情况如图 4-2 所示。在样本主成分空间分布图中，左侧为秸秆粪便混合物样本对应数据点，右侧为预处理秸秆样本对应数据点，产生如此清晰分类的结果与样品形状差异、原始光谱数据分布吻合。

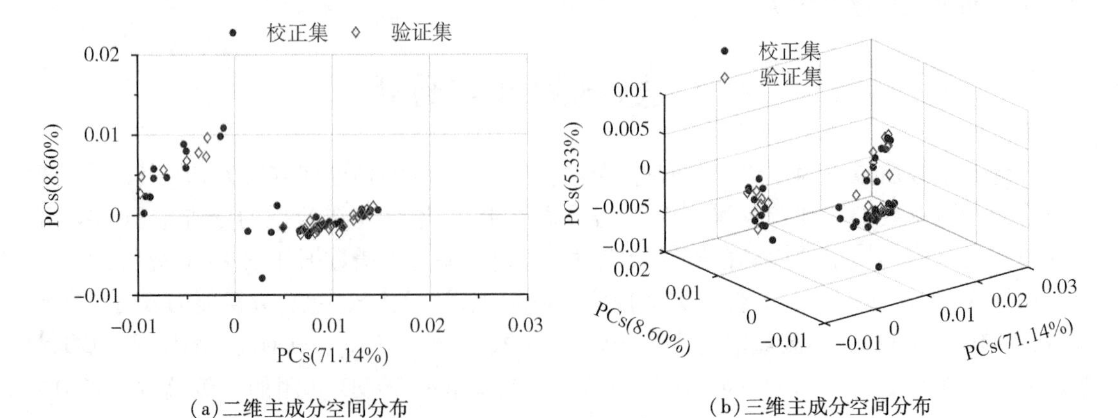

(a)二维主成分空间分布　　(b)三维主成分空间分布

图 4-2　样本主成分空间分布

由表 4 – 2 和图 4 – 2 可知，校正集样本碳氮比值基本涵盖了验证集，且校正集和验证集样本在 PCs 空间上分布比较均匀，可以使用该样本划分方法进行 NIRS 分析，建立相应的回归校正模型。

4.3 碳氮比特征波长优选

4.3.1 基于 GSA – iPLS 的碳氮比特征谱区优选

GSA – iPLS 先按照 iPLS 将全谱划分成多个均匀的子区间，再以子区间个数为码长、以 RMSECV 为目标函数运行 GSA 算法，优选特定子区间数下的特征谱区。为考察分割波长变量个数对波长选择及模型预测性能的影响，分别按约 30，40，50，60，80，100，120 个波长变量划分子区间，依次将预处理后的一阶导数光谱划分为 61，46，37，31，23，18，15 个子区间，依据 RMSECV 优选有效的子区间组合作为 GSA – iPLS 优选的特征谱区。为解决 GSA 优选结果的随机性问题，在每个子区间划分个数下，执行 10 次 GSA – iPLS 算法，并选定回归模型性能最佳的子区间组合作为该子区间数下的碳氮比特征谱区。在进行 GSA – iPLS 特征谱区优选时，码长为子区间划分个数，种群规模设为 100，初温确定系数取 200，退温系数取 0.95，进化代数取 200，交叉概率取 0.7，变异概率取 0.01，邻域解扰动位数取码长的十分之一上取整。不同子区间数下 GSA – iPLS 算法优选的碳氮比特征谱区信息及回归模型评价参数如表 4 – 3 所示。

表 4 – 3 GSA – iPLS 优选结果评价指标

子区间数	选中区间数	波长个数	RMSECV	R_c^2	R_p^2	RMSEC	RMSEP	RPD	PCs
61	25	754	15.300	0.978	0.896	4.191	8.367	3.265	14
46	14	560	15.293	0.882	0.784	9.342	11.410	2.394	6
37	13	650	15.119	0.969	0.863	4.970	9.146	2.987	10
31	12	714	15.653	0.904	0.885	8.542	8.553	3.194	6
23	8	641	14.963	0.906	0.913	8.447	7.566	3.614	8
18	13	1332	17.670	0.955	0.873	5.963	8.800	3.104	10
15	7	860	17.641	0.933	0.881	7.207	8.449	3.233	10

由表 4 – 3 可知，采用子区间划分个数为 23，优选谱区的选中子区间数为 8，选中波长变量个数为 641 时，回归模型的性能最佳。GSA – iPLS 优选谱区如图 4 – 3 所示。

基于各含氢基团在近红外谱区中的分布特性可知，在选中的 8 个子区间中，3 950.39 ~ 4 934.91 cm^{-1}区域对应着 C—C、—CH、—CH_2、—CH_3 和—NH_2 基团的组合频，7 241.71 ~ 7 567.13 cm^{-1}、7 900.79 ~ 8 226.22 cm^{-1}和 8 559.88 ~ 8 885.30 cm^{-1}区域对应着—CH、—CH_2和—CH_3 基团的二级倍频，9 218.96 ~ 9 544.39 cm^{-1}区域对应着—CH 和—NH_2 基团的三级倍频。

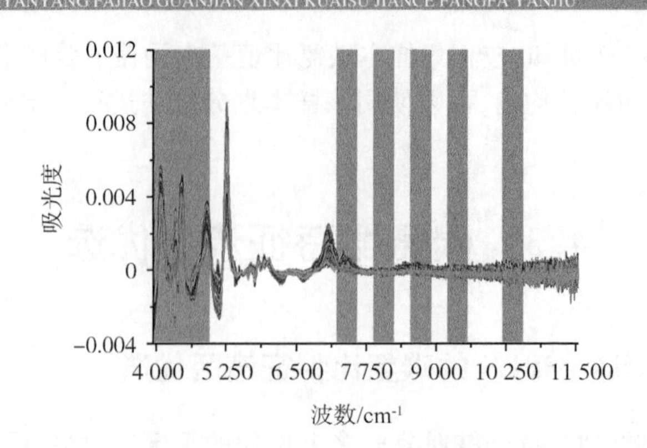

图 4－3　GSA－iPLS 优选谱区

当特征波长变量在整个谱区中分布比较集中时,GSA－iPLS 谱区优选算法的性能优越,去除冗余波长变量的效果较好。当特征波长变量的分布比较分散时,GSA－iPLS 以子区间为单位进行特征谱区优选,在去除冗余波长变量时会连带去除部分有效波长变量,进而影响回归模型的性能。此时,需要增大子区间个数,减小子区间内波长变量的数量,防止 GSA－iPLS 去除过多的有效波长变量。但子区间数过多时,编码码长太长,影响 GSA 搜索效率的同时还可能导致解空间的发散问题。因此,在进行问题求解时,需要结合实际情况,设置合理的算法参数,实现算法运行效率和求解精度的统一。

4.3.2　基于 DGSA－PLS 的碳氮比特征波长优选

DGSA－PLS 在进行特征波长变量优选时,以 GSA－iPLS 优选的特征谱区波长变量个数为码长,随机生成 160 个码长为 641 的染色体构建初始种群,执行 GSA 进行特征波长变量二次优化。GSA 的邻域解扰动位数取 20,其他初始参数与 GSA－iPLS 一致。为消除 GSA 的随机性,执行算法 50 次对碳氮比特征波长变量进行优选。多次执行时,每次都选中的波长变量代表了染色体的优良基因,以这些多次选中的波长变量作为特征波长变量建立回归模型时,可以有效消除 GSA 的随机性,且能够得到较高的回归模型性能。DGSA－PLS 波长优选结果与预处理后的平均光谱对比如图 4－4 所示。

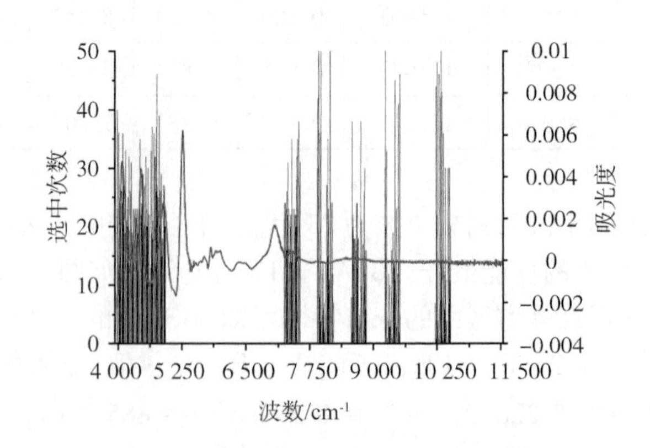

图 4－4　DGSA－PLS 优选特征波长

如图 4－4 所示,重复选中次数为 1 时,选中 628 个波长变量;重复选中次数为 50 时,选中 19 个波长变量。测试发现,校正集 RMSECV 和验证集 RMSEP 都随选中波长变量个数的增加呈先减小后增大的趋势,但两者的趋势存在较大差别。为了分析特征波长变量个数与模型性能的关系,绘制 RMSECV、RMSEP 与选中波长变量个数的关系图,如图 4 -5 所示。

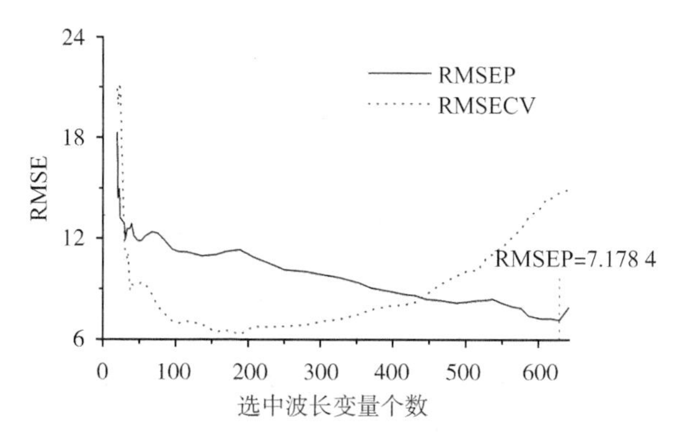

图 4 -5 RMSE 与选中波长变量个数的关系

由图 4 -5 可知,RMSECV 最小值早于 RMSEP 出现,当选中波长变量个数为 189,重复选中次数为 27 次时,RMSECV 最小。图中红色虚线位置的 RMSEP 最小,对应的波长变量个数为 628,重复选中次数为 1 次。RMSECV 与 RMSEP 随选中波长变量个数变化趋势差异较大的主要原因在于 GSA 以校正集 RMSECV 为依据进行特征波长优选,验证集性能拐点出现时表明校正集发生了过拟合。

4.3.3 基于 BiPLS - GSA 的碳氮比特征波长优选

在使用 BiPLS - GSA 对厌氧发酵原料碳氮比进行特征波长优选时,先使用 BiPLS 对光谱数据进行特征谱区优选。为考察分割区间个数对特征波长选择及模型预测性能的影响,分别按约 30,40,50,60,80,100,120 个波长变量划分子区间,依次将预处理后的一阶导数光谱划分为 61,46,37,31,23,18,15 个子区间,并选取 RMSECV 最小的子区间组合作为 BiPLS 优选的碳氮比特征谱区。BiPLS 优选的碳氮比特征谱区信息及回归模型性能如表 4 -4 所示。

表 4 -4 BiPLS 优选结果

子区间数	选中区间数	波长个数	RMSECV	R_c^2	R_p^2	RMSEC	RMSEP	RPD	PCs
15	1	123	18.254	0.458	0.700	17.074	12.639	2.161	3
18	2	204	18.373	0.460	0.766	17.045	10.569	2.585	4
23	17	1364	18.052	0.935	0.904	7.118	7.701	3.547	10
31	22	1310	18.815	0.941	0.884	6.799	8.413	3.247	10
37	2	100	18.069	0.509	0.835	16.528	9.318	2.932	6
46	12	481	18.724	0.798	0.742	11.795	10.813	2.526	5
61	22	664	18.814	0.917	0.889	7.961	8.143	3.354	9

由表 4 – 4 可知，BiPLS 算法采用子区间划分个数为 23，优选谱区的选中子区间数为 17，选中波长变量个数为 1 364 时，回归模型的性能最佳。在选中谱区中，3 950. 40 ~ 4 275. 82 cm^{-1} 区域对应着—CH、—CH_2 和—CH_3 基团的组合频，5 268. 57 ~ 6 253. 08 cm^{-1} 区域对应着—CH、—CH_2 和—CH_3 基团的一级倍频，6 586. 74 ~ 9 548. 51 cm^{-1} 区域对应着—CH、—CH_2、—CH_3、—NH 和—NH_2 基团的二级倍频，10 211. 71 ~ 11 542. 24 cm^{-1} 区域对应着—CH、—CH_2 和—CH_3 基团的三级倍频。BiPLS 优选特征谱区如图 4 – 6 所示。

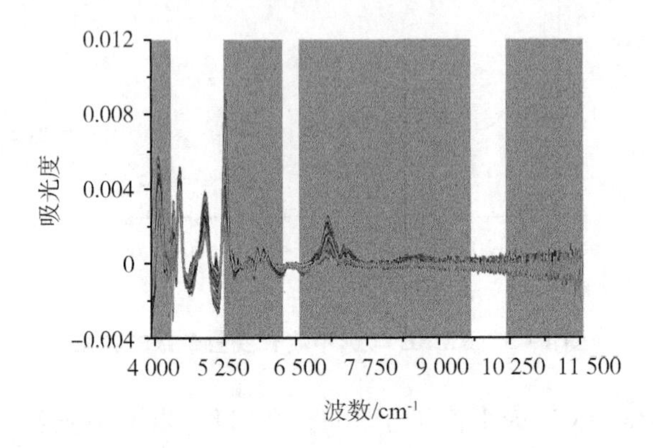

图 4 – 6 BiPLS 优选谱区

BiPLS – GSA 以 BiPLS 优选的特征谱区波长变量个数为码长，随机生成 270 个码长为 1 364 的染色体构建初始种群，邻域解扰动位数取 40，其他参数与 GSA – iPLS 一致。为消除 GSA 的随机性，执行算法 50 次对碳氮比特征波长变量进行优选。多次执行时，每次都选中的波长变量代表了染色体的优良基因，以这些多次选中的波长变量作为特征波长变量建立回归模型时，可以有效消除 GSA 的随机性，且能够得到较高的回归模型性能。BiPLS – GSA 波长优选结果与预处理后的平均光谱对比如图 4 – 7 所示。

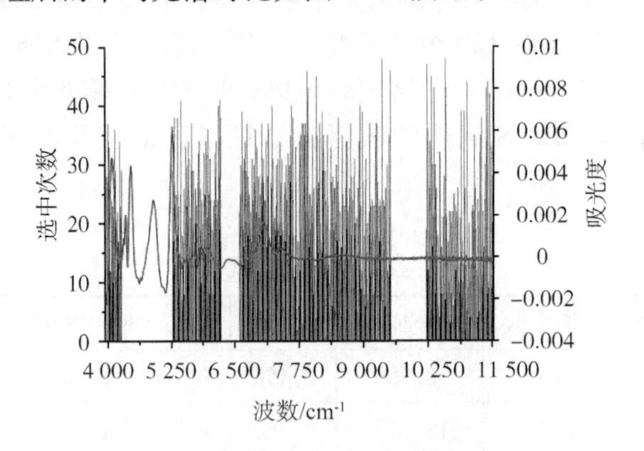

图 4 – 7 BiPLS – GSA 优选特征波长

图中重复选中次数为 1 时，选中 1 364 个波长变量；重复选中次数为 48 时，选中 7 个波长变量。为了分析特征波长变量个数与模型预测性能的关系，绘制 RMSECV、RMSEP 与选中波长变量个数之间的关系图，如图 4 – 8 所示。

由图 4 – 8 可知，校正集 RMSECV 随选中波长变量个数的增加快速减少，在选中波长变量个数为 147，重复选中次数为 35 时，RMSECV 最小；随后随着选中波长变量个数的增加，

RMSECV 呈缓慢增加的走势。验证集 RMSEP 也随重复选中次数的增加整体上呈先减小后增大的趋势,红色虚线位置的 RMSEP 最小,对应的波长变量个数为 1 180,重复选中次数为 12。说明随着重复选中次数的增加(选中波长变量逐渐减少),验证集性能拐点出现后校正集发生了过拟合。

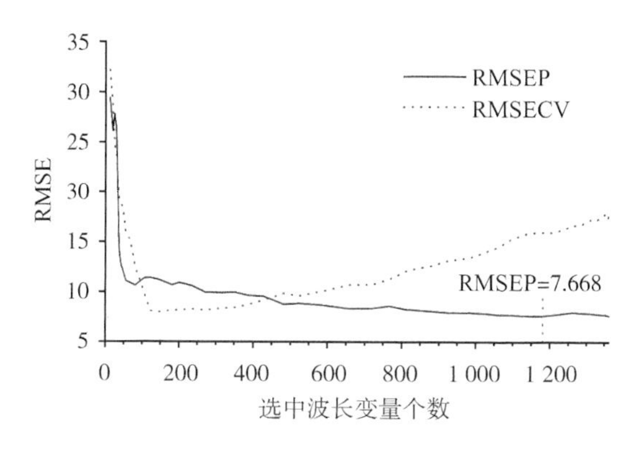

图 4－8　RMSE 与选中波长变量个数的关系

4.4　回归模型评价与分析

为评测 DGSA－PLS 在厌氧发酵原料碳氮比特征波长优选方面的性能,以 GSA－iPLS、DGSA－PLS 和 BiPLS－GSA 优选后的特征波长变量作为 PLS 回归模型的输入,建立厌氧发酵原料碳氮比定量回归模型,并与 Full－PLS、单次 CARS、SiPLS 和 BiPLS 优选结果建模性能进行对比,结果如表 4－5 所示。

表 4－5　碳氮比 PLS 回归模型评价指标

方法	波长个数	R_c^2	R_p^2	RMSEC	RMSEP	RPD	PCs
Full－PLS	1844	0.906	0.876	8.452	8.532	3.202	8
CARS	7	0.569	0.798	15.799	10.533	2.593	6
SiPLS	320	0.810	0.841	11.499	9.565	2.856	6
GSA－iPLS	641	0.906	0.913	8.447	7.566	3.611	8
DGSA－PLS	628	0.911	0.920	8.253	7.178	3.805	8
BiPLS	1364	0.935	0.904	7.118	7.701	3.547	10
BiPLS－GSA	1180	0.943	0.907	6.678	7.668	3.563	10

由表 4－5 可知,CARS 建模性能弱于全谱建模,原因在于 CARS 在以 RMSECV 为依据进行特征波长时,是在已生成的多个子集中选择最佳的特征波长。而各含碳和含氮基团对应的特征波长变量在整个谱区分布非常广泛,CARS 生成的多个子集很难覆盖到大多数特征波长变量,因此导致其建模性能弱于全谱建模。

SiPLS 和 BiPLS 作为两种最典型 iPLS 方法,在特征谱区优选方面都具有良好的性能。

但 SiPLS 建模性能弱于全谱建模，而 BiPLS 建模性能高于全谱建模。选择 BiPLS 作为碳氮比特征谱区优选算法的主要原因在于：SiPLS 选取固定个数的子区间作为备选谱区，再通过比较 RMSECV 确定最佳谱区。而 BiPLS 通过剔除相关性较差的子区间，搜索 RMSECV 最小的子区间组合作为特征谱区。BiPLS 比 SiPLS 更适于特征波长变量分布比较分散问题的求解。碳氮比对应着谱区中所有含碳和含氮基团的吸收峰，这些吸收峰在整个谱区分布较广，适合采用 BiPLS 进行特征谱区优选。BiPLS 优选的碳氮比特征波长变量个数为 1364 个，R_p^2 为 0.904，RMSEP 为 7.701，与全谱相比，RMSEP 降低了 9.74%。

GSA－iPLS 作为一种新型近红外光谱特征谱区优选算法，具有良好的随机搜索能力。在使用 GSA－iPLS 进行特征谱区优选时，与 BiPLS 相比扩展了搜索结果的随机性。通过多次搜索并选取建模性能最佳的搜索结果作为 GSA－iPLS 优选特征谱区，该方式能够有效提高算法的特征波长优选性能。GSA－iPLS 优选的建模波长变量个数为 641，R_p^2 为 0.913，RMSEP 为 7.566，与全谱相比，RMSEP 降低了 11.32%。GSA－iPLS 优选特征波长的建模性能优于 BiPLS 的建模性能。

BiPLS－GSA 和 DGSA－PLS 分别以 BiPLS 和 GSA－iPLS 优选的特征谱区为输入码长，使用 GSA 进行特征波长变量二次优选。其中 BiPLS－GSA 优选的建模波长变量个数为 1 180，GSA 波长变量优选只去掉了 BiPLS 优选谱区中 13.49% 的冗余波长变量；DGSA－PLS 优选的建模波长变量个数为 628，GSA 波长变量二次优选只去掉了 GSA－iPLS 优选谱区中 2.03% 的冗余波长变量。BiPLS－GSA 和 DGSA－PLS 选中特征波长变量个数仍比较多，原因在于碳氮两种元素相关基团在整个光谱频段内吸收峰分布过于分散，这与 DGSA－PLS 和 BiPLS－GSA 优选的波长变量分布情况一致。在执行 GSA－iPLS、BiPLS－GSA 和 DGSA－PLS 进行特征波长优选时，在码长固定的情况下，可以通过适当增大种群规模、初温确定系数和遗传代数的方式提高 GSA 的寻优精度。

基于 GSA－iPLS、DGSA－PLS、BiPLS 和 BiPLS－GSA 四种波长优选方法建立的碳氮比回归模型的 R_c^2 和 R_p^2 都大于 0.90，RPD 都大于 3.54，说明建模成功。其中，使用 DGSA－PLS 优选的碳氮比特征波长建立的 PLS 回归模型性能最佳。

为了评价 DGSA－PLS 优选碳氮比特征波长的建模性能和适用性，以全谱、CARS、SiPLS、BiPLS、GSA－iPLS 和 DGSA－PLS 优选波长为输入，建立 PCA－SVM 回归模型。在 GSA 参数优化条件与纤维素建模时一致的情况下，建立 PCA－SVM 回归模型参数优化结果及评价指标如表 4－6 所示。

表 4－6　碳氮比 PCA－SVM 回归模型评价指标

优选方法	波长个数	C	γ	ε	R_c^2	R_p^2	RMSEC	RMSEP	RPD	PCs
Full	1 844	1.178	0.108	0.001	0.899	0.930	9.218	7.753	3.523	8
CARS	7	0.780	1.566	0.010	0.674	0.559	1.826	1.626	1.405	6
SiPLS	320	0.300	3.955	0.009	0.751	0.560	1.640	1.533	1.490	6
BiPLS	1364	81.242	0.001	0.173	0.494	0.636	2.265	1.392	1.641	10
GSA－iPLS	641	66.737	0.004	0.061	0.623	0.695	1.954	1.345	1.699	8
DGSA－PLS	628	91.237	0.003	0.027	0.490	0.678	2.257	1.328	1.720	8

由表 4-6 可知，碳氮比全谱 PCA-SVM 回归模型的性能与 PLS 回归模型相比，得到了显著提升，其 R_p^2 为 0.930，RMSEP 为 7.753，与全谱 PLS 模型相比，RMSEP 减少了 9.13%。而 CARS、SiPLS、BiPLS、GSA-iPLS 和 DGSA-PLS 优选特征波长建立的 PCA-SVM 回归模型的性能都弱于相应的 PLS 回归模型，原因在于上述五种波长优选方法都是以 PLS 回归模型的 RMSECV 为依据剔除相关性差的冗余波长变量，其优选特征波长难以满足碳氮比 PCA-SVM 回归模型的建模需求。

为了比较 PLS 和 PCA-SVM 的建模性能，绘制 DGSA-PLS、BiPLS-GSA 优选特征波长建立的碳氮比 PLS 回归模型（分别记为 PLS_DGSA-PLS 和 PLS_BiPLS-GSA）和 GSA 参数建立的全谱 PCA-SVM 回归模型（记为 PCA-SVM_Full_GSA）预测性能的雷达图，如图 4-9 所示。

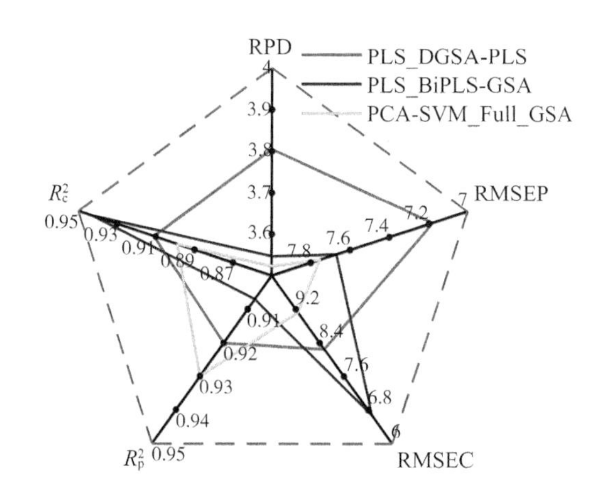

图 4-9　不同碳氮比回归模型雷达图

由图 4-9、表 4-5 和表 4-6 可知，DGSA-PLS 优选碳氮比特征波长建立的 PLS 回归模型的预测性能优于其他特征波长优选方法建立的 PLS 和 PCA-SVM 回归模型。因此，采用 DGSA-PLS 作为碳氮比的波长优选方案，以优选后的特征波长进行 PLS 回归模型建立及性能评测，其结果如图 4-10 所示。

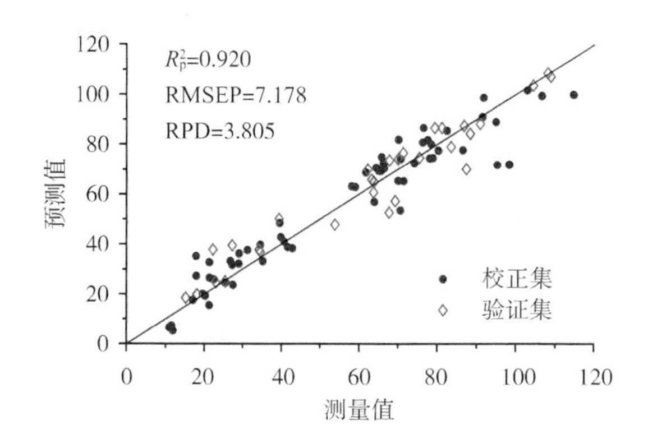

图 4-10　碳氮比实测值与预测值分布

由图 4-10 可知，碳氮比的实测值与预测值点基本呈对角线分布。经 T 检验计算，得到样本碳氮比实测值与预测值的 t 值为 0.329，小于相应的临界值 $t_{(0.05,89)}=1.987$，且 Matlab ttest 函数的返回值 $H=0$、$P=0.743$，说明碳氮比的预测值与实测值无显著性差异，一致性较好。但图中部分样品点距离对角线较远，说明部分样品的预测性能较差。存在部分预测性能较差样本的主要原因在于样品中含有 36 个秸秆粪便混合物样品，这 36 个样品在进行碳氮含量测定时，由于元素分析仪锡囊装料较少（1～3 mg），混合样品的均匀性将严重影响碳氮含量的测试准确性。而秸秆粉末密度小、粪便粉末密度大，很难保证混合时的均匀性，因此带来了较大的测量误差，进而影响所建 NIRS 回归模型的预测精度。DGSA－PLS 回归模型 R_p^2 为 0.920，RMSEP 为 7.178，RPD 为 3.805，与全谱建模相比有效波长变量个数减少了 65.94%，RMSEP 减少了 15.87%。说明基于 DGSA－PLS 特征波长优选方法建立的碳氮比 PLS 回归模型基本可以满足厌氧发酵过程中对原料碳氮比的直接快速检测需求。

4.5 本章小结

本章探讨了 NIRS 结合化学计量学方法进行厌氧发酵原料碳氮比直接快速检测的可行性。为提高 NIRS 回归模型的检测精度和效率，基于 GSA－iPLS、DGSA－PLS 和 BiPLS－GSA 三种算法进行 NIRS 特征波长变量优选，不仅减少了参与建模的波长变量个数，还有效提高了模型的检测精度和效率，为直接快速测量厌氧发酵原料碳氮比提供了新途径。具体结论如下：

（1）基于 PCA－SVM 建立的碳氮比全谱回归模型性能优于 PLS 回归模型，但 GSA－iPLS、BiPLS 和 DGSA－PLS 优选特征波长建立的 PCA－SVM 回归模型性能弱于相应的 PLS 回归模型，GSA－iPLS、BiPLS 和 DGSA－PLS 优选特征波长更适用于建立碳氮比 PLS 快速检测模型。

（2）GSA－iPLS 将光谱数据划分成多个子区间后，以子区间个数为码长，搜索有效的特征波长子区间组合作为特征谱区，有效减少了建模变量个数，提高了碳氮比 PLS 检测模型的精度和效率。

（3）BiPLS－GSA 在 BiPLS 优选谱区的基础上，以波长变量个数为码长进行特征波长变量优选，有效去除冗余和不相关的波长变量，得到 1 180 个特征波长变量，碳氮比 PLS 检测模型的 RMSEP 为 7.668，RPD 为 3.563。与全谱建模相比，基于 BiPLS－GSA 建立的 PLS 回归模型有效波长变量个数减少了 36.01%，RMSEP 减少了 10.13%。

（4）DGSA－PLS 在 GSA－iPLS 优选谱区的基础上，以波长变量个数为码长进行特征波长变量优选，有效去除不相关的冗余波长变量，得到 628 个特征波长变量，碳氮比检测模型的 RMSEP 为 7.178，RPD 为 3.805。与全谱建模相比，基于 DGSA－PLS 建立的 PLS 回归模型有效波长变量个数减少了 65.94%，RMSEP 减少了 15.87%，有效提高了碳氮比 NIRS 快速检测模型的检测精度和效率。

5 基于近红外光谱的氨氮浓度快速检测

氨氮是厌氧发酵过程的重要中间产物，它是微生物在降解蛋白质以及氨基酸的过程中形成的，大部分可生物降解的有机氮在厌氧发酵过程几乎都转化为发酵液中的氨氮，主要以游离氨（NH_3）和铵离子（NH_4^+）的形式存在。氨氮为微生物的生长提供营养物质，是微生物生长的氮源。氨氮的浓度主要受总氨氮浓度、温度和 pH 三个因素的影响，提高发酵温度能够增加厌氧微生物的生长速率，但同时也增加了料液中氨氮的浓度。厌氧发酵过程中，只有少量的氮能够被微生物的生长繁殖所利用，而大部分可生物降解的有机氮被还原为氨氮存在于料液中。过高的氨氮浓度会抑制产甲烷菌的活性，影响厌氧发酵的产甲烷进程。因此，在厌氧发酵过程中，需要对发酵液的氨氮浓度进行快速、准确测定，以监控和评估厌氧发酵状态，对氨氮浓度过低或过高的厌氧发酵过程进行诱导，以控制氨氮浓度在合理的范围内，维持发酵系统稳定、高效运行。

NIRS 分析技术已成为监控厌氧发酵状态的有效方法，可以用于发酵液的氨氮浓度快速检测，解决传统化学方法测试速度慢、成本高的问题。但光谱数据中包含的不相关和共线性冗余信息严重影响了回归模型的预测精度，为此本章提出利用 CARS - GSA 算法进行发酵液氨氮浓度 NIRS 特征波长优选，并对优选的特征波长建模性能进行评测。通过比较相应 PLS 和 PCA - SVM 回归模型的建模性能，建立氨氮浓度 NIRS 快速检测模型，实现厌氧发酵过程发酵液氨氮浓度的快速、准确检测。

5.1 实验设计

1. 发酵液样品制备

将采集的玉米秸秆自然风干后一部分经铡草机切成 10 mm 的秸秆段备用，另一部分经 9FQ - 36B 锤片式粉碎机（10 mm 筛网）粉碎成秸秆粉备用。分别以秸秆段、秸秆粉、牛粪、猪粪、秸秆粉猪粪混合物（按 TS 比 1∶1）为厌氧发酵原料，以实验室 500 L 发酵罐内常年驯化正常产气厌氧发酵液为接种物（以玉米秸秆和牛粪为底物），进行批式厌氧发酵实验。按 TS 接种比 1∶1，调整厌氧发酵原料和接种物添加量，使其发酵系统的起始 TS 浓度分别为 7%，6%，8%，7% 和 7%。在中温（36 ± 1）℃恒温水浴槽中，分别采用 5 L 和 10 L 下口瓶作为反应器，进行两个批次的厌氧发酵实验，有效发酵容积分别为 3.5 L 和 7 L。厌氧发酵原料和接种物配比信息如表 5 - 1 所示。

表 5 - 1 厌氧发酵实验设计

反应器/L	原料类型	原料质量		接种物/g	水/g	TS/%
		秸秆/g	粪便/g			
5	秸秆段	142.41	0	2 573.53	784.06	7
5	秸秆粉	122.06	0	2 205.88	1 172.05	6

表 5-1(续)

反应器/L	原料类型	原料质量		接种物/g	水/g	TS/%
		秸秆/g	粪便/g			
5	牛粪	0	525.92	2 941.18	32.90	8
5	秸秆+猪粪	71.20	196.19	2 573.53	659.08	7
5	猪粪	0	392.38	2 573.53	534.09	7
10	秸秆段	284.82	0	5 147.06	1 568.12	7
10	秸秆粉	244.13	0	4 411.76	2 344.11	6
10	牛粪	0	1 051.84	5 882.35	65.81	8
10	秸秆+猪粪	142.41	392.38	5 147.06	1 318.16	7
10	猪粪	0	392.38	5 147.06	1 068.19	7

实验过程中每天定时对厌氧发酵反应器进行手摇搅拌 2 次,混匀料液的同时避免浮渣结壳。为了获取有代表性的氨氮和 VFA 浓度数据样本,采集发酵液样品主要在批式厌氧发酵前半程进行。5 L 发酵罐从装样后第二天开始,每天 8:00 采集发酵液样品 40 mL 存放于 3 个 15 mL 离心管中,共计采样 16 次。为防止料液 TS 浓度变高,对厌氧发酵过程产生不良影响,于第 8 天补水 300 mL。10 L 发酵罐从装样后第二天开始采样,共计采样 15 次,不需补水;共计采集与制备发酵液样品 155 个,放置于零下 20 ℃冰箱中冷冻保存。

2. 数据采集

对采集的 155 个发酵液冷冻样品溶解后在冷冻离心机中以 12 000 r/min 离心 10 min 后,取上清液进行透射光谱扫描,采集设备为 Thermo Fisher 公司的 Antaris Ⅱ型傅里叶近红外光谱仪。采用 FOSS FIASTAR 5000 连续流动注射分析仪对样品的氨氮浓度进行自动检测,每个样品测试 3 次,取 3 次的平均值作为待测样品氨氮浓度值。

3. 建模方法及评价

在建立发酵液氨氮浓度快速检测模型时,先去掉 NIRS 数据中吸光度值较大的平顶峰区域的波长变量,以消除水对光谱测量结果的影响;然后,使用 SG 平滑、FD、SD, MSC、SNV 及其组合方法进行光谱预处理,在确定最佳光谱预处理方法后,使用 MCCV 残差均值方差分布图法剔除异常样本。然后,使用 RS 法从整个样本集中选取 120 个样本作为校正集和验证集,其余样本作为独立测试集;接着使用 KS 法或 SPXY 法将预处理后的 120 个光谱按 3:1 的比例划分校正集样本和验证集样本,并建立全谱下的 PLS 回归模型并计算模型性能,基于验证集的 MREP 确定采用的样本集划分方法;再使用 CARS-GSA 对发酵液氨氮进行特征波长优选,并建立相应的 PLS 和 PCA-SVM 回归校正模型,采用校正集、验证集和独立测试集的 R^2 、RMSE 和 RPD 对校正模型的性能进行评价。

5.2 数据处理与分析

对采集的样品氨氮浓度进行统计分析,并绘制统计直方图和箱线图如图 5-1 所示。由图 5-1 可知,氨氮样本在低浓度区域占比较大,浓度值在 200 mg/L 以下约占 50%。原因在于厌氧发酵的平衡期(在整个发酵周期中占比较大),微生物能够及时利用由氨基酸降解产生的氨氮,使氨氮浓度较低,有效避免氨氮累积对产甲烷菌产生抑制作用。

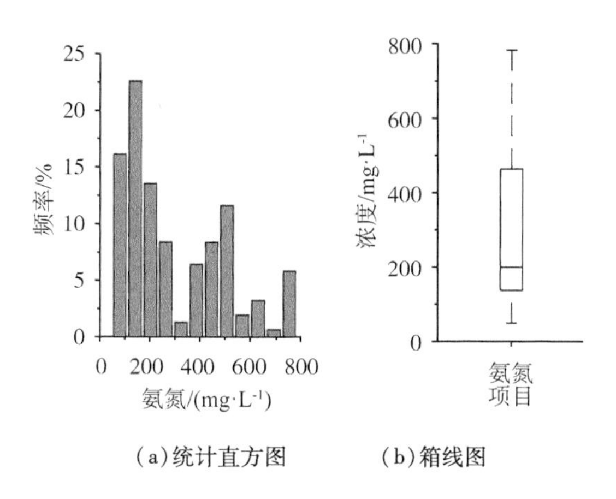

(a)统计直方图 (b)箱线图

图 5-1 氨氮含量统计直方图和箱线图

为消除发酵液透射光谱扫描过程中由水中基团引起的平顶峰区域对建模结果的影响,先剔除原始光谱(1 557 个波长变量)数据中一级倍频区域中波数 4 933.02 ~ 5 295.57 cm^{-1} 的 95 个波长变量,剩余波长变量个数为 1 462 个。然后再对去除平顶峰区域的 155 个样品的原始光谱数据进行异常样本剔除,执行 2 000 次 MCCV 算法并绘制残差的均值方差分布图后,剔除 50,141 和 151 号样本,得到 152 个氨氮样本。MCCV 法绘制的发酵液氨氮浓度残差均值方差分布图如图 5-2 所示。

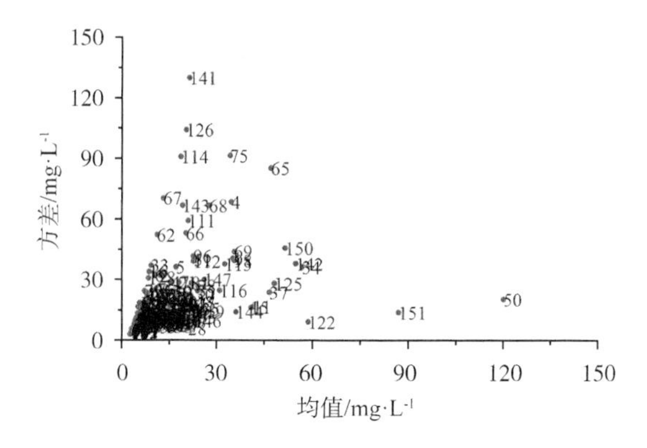

图 5-2 氨氮残差均值方差分布图

经计算比较后最终确定发酵液光谱数据的预处理方法为 SNV,样本划分方法为 KS 法。样品原始光谱数据及预处理后的光谱数据如图 5-3 所示。通过光谱预处理,不仅消除了水中羟基产生的强吸收峰对建模精度的不利影响,而且纠正了基线漂移,提高了光谱数据的信噪比。

采用 RS 法从剔除异常样本和平顶峰区域波长变量的 152 个氨氮光谱数据中选择 120 个样本用于建立校正集和验证集,剩余 32 个样本作为独立测试集。将选出的 120 个样本光谱数据经 SNV 预处理后,使用 KS 法按 3:1 的比例进行样本划分,得到校正集样本 90 个、验证集样本 30 个,对应的氨氮浓度如表 5-2 所示。由沼液中氨氮浓度数据统计信息可知,校正集、验证集和独立测试集的氨氮浓度标准偏差分别为 209.26 mg/L、121.25 mg/L 和 209.60 mg/L,校正集、验证集和独立测试集的变异系数分别为 64.09%,60.07% 和 69.64%;较大的标准偏差和变异系数有利于建立具有较高鲁棒性的回归模型。

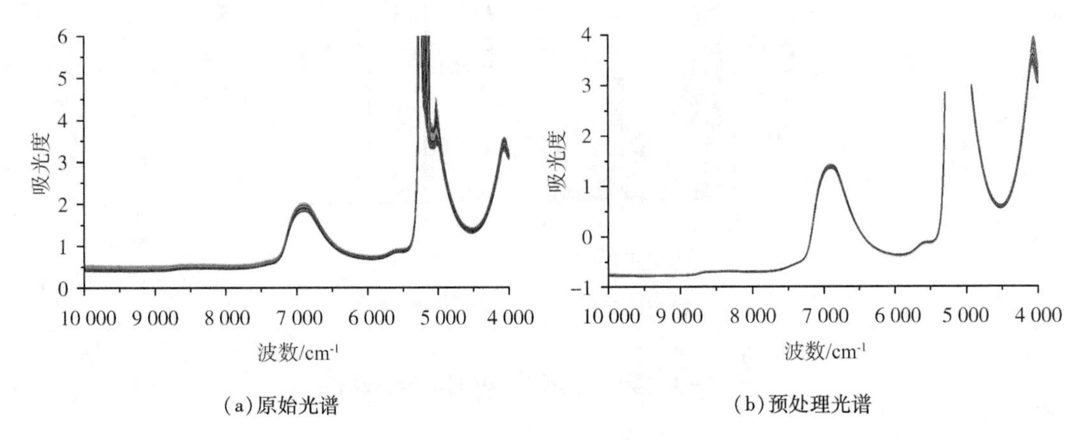

(a)原始光谱　(b)预处理光谱

图 5-3　样品光谱数据

表 5-2　发酵液氨氮浓度

样本	样本数量	平均值 /(mg·L^{-1})	最大值 /(mg·L^{-1})	最小值 /(mg·L^{-1})	标准偏差 /(mg·L^{-1})	变异系数 /%
校正集	90	326.49	782.95	19.17	209.26	64.09
验证集	30	201.84	478.47	64.23	121.25	60.07
独立测试集	32	300.99	773.79	59.86	209.60	69.64

对预处理后的 NIRS 进行 PCA 计算,第一、第二和第三 PCs 的贡献率分别为 82.02%,11.30% 和 4.68%,前 3 个 PCs 的累积贡献率达 97.99%。校正集和验证集的 PCs 空间分布情况如图 5-4 所示。

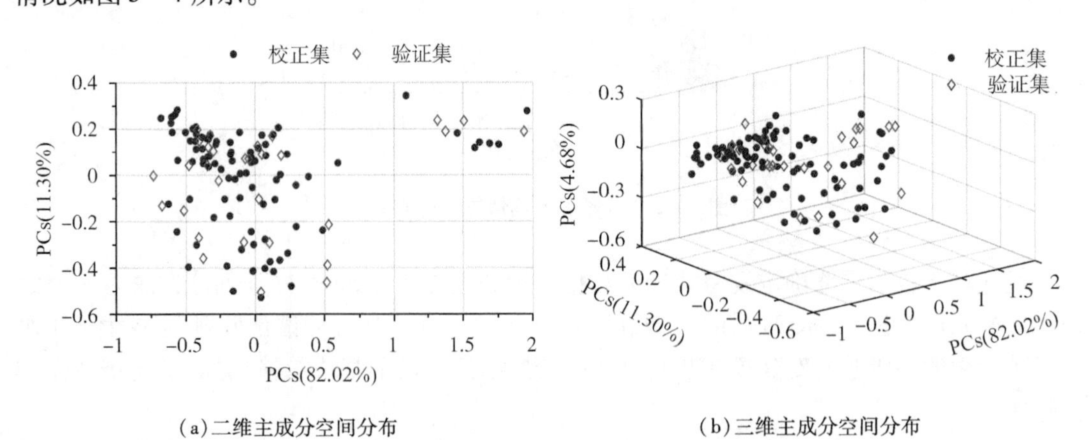

(a)二维主成分空间分布　(b)三维主成分空间分布

图 5-4　样本主成分空间分布

由表5－2和图5－4可知,校正集样本氨氮值基本涵盖了验证集,且校正集和验证集样本在PCs空间上分布比较均匀,可以使用该样本划分方法进行NIRS分析,建立相应的发酵液氨氮含量回归校正模型。

5.3 氨氮特征波长优选

5.3.1 基于CARS的氨氮特征波长优选

在执行CARS算法进行发酵液氨氮浓度特征波长优选时,先执行2 000次MCS从校正集样本中选择80%的样本建立PLS模型,再将EDF和ARS相结合对波长变量进行竞争性选择得到200个波长子集,然后再采用交叉验证从这些备选集中选取RMSECV最小的波长子集作为CARS优选的特征波长变量。为解决CARS算法中MCS和ARS两个随机因素对优化结果稳定性的影响,可以多次执行CARS算法,通过比较每次CARS优选特征波长的建模性能,选取建模性能最佳的特征波长优选结果作为单次CARS优选算法优选的特征波长。执行10次CARS算法,并选择最佳的优选结果作为发酵液氨氮浓度特征波长。单次CARS优选特征波长过程及结果如图5－5所示。

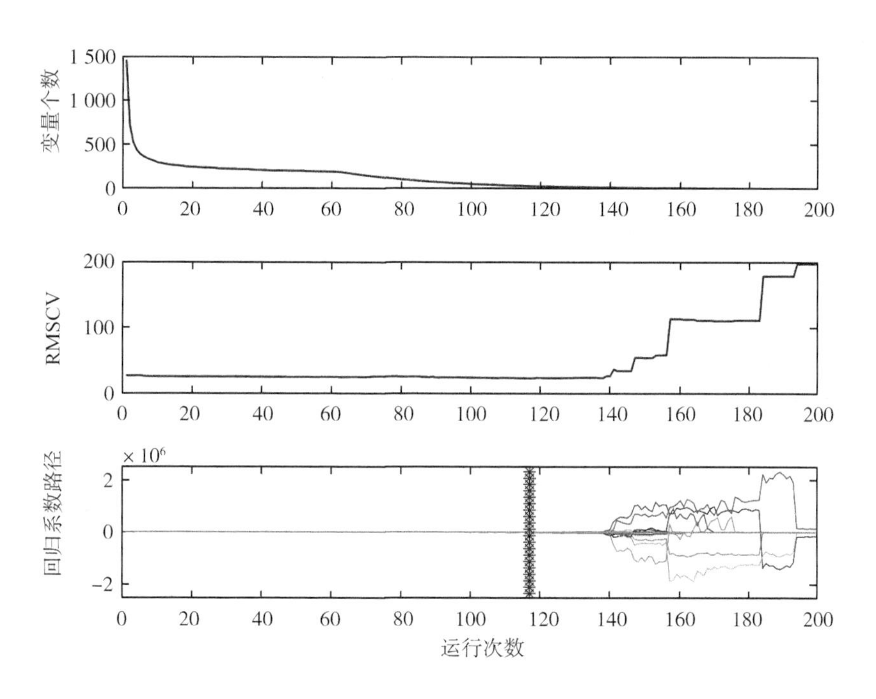

图5－5 单次CARS优选结果

由图5－5可知,随着算法优化次数的增加,优选的特征波长变量个数呈指数衰减函数形式逐渐减少,尤其是前10次运行过程中减少速度最快。PLS模型的RMSECV随运行次数的增加呈先缓慢减小后迅速增大的趋势,尤其在进化后期(运行140次以后)RMSECV增加迅速。由回归系数路径变化情况可知,“ * ”号所在位置的回归模型性能最佳,此时算法执行了117次,对应的最小RMSECV为23.017,优选的特征波长变量个数为44个。单次

CARS 优选的特征波长变量分布情况如图 5－6 所示。

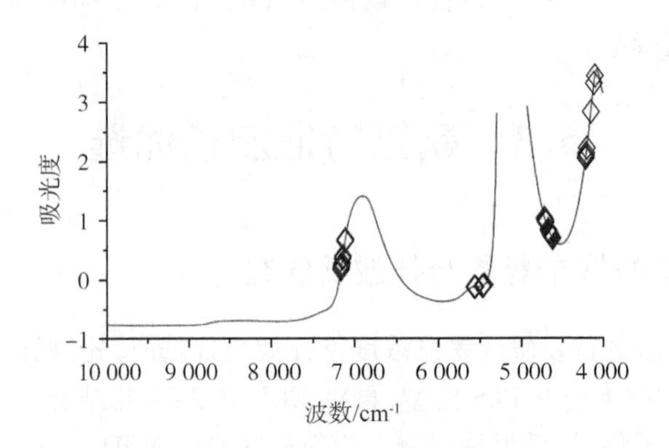

图 5－6　单次 CARS 优选特征波长分布

选中的 44 个波长变量中，波数 7 166.18 cm^{-1}、7 162.33 cm^{-1}、7 158.47 cm^{-1}、7 154.61 cm^{-1}、7 146.90 cm^{-1}、7 143.04 cm^{-1}、7 116.04 cm^{-1}和 7 112.19 cm^{-1}波长变量对应着—NH 和—NH_2 等含氮基团的二级倍频，波数 5 573.2 cm^{-1}、5 557.84 cm^{-1}、5 476.85 cm^{-1}、5 472.99 cm^{-1}、5 469.13 cm^{-1}、5 465.28 cm^{-1}、5 461.42 cm^{-1}、5 457.56 cm^{-1}和 5 449.85 cm^{-1}波长变量对应着 - NH_2 等含氮基团的一级倍频，波数 4 720.89 cm^{-1}、4 717.03 cm^{-1}、4 713.17 cm^{-1}、4 709.32 cm^{-1}、4 705.46 cm^{-1}、4 674.60 cm^{-1}、4 670.75 cm^{-1}、4 666.89 cm^{-1}、4 663.03 cm^{-1}、4 659.18 cm^{-1}、4 655.32 cm^{-1}、4 651.46 cm^{-1}、4 647.60 cm^{-1}、4 643.75 cm^{-1}、4 639.89 cm^{-1}、4 636.03 cm^{-1}、4 632.18 cm^{-1}、4 628.32 cm^{-1}、4 624.46 cm^{-1}、4 620.61 cm^{-1}、4 215.63 cm^{-1}、4 211.77 cm^{-1}、4 207.91 cm^{-1}、4 196.34 cm^{-1}、4 188.63 cm^{-1}、4 111.49 cm^{-1}和 4 099.92 cm^{-1}波长变量对应着含氮基团的组合频。

为了解决 CARS 算法优选结果不一致的问题，还可以通过多次执行 CARS 算法，并选取多次重复选中的特征波长变量作为优选结果的方式，进一步提高回归模型的性能。本章执行 CARS 算法 500 轮次（记为 CARS500），选取多次重复选中的波长变量作为优选的发酵液氨氮浓度特征波长。执行 500 轮次 CARS 算法，共得到氨氮特征波长变量 393 个，选中 100 次以上的特征波长变量与单次 CARS 优选结果具有高度一致性。CARS500 选中次数最多的特征波长波数为 4 651.46 cm^{-1}，对应着氨氮—NH_2 基团的组合频，选中次数为 490 次。选中次数较多的特征波长变量主要分布在波数 7 073.62 ~ 7 227.89 cm^{-1}、6 765.06 ~ 6 919.34 cm^{-1}、5 299.43 ~ 5 685.12 cm^{-1}、4 528.04 ~ 4 759.46 cm^{-1} 和 3 999.64 ~ 4 296.62 cm^{-1}区域。其中波数 7 073.62 ~ 7 227.89 cm^{-1}和 6 765.06 ~ 6 919.34 cm^{-1}包含的波长变量对应着—NH_2 基团的二级倍频，波数 5 299.43 ~ 5 685.12 cm^{-1}包含的波长变量对应着 —NH_2 基团的一级倍频，波数 4 528.04 ~ 4 759.46 cm^{-1} 和波数 3 999.64 ~ 4 296.62 cm^{-1}包含的波长变量对应着—NH_2 基团的组合频。经计算比较后发现，重复选中次数取 20，选中的特征波长变量个数为 152 时，CARS500 的建模性能最好。运行 500 次 CARS 算法优选的氨氮特征波长结果如图 5－7 所示。

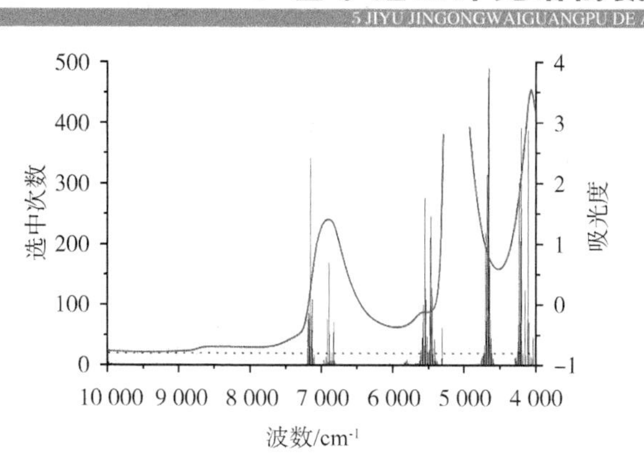

图 5 –7 500 次 CARS 优选特征波长

5.3.2 基于 CARS – GSA 的氨氮特征波长优选

采用 CARS – GSA 进行发酵液氨氮浓度特征波长优选时，采用 GSA 分别对单次 CARS 优选结果（记为 CARS1 – GSA）和 500 次 CARS 的优选结果（记为 CARS500 – GSA）进行特征波长优选。在采用 GSA 对单次 CARS 优选结果进行二次优化时，CARS1 – GSA 的码长为 44，种群规模取 50，初温确定系数取 100，退温系数取 0.9，进化代数取 100，交叉概率取 0.7，变异概率取 0.01，邻域解扰动位数取 5。连续执行算法 50 次，经计算后确定选中 10 次以上的波长变量（43 个）作为 CARS1 – GSA 优选的氨氮特征波长。CARS1 – GSA 氨氮特征波长优选结果与预处理后的平均光谱对比如图 5 –8 所示。

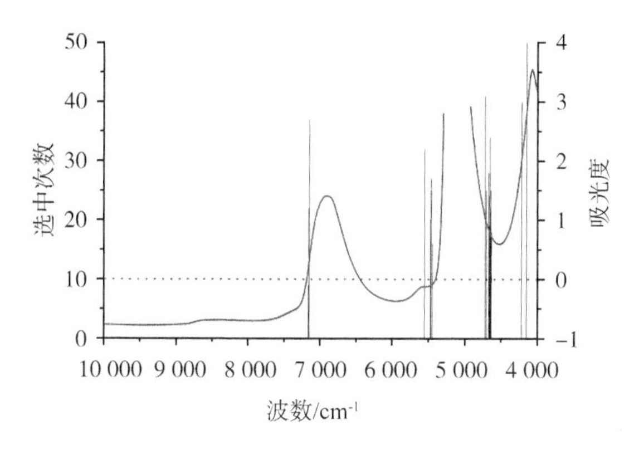

图 5 –8 CARS1 – GSA 优选特征波长

在采用 GSA 对 CARS500 优选结果进行二次优化时，CARS500 – GSA 的码长为 152，邻域解扰动位数取 10，其他参数与 CARS1 – GSA 一致。连续执行算法 50 次，经计算后确定选中 19 次以上的波长变量（130 个）作为 CARS500 – GSA 优选的氨氮特征波长。CARS500 – GSA 优选特征波长与 CARS1 – GSA 优选结果同样具有一致性。CARS500 – GSA 氨氮特征波长优选结果与预处理后的平均光谱对比如图 5 –9 所示。

CARS、CARS1 – GSA、CARS500 和 CARS500 – GSA 氨氮特征波长优选结果如图 5 – 10 如所示。由图 5 – 10 可知，发酵液氨氮特征波长大部分位于 8 000 cm^{-1} 以下的中低频区域，其中四种特征波长选择方法优选的特征波长在波数 7 073 ~ 7 227 cm^{-1}、5 299 ~

5 685 cm^{-1}、4 528 ~ 4 759 cm^{-1}和 4 000 ~ 4 296 cm^{-1}分布的重合特征波长变量最多，这四部分刚好对应着光谱数据中吸收峰较强、分辨率较好的区域。其中波数 7 073 ~ 7 227 cm^{-1}包含的波长变量对应着 N－H 基团的一级倍频，波数 5 299 ~ 5 685 cm^{-1}包含的波长变量对应着N－H基团一倍频、弯曲组合频和不对称一倍频，波数 4 528 ~ 4 759 cm^{-1}包含的波长变量对应着 N－H 基团的组合频、对称一倍频和弯曲二倍频，波数 4 000 ~ 4 296 cm^{-1}包含的波长变量对应着 C－N－C 基团的一倍频。通过分析氨氮发酵液特征波长可知，CARS500－GSA 与 CARS500 优选特征波长结果具有很好的一致性，CARS500－GSA 只是剔除掉 CARS500 优选特征波长中选中次数较少的相关性较差的波长变量。

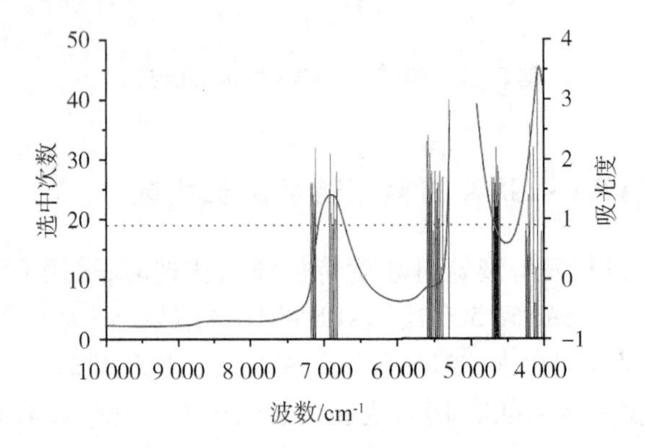

图 5－9　CARS500－GSA 优选特征波长

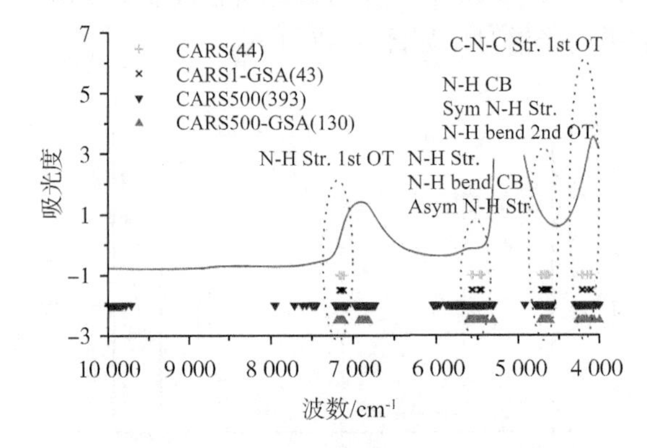

图 5－10　多种算法优选特征波长对比图

5.4　回归模型评价与分析

为评测 CARS 和 CARS－GSA 特征波长优选算法的性能，以单次 CARS、CARS1－GSA、CARS500 和 CARS500－GSA 优选的氨氮特征波长变量作为 PLS 回归模型的输入，建立发酵液氨氮浓度定量分析模型，并与剔除平顶峰区域的 Full－PLS 及 GA 算法对单次 CARS 优选结果（记为 CARS1－GA）和 CARS500 优选后结果（记为 CARS500－GA）进行特征波长二次优选的结果进行对比，并引入独立测试集的决定系数 R_{ip}^2、测试均方根误差（root mean squared error of test set，RMSET）和测试相对分析误差（residual predictive deviation of test set，RPDT）结合其他指标对模型性能进行评价，其结果如表 5－3 所示。

表 5-3 氨氮 PLS 回归模型评价指标

方法	波长个数	R_c^2	R_p^2	R_{ip}^2	RMSEC /(mg·L⁻¹)	RMSEP /(mg·L⁻¹)	RMSET /(mg·L⁻¹)	RPD	RPDT	PCs
Full-PLS	1 462	0.984	0.988	0.985	26.043	13.565	26.026	8.938	8.054	10
CARS	44	0.990	0.988	0.984	20.858	13.137	25.930	9.230	8.083	11
CARS1-GA	41	0.990	0.988	0.984	20.767	13.285	25.797	9.127	8.125	12
CARS1-GSA	43	0.990	0.988	0.984	20.848	13.107	25.977	9.251	8.069	11
CARS500	152	0.990	0.989	0.989	20.484	12.428	22.176	9.756	9.452	14
CARS500-GA	132	0.991	0.990	0.988	19.807	12.208	22.755	9.932	9.212	14
CARS500-GSA	130	0.991	0.990	0.988	19.980	11.995	22.779	10.109	9.202	14

由表 5-3 可知,各种特征波长优选方法建立的氨氮回归模型的 R_c^2、R_p^2 和 R_{ip}^2 都大于 9.84,RPD 都大于 9.12,RPDT 都大于 8.06,说明建模非常成功,且都优于 Full-PLS 模型性能。各模型独立测试集的回归性能低于验证集,且 RMSET 都远大于 RMSEP。主要原因在于,样本划分过程中,基于 RS 法的选择结果构建独立测试集,使用 KS 法构建建模校正集和验证集。采用 RS 法和 KS 法相结合的方式进行样本集划分,导致校正集、验证集和独立测试集在整个样本空间中分布不均匀,验证集的标准偏差远小于校正集和独立测试集。

在各种发酵液氨氮浓度特征波长优选方法中,使用 CARS500-GSA 优选特征波长建立回归模型的 RMSEP 最低,使用 CARS500 优选特征波长建立回归模型的 RMSET 最低。由 CARS500-GSA 模型的验证集和独立测试集性能指标对比可知,虽然独立测试集的 RMSET 略大,但验证集的 R_p^2 和独立测试集的 R_{ip}^2 都大于 0.98,且 RPD 和 RPDT 都大于 9.20,证明了 CARS500-GSA 方法在进行发酵液氨氮浓度特征波长优选方面具有很好的性能,所建模型具有良好的鲁棒性和扩展性。

由 CARS 和 CARS500 的回归模型性能对比可知,单次 CARS 算法可以提取相关性高的特征波长,能够显著减少建模特征波长数量,并提高建模性能。单次 CARS 优选的 44 个特征波长变量仅占全谱建模波长变量个数的 3.01%,其 RMSEP 与全谱建模相比减少了 3.15%。CARS500 基于多次 CARS 的特征波长优选结果,提取相关性更高的重复选中波长变量作为特征波长变量,建模性能与单次 CARS 算法相比有一定提升。CARS500 优选的 152 个特征波长变量占全谱建模波长变量个数的 10.40%,其 RMSEP 与全谱建模相比减少了 8.38%。

使用 GSA 对单次 CARS 和 500 次 CARS 优选结果进行二次优化时发现,GSA 只剔除了单次 CARS 优选波长变量中的 1 个冗余波长变量,占单次 CARS 优选结果的 2.27%,CARS1-GSA 模型的 RMSEP 相对单次 CARS 降低了 0.23%,CARS1-GSA 模型其他评价指标与单次 CARS 基本持平。GSA 剔除了 CARS500 优选波长变量中的 22 个冗余波长变量,占 CARS500 优选结果的 14.47%;CARS500-GSA 模型的 RMSEP 相对于 CARS500 降低了 3.49%,CARS500-GSA 模型的独立测试集回归性能比 CARS500 模型略差,但其他指标均强于 CARS500 模型。说明当 GSA 算法在待优化目标波长变量个数较多的情况下(冗余波长变量相对较多),优化性能更好。在使用 GA 算法对 CARS500 进行优化过程时结果与 GSA 相似,但 GA 算法由于自身早熟收敛的问题,其优选结果的建模性能明显弱于 GSA 算法。在使用 GA 算法对单次 CARS 优选结果进行再优化时，CARS1 - GA 优选结果的建模性能 R_c^2 、R_{ip}^2 、RMSEC、RMSET 和 RPDT 指标强于单次 CARS 算法，验证集的 R_p^2 、RMSEP、RPD 指标均弱于单次 CARS 算法。

为了评测 CARS500 - GSA 优选氨氮特征波长的建模性能和适用性，以全谱、单次 CARS、CARS500、CARS500 - GSA 优选特征波长为输入，建立 PCA - SVM 回归模型，并对校正集和验证集的性能进行评价。在使用 GSA 优化 PCA - SVM 模型参数 C 、γ 和 ε 时，算法参数与建立纤维素模型时一致。不同波长优选方式下建立的 PCA - SVM 回归模型参数优化结果及评价指标如表 5 - 4 所示。

表 5 - 4　氨氮 PCA - SVM 回归模型评价指标

方法	波长个数	C	γ	ε	R_c^2	R_p^2	RMSEC /(mg · L^{-1})	RMSEP /(mg · L^{-1})	RPD	PCs
Full	1 462	98.882	0.003	0.058	0.990	0.984	21.694	16.437	7.377	10
CARS	44	94.893	0.007	0.024	0.992	0.989	18.460	13.441	9.021	11
CARS500	152	34.126	0.005	0.021	0.990	0.987	21.175	14.641	8.282	14
CARS500 - GSA	130	73.408	0.003	0.035	0.992	0.986	18.487	14.753	8.219	14

由表 5 - 4 可知，全谱及各种波长优选方式下建立的氨氮 PCA - SVM 回归模型的性能都低于相应的 PLS 回归模型，说明在建立氨氮透射光谱回归校正模型过程中，PCA - SVM 难以发挥其降维和泛化方面的优势，无法建立满足实际检测需求的氨氮回归模型。该结果与使用 PCA - SVM 建立 VFA 相关回归模型时的结果一致。

为了比较 PLS 和 PCA - SVM 的建模性能，绘制 CARS500 - GSA 优选特征波长建立的氨氮 PLS 回归模型（记为 PLS_CARS - GSA）和 CARS 优选特征波长建立的 PCA - SVM 回归模型（记为 PCA - SVM_CARS）预测性能的雷达图，如图 5 - 11 所示。

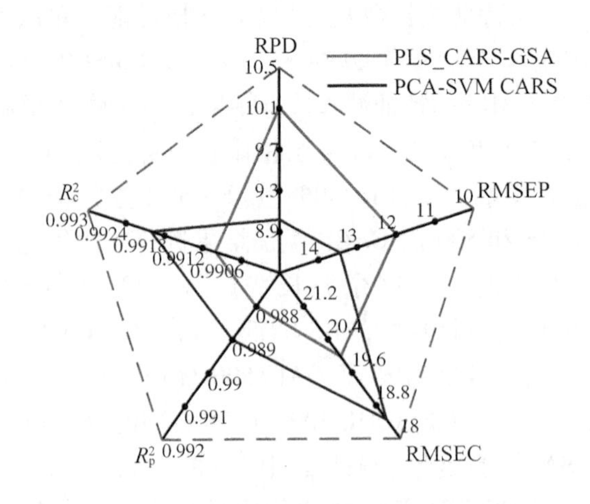

图 5 - 11　不同氨氮回归模型雷达图

由图 5 - 11、表 5 - 3 和表 5 - 4 可知，CARS500 - GSA 优选氨氮特征波长建立的 PLS 回

归模型的预测性能优于其他特征波长优选方法建立的 PLS 和 PCA－SVM 回归模型。因此，采用 CARS500－GSA 作为发酵液氨氮浓度的波长优选方案，以优选后的特征波长建立 PLS 回归模型并进行性能评测，其结果如图 5－12 所示。

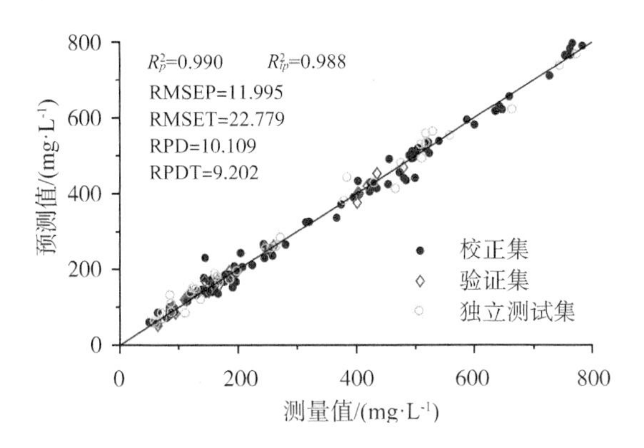

图 5－12　氨氮实测值与预测值分布

由图 5－12 可知，氨氮的实测值与预测值点基本呈对角线分布，且氨氮浓度主要分布于[50 300]和[400 500]两个区间，采用 KS 法选择的验证集样本也主要分布于上述两个区间，而基于 RS 法构建的独立测试集样本分布的更加广泛，其随机特性更加明显，独立测试集的回归性能充分体现了模型的鲁棒性。CARS500－GSA 回归模型 R_p^2 为 0.990，R_{ip}^2 为 0.988，RMSEP 为 11.995，RMSET 为 22.779，RPD 为 10.109，RPDT 为 9.202。基于 CARS500－GSA 特征波长优选方法建立的氨氮回归模型能够满足厌氧发酵过程中对发酵液氨氮浓度的快速检测需求。

5.5　本章小结

本章探讨了 NIRS 结合化学计量学方法进行发酵液氨氮浓度快速检测的可行性。为提高 NIRS 回归模型的检测精度和效率，应用 CARS 对氨氮特征波长进行优选，比较了单次 CARS 和 500 次 CARS 的优选性能，使用 GSA 算法对单次 CARS 和 500 次 CARS 优选的特征波长进行了二次优化，并对比了相应 PLS 和 PCA－SVM 回归模型的性能，得到了满足检测需求的有效特征波长变量，为应用 NIRS 实现发酵液氨氮浓度在线快速检测提供理论支持。具体结论如下：

(1)CARS 在发酵液氨氮浓度 NIRS 特征波长优选方面具有良好的性能，使用单次 CARS 可以有效剔除不相关和共线性的冗余波长变量，其优选的特征波长变量个数为 44，占全谱波长变量的 3.01%，在提高 PLS 回归模型检测精度的同时能够显著提高模型计算效率。多次执行 CARS 并选取重复选中的波长变量作为特征波长的方式能够实现建模精度和效率的统一，500 次 CARS 优选的氨氮特征波长变量为 152，但其所建 PLS 回归模型的 RMSEP 比单次 CARS 建模减少了 5.40%。

(2)CARS－GSA 采用 GSA 对单次或多次 CARS 优选的特征波长进行二次优化，能够有效去除冗余波长变量，提高 PLS 回归模型的建模精度和效率。但 GSA 对多次 CARS 优选结果的二次优化效果要好于对单次 CARS 优选结果的优化，说明在待优化目标波长变量个数较多时,相关性较弱的冗余波长变量相对也较多,GSA 算法的全局优化能力更能得到有效发挥。

(3)CARS500 - GSA 优选氨氮特征波长建立的 PLS 回归模型的检测性能最佳，R_p^2 为 0.990，R_{ip}^2 为 0.988，RMSEP 为 11.995，RMSET 为 22.779，RPD 为 10.109，RPDT 为 9.202，能够满足厌氧发酵过程中对氨氮浓度的快速检测需求。

6　基于近红外光谱的挥发性脂肪酸含量快速检测

VFA 是厌氧发酵过程的重要中间产物,其为产甲烷阶段提供了底物。产甲烷菌主要利用 VFA 形成甲烷,只有少部分甲烷由二氧化碳和氢气生成,但二氧化碳和氢气生成甲烷时也经过高分子有机物形成 VFA 的中间过程。VFA 在厌氧反应器中的积累能反映出产甲烷菌的不活跃状态或反应器发酵条件的恶化,较高的 VFA(例如乙酸)浓度对产甲烷菌有抑制作用,过高的 VFA 浓度甚至会导致厌氧发酵发生“酸败”。在反应器运行过程中,发酵液的 VFA 浓度常用作厌氧发酵过程的重要监控指标。通过监测发酵液中 VFA 的变化情况,可以很好地了解有机物的降解过程以及产甲烷菌的活性和厌氧发酵系统的运行情况。

NIRS 作为以一种简便、快捷、无损、低成本和多组分同步检测的新型分析技术,已开始应用于厌氧发酵过程的在线监测,实现对发酵液 VFA 浓度的快速检测。为了监控以玉米秸秆、牛粪、猪粪为原料的厌氧发酵过程中 VFA 的浓度变化,本章提出采用 NIRS 结合化学计量学方法构建快速检测模型用于发酵液 VFA 浓度的快速检测,应用 CARS - GSA 算法进行乙酸、丙酸和总酸的特征波长优选,构建相应的 PLS 和 PCA - SVM 回归校正模型,有效实现厌氧发酵过程中发酵液乙酸、丙酸和总酸浓度的快速检测。

6.1　实验设计

1. 厌氧发酵液样品制备

将采集的玉米秸秆自然风干后一部分经铡草机切成 10 mm 的秸秆段备用,另一部分经锤片式粉碎机(10 mm 筛网)粉碎成秸秆粉备用。分别以秸秆段、秸秆粉、牛粪、猪粪、秸秆粉猪粪混合物(按 TS 比 1∶1)为厌氧发酵原料,以实验室 500 L 发酵罐内常年驯化正常产气的厌氧发酵液为接种物(以玉米秸秆和牛粪为底物),进行批式厌氧发酵试验。秸秆、牛粪、猪粪和接种物的 TS 浓度分别为 86.02%,26.62%,31.22% 和 4.76%,按 TS 接种比 1∶1,调整厌氧发酵原料和接种物添加量,使五种原料对应的发酵系统起始 TS 浓度分别为 7%,6%,8%,7% 和 7%。在中温(36 ± 1)℃恒温水浴槽中,分别采用 5 L 和 10 L 下口瓶作为反应器,进行两个批次的厌氧发酵试验,有效发酵容积分别为 3.5 L 和 7 L。试验过程中每天定时对厌氧发酵反应器进行手摇搅拌 2 次,混匀料液的同时避免浮渣结壳。为了获取有代表性的 VFA 浓度数据样本,采集发酵液样品主要在批式厌氧发酵前半程进行。5 L 发酵罐从装样后第二天开始,每天 8∶00 采集发酵液样品 40 mL 存放于 3 个 15 mL 离心管中,共计采样 16 次。为防止料液 TS 浓度变高,对厌氧发酵过程产生不良影响,于第 8 天补水 300 mL。10 L 发酵罐从装样后第二天开始采样,共计采样 15 次,不需补水;共计采集与制备发酵液样品 155 个,于零下 20℃冰箱冷冻保存。

2. 发酵液光谱数据采集

发酵液冷冻样品溶解后在冷冻离心机中以 12 000 r/min 离心 10 min 后,取上清液待测。使用 Thermo Fisher 公司的 Antaris Ⅱ型傅里叶近红外光谱仪对采集样品进行透射光谱扫描，光谱采集范围 4 000 ~ 10 000 cm^{-1}（1 000 ~ 2 500 nm），原始光谱的波长变量为 1 557 个。

3. 发酵液挥发性脂肪酸含量测定

使用安捷伦 GC－6890N 气相色谱仪测定厌氧发酵过程中沼液的 VFA 浓度。采用外标法建立 VFA 标准曲线后，对溶解、离心并采集透射光谱数据后的厌氧发酵液样品上清液进行 VFA 含量测定。将其与 25% 偏磷酸溶液按体积比 10∶1 进行混合，然后再以 12 000 r/min离心 10 min 后取上清液，将上清液使用0.45 μm 超滤膜过滤，取滤液进行 VFA 浓度测定。

4. 建模及评价方法

在建立发酵液 VFA 快速检测模型时，先去掉 NIRS 数据中吸光度值较大的平顶峰区域的波长变量，以消除水中羟基对光谱测量结果的影响，再分别以乙酸、丙酸和总酸浓度为待测目标属性，进行光谱预处理方法优选。在进行光谱预处理方法优选时，先使用 SG 平滑、MSC、SNV、FD 和 SD 及其多种方法相结合进行光谱预处理，基于 PLS 回归模型的 RMSECV 确定乙酸、丙酸和总酸光谱数据所采用的最佳预处理方法；再使用 KS 和 SPXY 将预处理后的光谱数据按一定比例划分为校正集和样本集，并建立全谱下的 PLS 回归模型并计算模型性能，基于验证集的 MREP 最小确定乙酸、丙酸和总酸回归模型采用的样本集划分方法。然后，再采用 CARS－GSA 对沼液 VFA 进行特征波长优选，并基于 MCCV 的 PRESS 最小确定特征波长对应的最佳 PCs 个数，进而分别建立乙酸、丙酸和总酸对应的 PLS 回归校正模型。最后，采用 R_c^2、R_p^2、RMSEC、RMSEP 和 RPD 对校正模型的性能进行评价。

6.2 数据处理与分析

在采用安捷伦 GC－6890N 气相色谱仪测定 155 个发酵液样本的 VFA 浓度时，得到 81 个乙酸浓度有效数据，78 个丙酸浓度有效数据和 87 个总酸浓度有效数据（总酸浓度为乙酸、丙酸、丁酸、异丁酸和异戊酸浓度之和）。对获得的 VFA 样本有效浓度数据进行 Kolmogorov－Smirnov 检验发现，乙酸数据不服从正态分布，丙酸和总酸数据服从正态分布。对获得的 VFA 样本有效浓度数据进行四分位数分析，并绘制箱线图。VFA 样本浓度统计直方图和箱线图如图 6－1 所示。

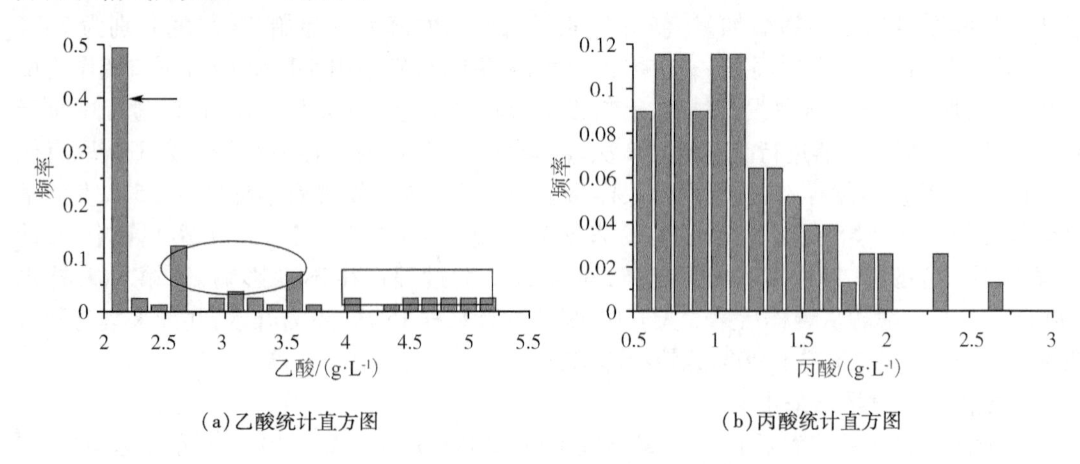

(a) 乙酸统计直方图　　(b) 丙酸统计直方图

图 6－1　样品 VFA 数据统计

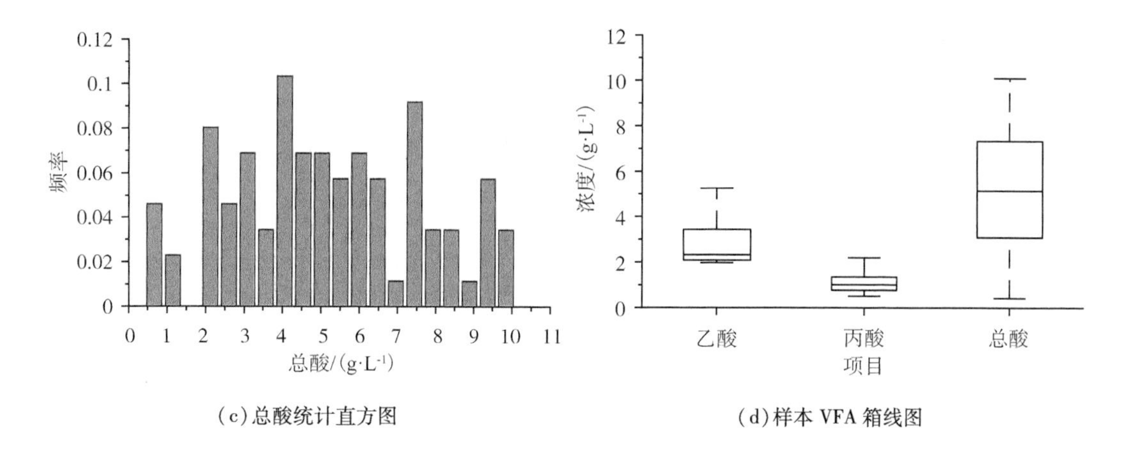

(c)总酸统计直方图

(d)样本 VFA 箱线图

图 6-1(续)

由图 6-1 可知,乙酸样本在低浓度区域占比较大,丙酸样本略微偏向低浓度区域,总酸样本分布比较均匀。乙酸样本偏离严重,且不服从正态分布的主要原因是由厌氧发酵底物类型、发酵系统 TS 浓度和厌氧发酵所处的不同阶段决定的。在厌氧发酵产乙酸、产甲烷平衡期产甲烷菌能够及时将生成的乙酸转化为甲烷和二氧化碳,进而使平衡期阶段(在整个发酵周期中时间占比较大)的乙酸浓度偏低。图 6-1(a)中矩形框区域对应发酵底物为秸秆段,TS 浓度为 7% 的厌氧发酵实验初期采集的发酵液样本数据。该阶段秸秆中的碳水化合物能够经水解酸化和产氢产乙酸快速转化生成乙酸,且产乙酸菌的产酸速度高于产甲烷菌利用乙酸生成甲烷的速度,进而引起乙酸累积,乙酸浓度较高;此后,因乙酸的累积,产乙酸菌的活性受到抑制,产甲烷菌的活性得到增强,进入产甲烷量快速增长阶段,此时产甲烷菌消耗乙酸的速度大于产乙酸菌的产乙酸速度,乙酸浓度得到下降,此时采集的厌氧发酵液乙酸浓度数据将位于椭圆形框标识区域。图 6-1(a)中椭圆形框还对应着发酵底物为秸秆粉、牛粪、猪粪及秸秆粉猪粪混合物的发酵初期阶段,秸秆粉作为底物的 TS 浓度较低,牛粪和猪粪中易水解的碳水化合物含量较低,因此厌氧发酵初期的乙酸累积程度不大。图 6-1(a)中箭头标识区域对应着厌氧发酵的产乙酸、产甲烷平衡状态,包含 40 个样本,约占 81 个有效乙酸样本数据的 50%,说明厌氧发酵平衡状态的厌氧发酵液样品在整个发酵过程中的比重很大。而该部分样品的存在恰恰是乙酸浓度数据不符合正态分布的原因。

为消除光谱区域中平顶峰对建模结果的影响,先剔除原始光谱数据中波数区间为 4 933.02 ~ 5 295.57 cm^{-1} 的 95 个波长变量,剩余 1 462 个有效波长变量。采用此 1 462 个波长变量建立乙酸、丙酸和总酸回归模型,并对不同光谱预处理方法和样本集划分方法下的回归模型性能进行评测。经计算比较后确定乙酸浓度预测模型采用的光谱预处理方法为 MSC + SG,丙酸浓度预测模型采用的光谱预处理方法为 SG + MSC,总酸浓度预测模型采用的光谱预处理方法为 FD + SNV + SG。样品原始光谱及预处理后的乙酸、丙酸和总酸光谱数据如图 6-2 所示。

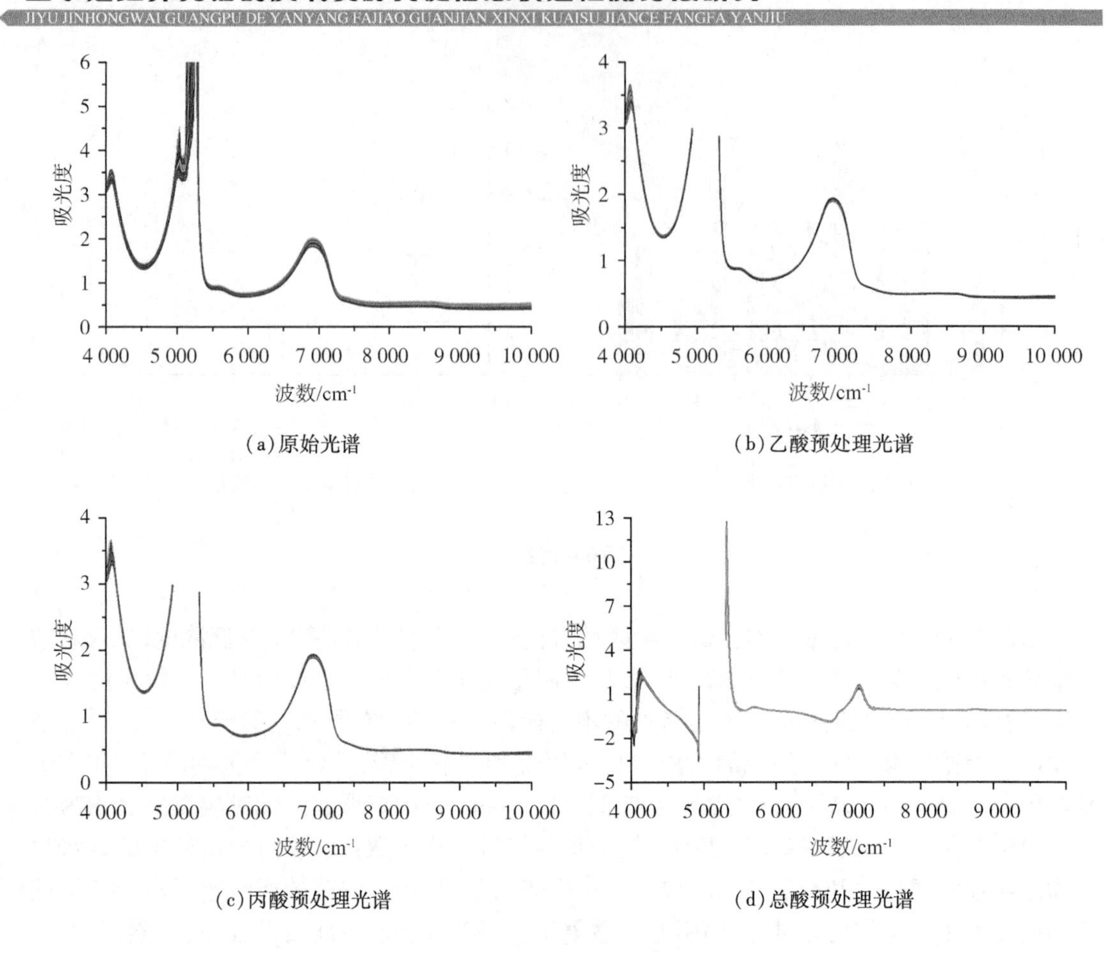

图 6-2　样品光谱数据

对 81 个乙酸样品的原始光谱依次进行 MSC 和 SG 平滑处理后，使用 SPXY 法进行样本划分，得到 60 个乙酸校正集样本和 21 个乙酸验证集样本；对 78 个丙酸样品的原始光谱数据依次进行 SG 平滑和 MSC 处理后，使用 SPXY 法划分样本集，得到 60 个丙酸校正集样本和 18 个丙酸验证集样本；对 87 个总酸样品的原始光谱数据依次进行 FD、SNV 和 SG 平滑处理后，使用 SPXY 法划分样本集，得到 70 个总酸校正集样本和 17 个总酸验证集样本。乙酸、丙酸和总酸浓度值如表 6-1 所示。乙酸、丙酸和总酸校正集的变异系数分别为 31.86，40.87 和 47.43，乙酸、丙酸和总酸验证集的变异系数分别为 40.21，39.76 和 53.01，较大的变异系数有利于建立高鲁棒性的回归校正模型。

表 6-1　样品 VFA 浓度

样本	成分	样本数	平均值 /$(g \cdot L^{-1})$	最大值 /$(g \cdot L^{-1})$	最小值 /$(g \cdot L^{-1})$	标准偏差 /$(g \cdot L^{-1})$	变异系数 /%
校正集	乙酸	60	2.86	5.24	2.05	0.91	31.86
	丙酸	60	1.13	2.71	0.51	0.46	40.87
	总酸	70	5.25	10.10	0.42	2.49	47.43

表 6-1(续)

样本	成分	样本数	平均值 /($g \cdot L^{-1}$)	最大值 /($g \cdot L^{-1}$)	最小值 /($g \cdot L^{-1}$)	标准偏差 /($g \cdot L^{-1}$)	变异系数 /%
验证集	乙酸	21	2.68	5.23	2.07	1.08	40.21
	丙酸	18	1.11	2.34	0.52	0.44	39.76
	总酸	17	4.78	10.09	1.05	2.53	53.01

对预处理后的乙酸 NIRS 进行 PCA 计算，第一、第二和第三 PCs 的贡献率分别为 87.11%，7.66% 和 3.83%，前 3 个 PCs 的累积贡献率达 98.60%。乙酸校正集和验证集的三维 PCs 空间分布情况如图 6-3 所示。

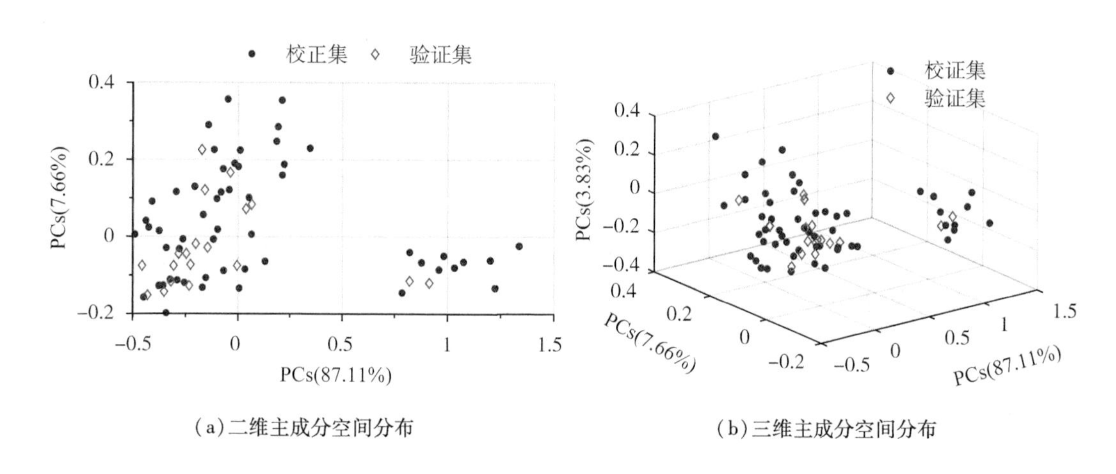

(a) 二维主成分空间分布　　(b) 三维主成分空间分布

图 6-3　乙酸样本主成分空间分布

对预处理后的丙酸 NIRS 进行 PCA 计算，第一、第二和第三 PCs 的贡献率分别为 86.65%，7.96% 和 4.05%，前 3 个 PCs 的累积贡献率达 98.66%。丙酸回归模型校正集和验证集的三维 PCs 空间分布情况如图 6-4 所示。

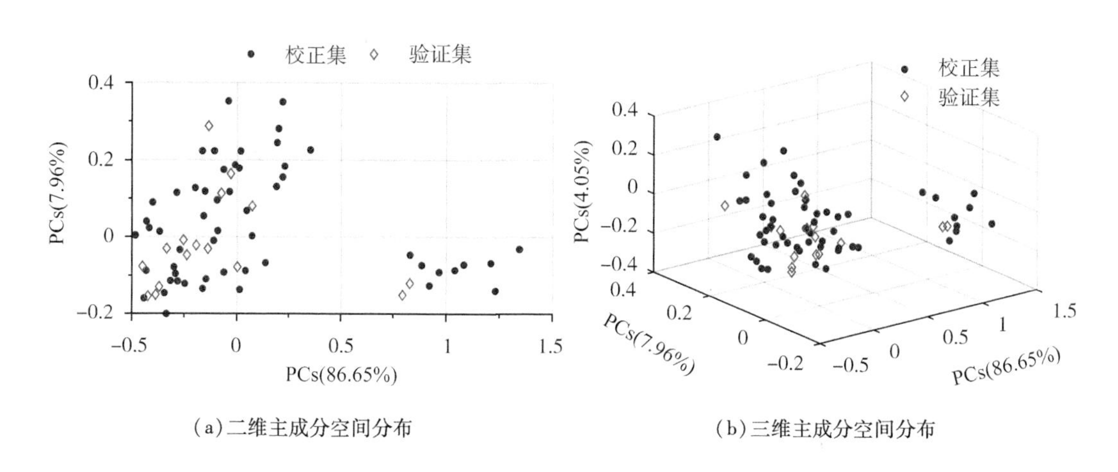

(a) 二维主成分空间分布　　(b) 三维主成分空间分布

图 6-4　丙酸样本主成分空间分布

对预处理后的总酸 NIRS 进行 PCA 计算，第一、第二和第三 PCs 的贡献率分别为 73.55%，19.48%和3.65%，前3个PCs的累积贡献率达96.68%。总酸回归模型校正集和验证集的PCs空间分布情况如图6－5所示。

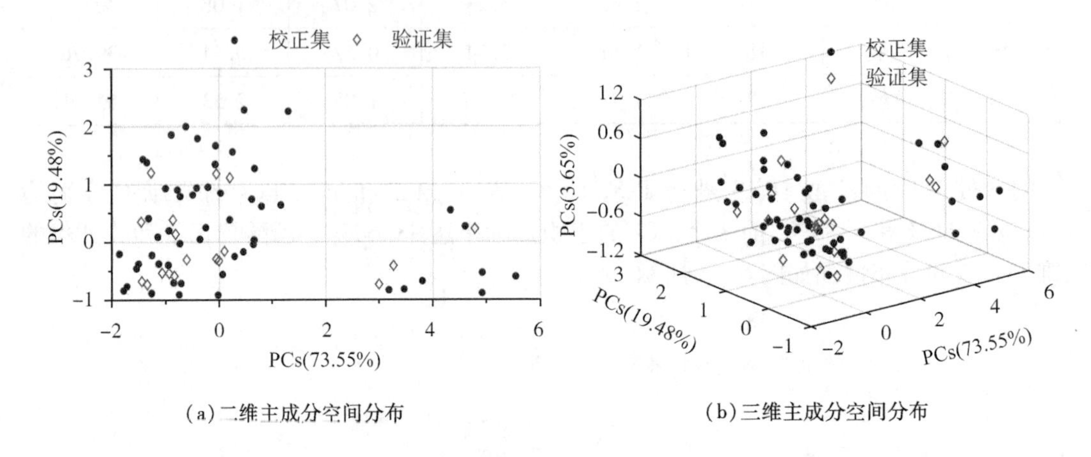

(a)二维主成分空间分布　　(b)三维主成分空间分布

图6－5　总酸样本主成分空间分布

由表6－1、图6－3、图6－4和图6－5可知，校正集样本乙酸、丙酸和总酸浓度值基本涵盖了对应的验证集，且校正集和验证集样本在PCs空间上分布比较均匀，可以使用相应的样本划分方法进行NIRS分析。

6.3　挥发性脂肪酸特征波长优选

6.3.1　基于CARS－GSA的乙酸特征波长优选

在使用 CARS 优选乙酸回归模型特征波长时，以执行 500 轮次 CARS 算法（记为 CARS500）的优选结果作为特征波长。执行500次CARS算法共得到乙酸特征波长变量383个，选中次数最多的特征波长变量波数为4 416.19 cm^{-1}，对应着乙酸—CH_3 基团的组合频，选中次数为457次。选中次数较多的特征波长变量主要分布在4 000～4 600 cm^{-1}、4 750～4 930 cm^{-1}、5 300～5 500 cm^{-1}、5 750～6 050 cm^{-1}、6 750～7 100 cm^{-1}和7 500～7 800 cm^{-1}区域。其中4 000～4 600 cm^{-1}对应着乙酸—CH_3 基团的组合频，4 750～4 930 cm^{-1}对应着C＝O和—OH基团的组合频，5 300～5 500 cm^{-1}对应着－COOH基团的一级倍频，5 750～6 050 cm^{-1}对应着—CH_3 基团的一级倍频，6 750～7 100 cm^{-1}对应着C＝O和—OH基团的二级倍频，7 500～7 800 cm^{-1}对应着—CH_3 基团的二级倍频。运行500次CARS算法优选的乙酸特征波长结果如图6－6所示。

为分析不同重复选中次数下，CARS500 优选特征波长的建模性能，建立 RMSECV、RMSEP和波长变量个数随重复选中次数的变化关系，如图6－7所示。由图6－7可知，RMSECV 随着选中波长变量个数的减少整体上呈先迅速减少、再波浪状向前、最后跳跃式快速上升的形式，其中波长变量个数为120时，RMSECV 得到最小值0.163，对应重复选中次数为39次。RMSEP随选中波长变量个数减少整体呈锯齿形变化并逐渐增加的形式，其中重复选中次数为30、选中波长变量个数为142时,所建PLS回归模型的RMSEP获得最小值为0.116。采用RMSEP最小时对应的142个波长变量作为CARS500优选的乙酸特征波长。

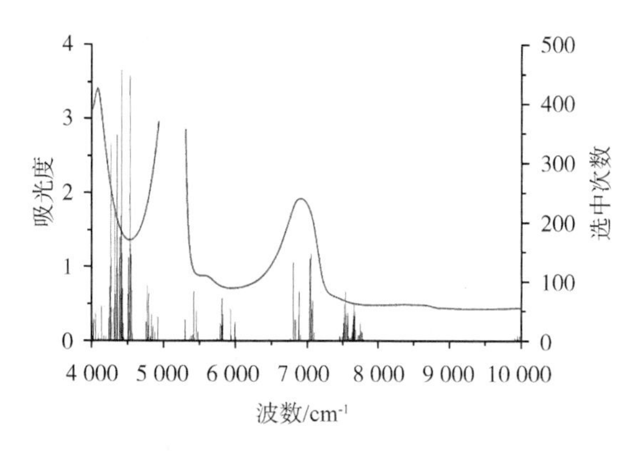

图6-6 500次CARS优选乙酸特征波长

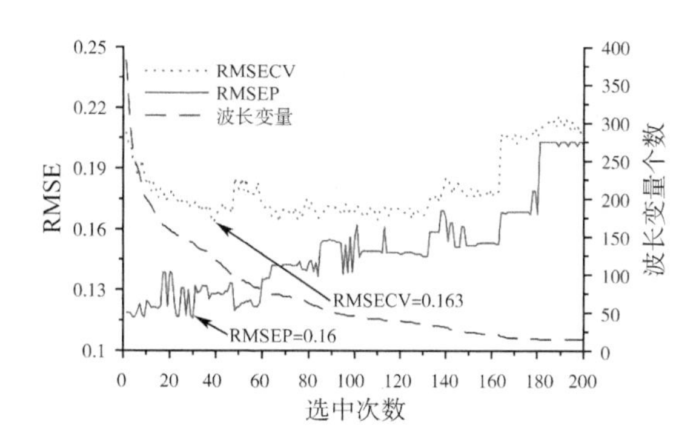

图6-7 RMSE、波长变量个数和重复选中次数间的关系

在使用CARS-GSA优选发酵液乙酸浓度特征波长时,以CARS500优选的142个波长变量为码长随机生成50个染色体构建初始种群,并执行GSA算法进行特征波长变量二次优选。GSA算法的初温确定系数取100,退温系数取0.9,进化代数取100,交叉概率取0.7,变异概率取0.01,邻域解扰动位数取10。连续执行算法50次,经计算后确定选中10次以上的波长变量(135个)作为CARS-GSA优选的乙酸特征波长。CARS-GSA乙酸特征波长优选结果与预处理后的平均光谱对比如图6-8所示。

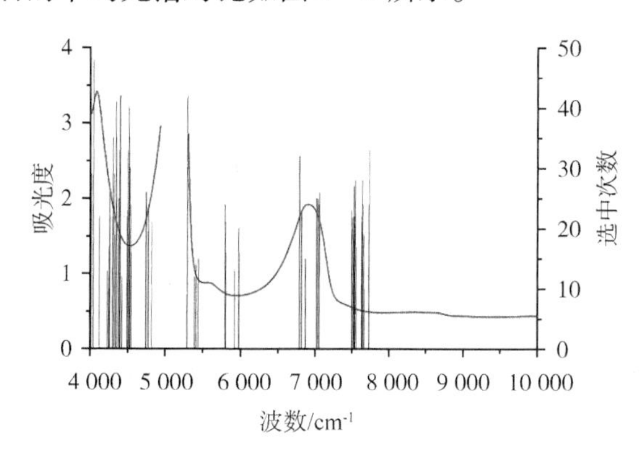

图6-8 CARS-GSA优选乙酸特征波长

由图 6-8 可知，CARS-GSA 优选的乙酸特征波长中选中 35 次以上的波长变量共计 14 个。其中，波数 4 057.49 cm^{-1}、4 319.77 cm^{-1}、4 354.48 cm^{-1}、4 358.33 cm^{-1}、4 362.19 cm^{-1}、4 366.05 cm^{-1}、4 408.48 cm^{-1}、4 412.33 cm^{-1}、4 416.19 cm^{-1}、4 420.05 cm^{-1}、4 531.90 cm^{-1} 和 4 539.61 cm^{-1} 对应着—CH_3 基团的组合频，波数 4 925.30 cm^{-1}对应着C ═O基团的组合频，波数 5 311.00 cm^{-1}对应着—COOH 基团的一级倍频。波数 4 057.49 cm^{-1}、4 319.77 cm^{-1}、4 354.48 cm^{-1}、4 358.33 cm^{-1}、4 362.19 cm^{-1}、4 366.05 cm^{-1}、4 408.48 cm^{-1}、4 412.33 cm^{-1}、4 416.19 cm^{-1}、4 420.05 cm^{-1}、4 531.90 cm^{-1}和 4 539.61 cm^{-1}对应着—CH_3 基团的组合频，波数 4 925.30 cm^{-1}对应着 C ═O 基团的组合频，波数5 311.00 cm^{-1}对应着—COOH 基团的一级倍频。

为分析 CARS-GSA 优选特征波长的建模性能，建立 RMSECV、RMSEP 与波长变量个数间的对应关系，如图 6-9 所示。由图 6-9 可知，RMSECV 和 RMSEP 随选中波长变量个数增加整体上呈先迅速减少、再趋于平缓、最后略有上升的趋势，但 RMSECV 的最小值要早于 RMSEP 出现。RMSECV 最小值对应的波长变量个数为 54、重复选中次数为 26，RMSEP 最小值对应的波长变量个数为 135、重复选中次数为 10，说明仅以 RMSECV 最小确定特征波长的方式容易导致回归模型产生过拟合的问题。因此，选择 RMSEP 最小时对应的 135 个选中波长变量作为 CARS-GSA 优选的乙酸特征波长。由图 6-7 和图 6-9 中 RMSECV 和 RMSEP 最小值的对比可知，CARS-GSA 优选特征波长的建模性能优于 CARS-500 的建模性能。

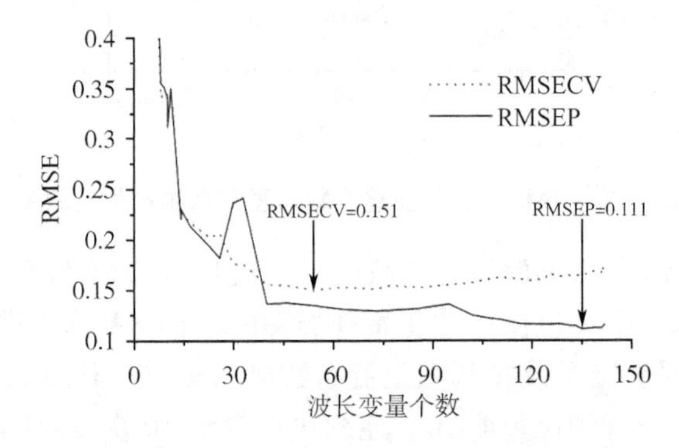

图 6-9　RMSE 与波长变量个数间的关系

6.3.2　基于 CARS-GSA 的丙酸特征波长优选

在使用 CARS 优选丙酸回归模型特征波长时，同样采用执行 500 轮次 CARS 算法的优选结果作为特征波长。执行 500 次 CARS 算法共得到丙酸特征波长变量 259 个，选中次数最多的特征波长变量波数为 4 346.76 cm^{-1}，对应着丙酸—CH_2、—CH_3 基团的组合频，选中次数为 480 次。选中次数较多的特征波长变量主要分布在 4 065.21 ~ 4 528.04 cm^{-1}、4 605.18 ~ 4 913.73 cm^{-1}、5 299.43 ~ 5 376.57 cm^{-1}、5 607.98 ~ 5 762.26 cm^{-1} 和 6 842.20 ~ 7 073.62 cm^{-1}区域。其中波数 4 065.21 ~ 4 528.04 cm^{-1}包含的波长变量对应着丙酸—CH_2和—CH_3 基团的组合频，波数 4 605.18 ~ 4 913.73 cm^{-1}包含的波长变量对应着丙酸 C ═O 和 C—C 基团的组合频，波数 5 299.43 ~ 5 376.57 cm^{-1}包含的波长变量对应着

丙酸—COOH 基团的一级倍频，波数 5 607.98 ~5 762.26 cm^{-1}包含的波长变量对应着丙酸—CH_2 和—CH_3 基团的一级倍频低频区域，波数 6 842.20 ~7 073.62 cm^{-1}包含的波长变量对应着丙酸—CH_2 和—CH_3 基团的二级倍频低频区域，其中—CH_2 和—CH_3 基团组合频区域选中次数最多。经计算比较后发现，重复选中次数取 9，选中特征波长变量个数为 122 时，CARS 优选特征波长建模性能最好。运行 500 次 CARS 算法优选的丙酸特征波长结果如图 6 –10 所示。

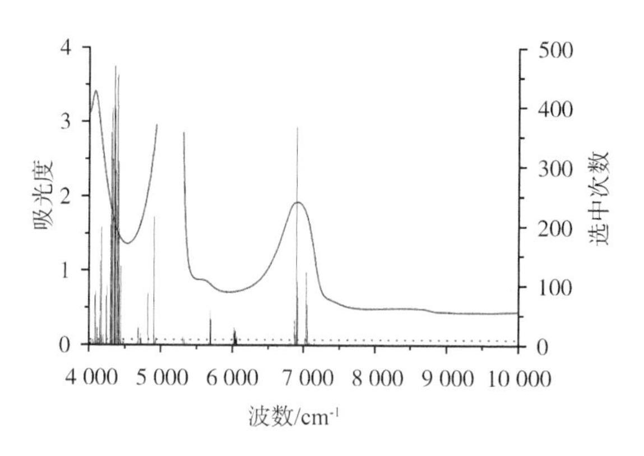

图 6 –10　500 次 CARS 优选丙酸特征波长

在使用 CARS – GSA 优选发酵液丙酸浓度特征波长时，以 CARS500 优选的 122 个波长变量为码长随机生成 40 个染色体构建初始种群，邻域解扰动位数取 8，其他参数与使用 CARS – GSA 进行乙酸特征波长优选一致。连续执行算法 50 次，经计算后确定选中 7 次以上的波长变量（101 个）作为 CARS – GSA 优选的丙酸特征波长。CARS – GSA 丙酸特征波长优选结果与预处理后的平均光谱对比如图 6 –11 所示。

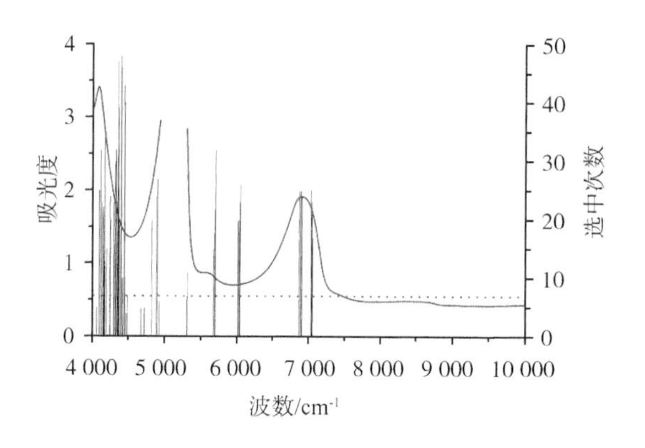

图 6 –11　CARS – GSA 优选丙酸特征波长

由图 6 – 11 可知，CARS – GSA 优选的丙酸特征波长中选中 35 次以上的波长变量共 14 个。其中，波数 4 350.62 cm^{-1}、4 354.48 cm^{-1}、4 358.33 cm^{-1}、4 389.19 cm^{-1}、4 393.05 cm^{-1}、4 396.90 cm^{-1}、4 400.76 cm^{-1}、4 404.62 cm^{-1}、4 439.33 cm^{-1}、4 443.19 cm^{-1}和 4 447.04 cm^{-1}波长变量对应着丙酸—CH_2、—CH_3 基团的组合频。

6.3.3 基于 CARS－GSA 的总酸特征波长优选

在使用 CARS 优选总酸回归模型特征波长时，同样采用执行 500 轮次 CARS 算法的优选结果作为特征波长。执行 500 次 CARS 算法共得到总酸特征波长变量 258 个，选中次数最多的特征波长变量 4 319.77 cm^{-1}，对应着总酸—CH_2、—CH_3 基团的组合频，选中次数为 496 次。运行 500 次 CARS 算法优选的总特征波长结果如图 6－12 所示。

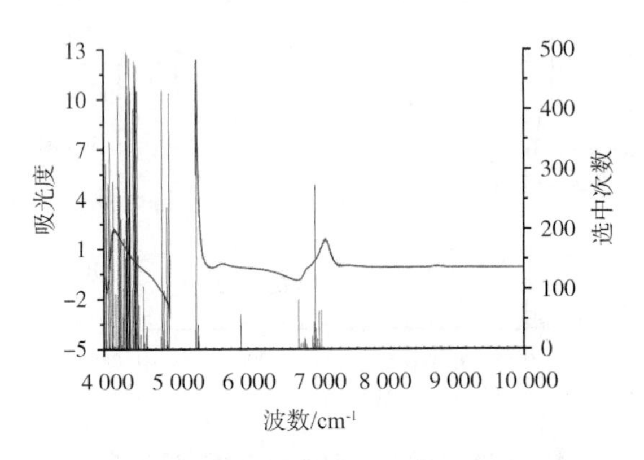

图 6－12 500 次 CARS 优选总酸特征波长

由图 6－12 可知，选中次数较多的特征波长变量主要分布在波数 4 003.50～4 605.18 cm^{-1}、4 759.46～4 913.73 cm^{-1}、5 299.43～5 376.57 cm^{-1}、5 916.54～5 993.68 cm^{-1}和6 765.06～7 073.62 cm^{-1}区域。其中，波数 4 003.50～4 605.18 cm^{-1}包含的波长变量对应着总酸 C—C、—CH、—CH_2 和—CH_3 基团的组合频，波数 4 759.46～4 913.73 cm^{-1}包含的波长变量对应着总酸 C ═O 和—OH 基团的组合频，波数 5 299.43～5 376.57 cm^{-1}包含的波长变量对应着总酸—COOH 基团的一级倍频，波数 5 916.54～5 993.68 cm^{-1}包含的波长变量对应着总酸—CH、—CH_2 和—CH_3 基团的一级倍频低频区域，波数 6 765.06～7 073.62 cm^{-1}包含的波长变量对应着总酸—CH、—CH_2 和—CH_3 基团的二级倍频低频区域。经计算比较后发现，重复选中次数取 1，选中特征波长变量个数为 258 时，CARS 优选特征波长建模性能最好。

在使用 CARS－GSA 优选发酵液总酸浓度特征波长时，以 CARS500 优选的 258 个波长变量为码长随机生成 90 个染色体构建初始种群，邻域解扰动位数取 15，其他参数与使用 CARS－GSA 进行乙酸特征波长优选一致。连续执行算法 50 次，经计算后确定选中 6 次以上的波长变量（245 个）作为 CARS－GSA 优选的总酸特征波长。CARS－GSA 总酸特征波长优选结果与预处理后的平均光谱对比如图 6－13 所示。

由图 6－13 可知，CARS－GSA 优选的总酸特征波长中选中 40 次以上的波长变量共 17 个。其中，波数 4 049.78 cm^{-1}、4 080.64 cm^{-1}、4 223.34 cm^{-1}、4 323.62 cm^{-1}、4 393.05 cm^{-1}、4 528.04 cm^{-1}和 4 531.90 cm^{-1}波长变量对应着—CH_2 和—CH_3 基团的组合频，波数 4 562.75 cm^{-1}波长变量对应着 C ═O 基团的组合频，波数 4 879.02 cm^{-1}、4 902.16 cm^{-1}、4 921.45 cm^{-1}和 4 929.16 cm^{-1}波长变量对应着 C ═O 基团的一级倍频，波数 6 846.06 cm^{-1}、6 869.20 cm^{-1}、6 880.77 cm^{-1}、6 896.20 cm^{-1}和 6 977.19 cm^{-1}波长变量

对应着 C ═O、—CH_2 和—CH_3 基团的二级倍频。

按上述方法执行 CARS500 和 CARS - GSA 进行乙酸、丙酸和总酸特征波长优选，共得到 135 个乙酸特征波长变量、101 个丙酸特征波长变量和 245 个总酸特征波长变量。乙酸、丙酸和总酸特征波长分布情况如图 6 - 14 所示。

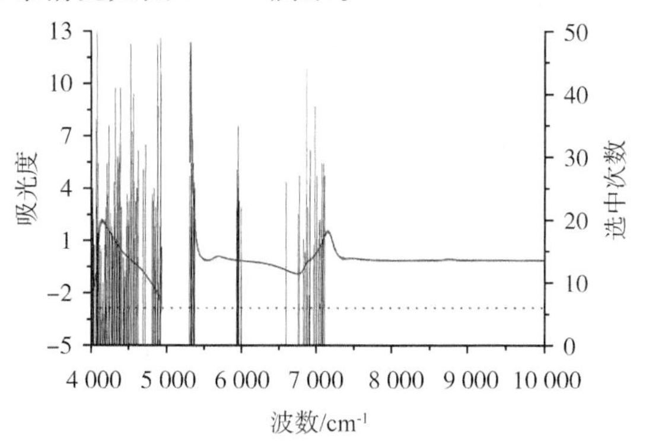

图 6 - 13　CARS - GSA 优选总酸特征波长

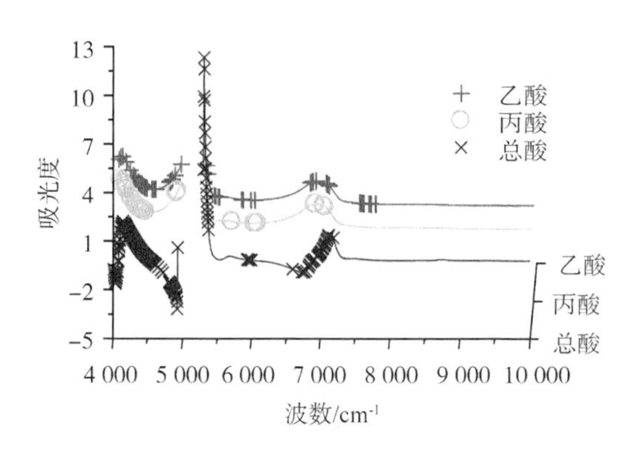

图 6 - 14　VFA 特征波长优选结果

由图 6 - 14 可知，VFA 特征波长全部位于 8 000 cm^{-1}以下的中低频区域，其中 4 000 ~ 4 933 cm^{-1}、5 296 ~ 5 600 cm^{-1}和 6 600 ~ 7 200 cm^{-1}区域分布的特征波长变量最多，这三部分正好对应着光谱数据中吸收峰较强、分辨率较好的区域。乙酸特征波长变量在 4 000 ~ 4 600 cm^{-1}区域有 54 个，对应着—CH_3 基团的组合频；在 4 750 ~ 4 930 cm^{-1}区域有 10 个，对应着 C ═O 和—OH 基团的组合频；在 5 300 ~ 5 500 cm^{-1}区域有 7 个，对应着—COOH 基团的一级倍频；在 5 800 ~ 6 000 cm^{-1} 区域有 12 个，对应着—CH_3 基团的一级倍频；在 6 800 ~ 7 100 cm^{-1} 区域有 21 个，对应着 C ═O 和—OH 基团的二级倍频；在 7 500 ~ 7 800 cm^{-1}区域有 31 个，对应着—CH_3 基团的二级倍频。丙酸特征波长变量在 4 100 ~ 4 500 cm^{-1}区域有 53 个，对应着—CH_2 和—CH_3 基团的组合频；在 4 000 ~ 4 900 cm^{-1}区域有 7 个，对应着 C ═O 和—OH 基团的组合频；在 5 300 ~ 5 320 cm^{-1}区域有 2 个，对应着—COOH 基团的一级倍频；在 5 670 ~ 5 700 cm^{-1}区域有 9 个，对应着—CH_2 基团的一级倍频；在 6 000 ~ 6 070 cm^{-1} 区域有 13 个，对应着—CH_3 基团的一级倍频；在 6 860 ~ 7 060 cm^{-1}区域有 17 个，对应着 C ═O、—CH_2 和—OH 的二级倍频。总酸特征波长变量在 4 000 ~ 4 720 cm^{-1}区域有 139 个，对应着 C—C、C ═O、—CH、—CH_2 和—CH_3 基团的组合

频;在 4 800 ~ 4 930 cm^{-1} 区域有 27 个,对应着 C ═O 和—OH 基团的组合频;在 5 300 ~ 5 380 cm^{-1} 区域有 19 个,对应着—COOH 基团的一级倍频;在 5 930 ~ 6 010 cm^{-1} 区域有 11 个,对应着—CH、—CH_2 和—CH_3 基团的一级倍频;在 6 590 ~ 6 600 cm^{-1} 区域有 2 个,对应着 C ═O 基团的二级倍频;在 6 730 ~ 7 200 cm^{-1} 区域有 47 个,对应着 C ═O、—CH、—CH_2、—CH_3 和 - OH 的二级倍频。通过分析乙酸、丙酸和总酸特征波长可知,CARS - GSA 与 CARS500 优选特征波长结果具有很好的一致性,CARS - GSA 只是剔除掉 CARS500 优选特征波长中选中次数较少的相关性较差波长变量。

6.4　回归模型评价与分析

为了分析 NIRS 用于发酵液 VFA 快速检测的可行性,评测 CARS - GSA 在乙酸、丙酸和总酸浓度特征波长优选时的性能,分别以 CARS - GSA 优选后的特征波长建立乙酸、丙酸和总酸含量 PLS 回归模型,并与 Full - PLS、单次 CARS、CARS500 优选波长建模结果进行对比,结果如表 6 - 2 所示。

表 6 - 2　VFA PLS 回归模型评价指标

成分	方法	波长个数	R_c^2	R_p^2	RMSEC /(g·L^{-1})	RMSEP /(g·L^{-1})	RPD	PCs
乙酸	Full - PLS	1462	0.976	0.983	0.139	0.135	8.021	13
	CARS	39	0.976	0.987	0.140	0.119	9.074	10
	CARS500	142	0.983	0.987	0.116	0.116	9.306	14
	CARS - GSA	135	0.983	0.988	0.117	0.111	9.685	13
丙酸	Full - PLS	1 462	0.997	0.893	0.024	0.142	3.108	24
	CARS	30	0.942	0.912	0.108	0.130	3.413	10
	CARS500	122	0.989	0.922	0.048	0.124	3.569	22
	CARS - GSA	101	0.991	0.923	0.044	0.120	3.685	22
总酸	Full - PLS	1 461	0.878	0.880	0.820	0.736	3.441	7
	CARS	112	0.873	0.867	0.838	0.785	3.225	5
	CARS500	258	0.859	0.884	0.876	0.729	3.472	5
	CARS - GSA	245	0.860	0.886	0.874	0.727	3.484	5

由表 6 - 2 可知,在单次 CARS 优选特征波长建立的 VFA 回归模型中,乙酸和丙酸 CARS 回归模型的性能优于全谱建模,而总酸 CARS 回归模型的性能弱于全谱建模。可能的原因在于乙酸和丙酸的结构相对简单,CARS 能够快速定位相关性高的特征波长变量,而总酸的结构相对复杂,不同基团对应的特征波长变量个数较多,当使用 CARS 剔除波长变量时可能去掉某些相关性较高的特征波长变量,导致建模性能受到影响。多次执行 CARS 算法进行特征波长优选可以解决单次 CARS 算法优选总酸特征波长建模性能较差的问题。

执行500次CARS算法优选特征波长建立的乙酸回归模型 R_c^2 和 R_c^2 都大于0.98，RPD大于9.30；建立的丙酸回归模型 R_c^2 和 R_p^2 都大于0.92，RPD大于3.56；建立的总酸回归模型 R_c^2 和 R_p^2 都大于0.85，RPD大于3.47。执行500次CARS算法建立的乙酸回归模型非常成功，建立的丙酸回归模型成功，建立的总酸回归模型基本成功。基于多次CARS算法优选特征波长建立的乙酸、丙酸和总酸度回归模型与全谱建模结果相比，回归模型性能都有一定的提升，RMSEP分别降低了13.83%，12.93%和0.90%，分别剔除了全谱中90.29%，91.66%和82.34%的冗余波长变量。乙酸模型性能提升最大的主要原因在于乙酸的分子结构相对简单，CARS500特征波长优选算法在多次重复执行CARS优选算法时能够很准确地定位到乙酸中相关性高的—COOH和—CH_3 基团。

CARS－GSA优选特征波长建立的乙酸回归模型的 R_c^2 和 R_p^2 都大于0.98，RPD大于9.68，说明建立的乙酸回归模型非常成功；CARS－GSA优选特征波长建立的丙酸回归模型的 R_c^2 和 R_p^2 都大于0.92，RPD大于3.68，说明丙酸回归模型建模成功；CARS－GSA优选特征波长建立的总酸回归模型的 R_c^2 和 R_p^2 都大于0.85，RPD大于3.48，说明总酸回归模型建模基本成功。CARS－GSA优选特征波长建立的VFA浓度回归模型中，乙酸回归模型的性能最好，丙酸次之，总酸最差。CARS－GSA优选的乙酸、丙酸和总酸特征波长数量分别为135、101和245，总酸特征波长数量约为乙酸、丙酸特征波长数量之和。CARS－GSA优选特征波长建立的乙酸、丙酸和总酸回归模型的性能都高于CARS500建立的相应模型，与CARS500优选特征波长建立的乙酸、丙酸和总酸回归模型相比，RMSEP分别降低了3.88%，3.15%和0.33%。CARS－GSA算法分别剔除了CARS500优选乙酸、丙酸和总酸特征波长中4.93%，17.21%和5.04%的冗余波长变量。这一方面说明了多次执行CARS算法优选特征波长建立的回归模型性能优异，另一方面也体现了GSA算法的全局优化性能，能够实现优中选优。

为了评测CARS－GSA优选乙酸、丙酸和总酸特征波长的建模性能和适用性，以全谱、单次CARS、CARS500、CARS－GSA优选特征波长为输入，建立PCA－SVM回归模型。在使用GSA优化PCA－SVM模型参数 C 、γ 和 ε 时，算法参数与建立纤维素模型时一致。不同波长优选方式下建立的PCA－SVM回归模型参数优化结果及评价指标如表6－3所示。

表6－3　VFA PCA－SVM回归模型评价指标

成分	方法	波长个数	C	γ	ε	R_c^2	R_p^2	RMSEC /(g·L^{-1})	RMSEP /(g·L^{-1})	RPD	PCs
乙酸	Full	1 462	53.887	0.023	0.046	0.958	0.951	0.197	0.286	3.774	13
	CARS	39	33.562	0.007	0.024	0.982	0.985	0.122	0.137	7.881	10
	CARS500	142	94.928	0.007	0.042	0.994	0.991	0.068	0.122	8.827	14
	CARS－GSA	135	99.769	0.007	0.013	0.996	0.992	0.061	0.122	8.841	13
丙酸	Full	1 462	4.470	0.024	0.251	0.958	0.591	0.107	0.288	1.537	24
	CARS	30	65.617	0.035	0.072	0.974	0.828	0.077	0.199	2.220	10
	CARS500	122	51.455	0.009	0.063	0.980	0.852	0.066	0.176	2.507	22
	CARS－GSA	101	53.152	0.013	0.001	1.000	0.838	0.001	0.178	2.480	22

表 6 - 3(续)

成分	方法	波长个数	C	γ	ε	R_c^2	R_p^2	RMSEC /(g · L^{-1})	RMSEP /(g · L^{-1})	RPD	PCs
总酸	Full	1 461	0.730	2.347	0.291	0.778	0.039	1.468	2.510	1.009	7
	CARS	112	0.292	0.108	0.046	0.191	0.132	2.285	2.385	1.062	5
	CARS500	258	0.432	3.252	0.290	0.737	0.230	1.620	2.267	1.117	5
	CARS - GSA	245	0.706	0.169	0.267	0.161	0.205	2.286	2.278	1.111	5

由表 6 - 3 所示,各种波长优选方式下建立的乙酸、丙酸和总酸 PCA - SVM 回归模型的性能都低于相应的 PLS 回归模型,且总酸 PCA - SVM 回归模型的性能非常差。为此计算了乙酸、丙酸和总酸全谱对应的 SVM 回归模型的性能,对应的 R_p^2 分别为 0.265,0.159 和 0.867,RMSEP 分别为 0.927、0.432 和 0.922,RPD 分别为 1.164,1.024 和 2.747。与对应的 PCA - SVM 模型相比,乙酸和丙酸全谱 SVM 模型性能下降明显,总酸全谱 SVM 模型性能提升显著,但总酸全谱 SVM 模型仍低于对应的 PLS 回归模型性能。说明 SVM 和 PCA - SVM 都难以建立满足实际检测需求的 VFA 回归校正模型,这一结果与 PCA - SVM 建立的氨氮透射光谱回归校正模型一致。

为了比较乙酸回归模型建模过程中 PLS 和 PCA - SVM 的建模性能,绘制 CARS - GSA 优选特征波长建立的乙酸 PLS 回归模型(记为 PLS_CARS - GSA)和 CARS - GSA 优选特征波长建立的 PCA - SVM 回归模型(记为 PCA - SVM_CARS - GSA)预测性能的雷达图,如图 6 - 15 所示。

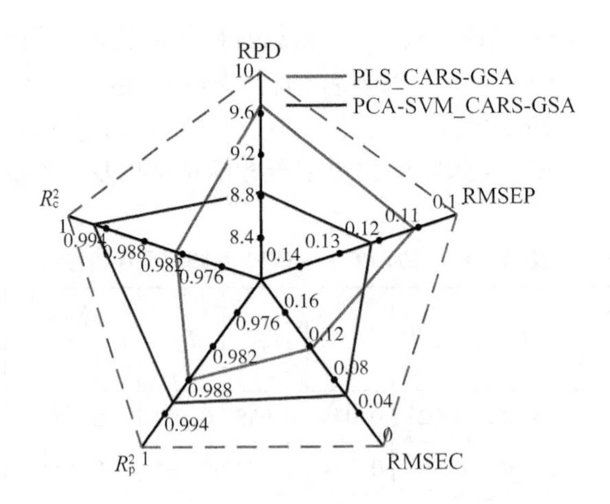

图 6 - 15　不同乙酸回归模型雷达图

为了比较丙酸回归模型建模过程中 PLS 和 PCA - SVM 的建模性能,绘制 CARS - GSA 优选特征波长建立的丙酸 PLS 回归模型(记为 PLS_CARS - GSA)和 CARS500 优选特征波长建立的 PCA - SVM 回归模型(记为 PCA - SVM_CARS)预测性能的雷达图,如图 6 - 16 所示。

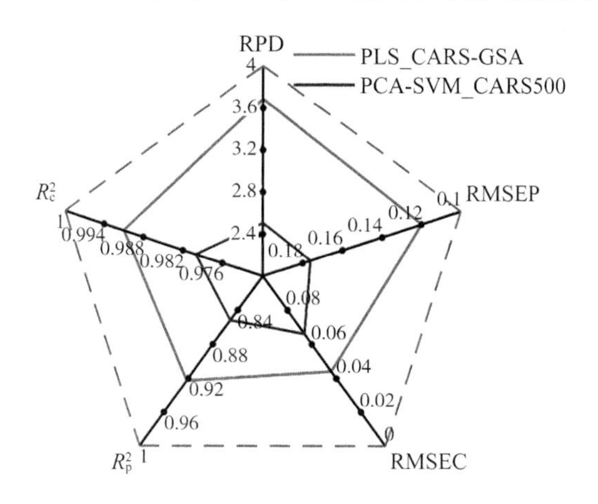

图 6 - 16　不同丙酸回归模型雷达图

为了比较总酸回归模型建模过程中 PLS 和 PCA - SVM 的建模性能，绘制 CARS - GSA 优选特征波长建立的总酸 PLS 回归模型（记为 PLS_CARS - GSA）和 CARS500 优选特征波长建立的 PCA - SVM 回归模型（记为 PCA - SVM_CARS）预测性能的雷达图，如图 6 - 17 所示。

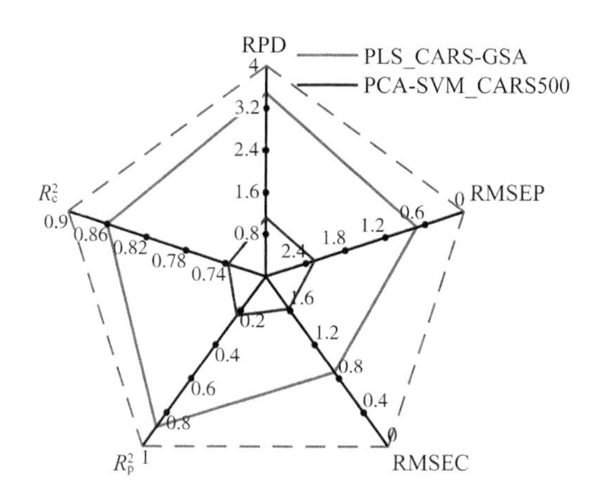

图 6 - 17　不同总酸回归模型雷达图

由图 6 - 15、图 6 - 16、图 6 - 17、表 6 - 2 和表 6 - 3 可知，采用 CARS - GSA 优选乙酸、丙酸和总酸特征波长建立的 PLS 回归模型的预测性能优于其他特征波长优选方法建立的 PLS 和 PCA - SVM 回归模型。因此，采用 CARS - GSA 作为厌氧发酵过程中发酵液乙酸、丙酸和总酸浓度的特征波长优选方案，以优选后的特征波长分别建立乙酸、丙酸和总酸浓度 PLS 回归模型并进行性能评测，其结果如图 6 - 18 所示。

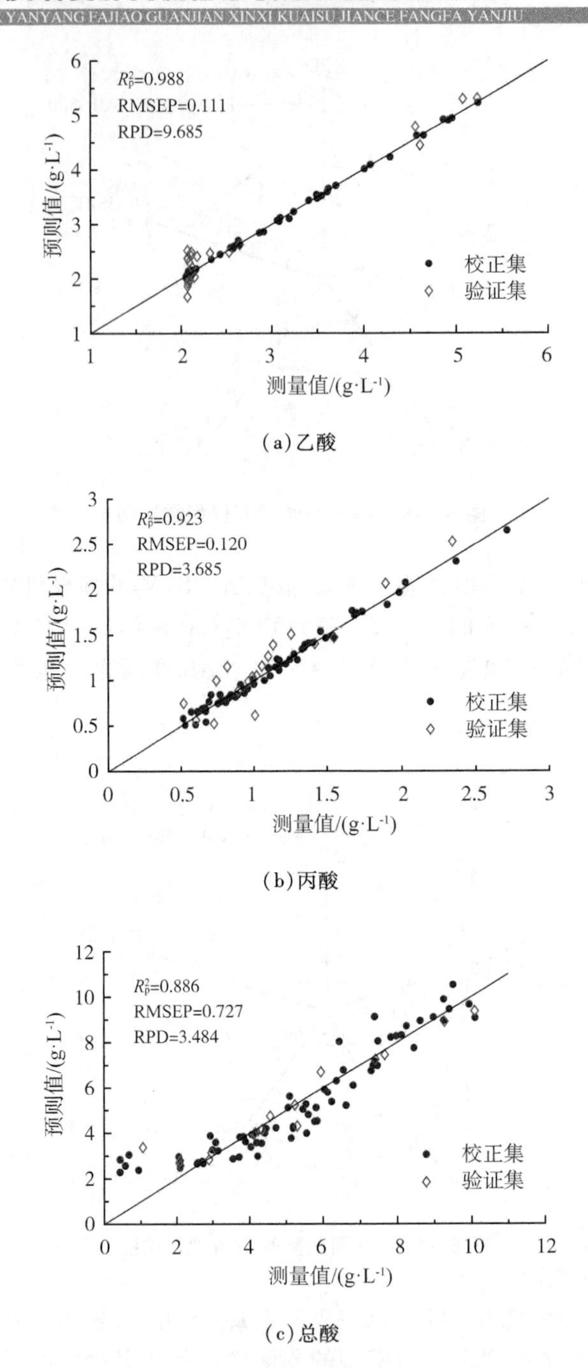

图 6-18　VFA 实测值与预测值分布

由图 6-18 可知,乙酸的实测值与预测值点基本呈对角线分布,说明乙酸回归模型预测性能优异,但由于采用 SPXY 法划分校正集和验证集,导致乙酸样本在值空间上分布不是很均匀;丙酸校正集样本点基本都位于对角线上,但验证集样本均匀地分布于对角线两侧,说明丙酸回归模型预测性能较好;总酸的实测值和预测值分布于对角线两侧,且比较分散,说明总酸回归模型的预测性能有待提高。总酸回归模型预测精度较差的原因在于总酸浓度为乙酸、丙酸、丁酸、异丁酸和异戊酸质量分数之和,在上述成分测量过程中客观存在且难以避免的仪器误差、操作误差等系统误差的累加导致总酸浓度测量误差较大，从而影响了总酸回归模型的建模精度。CARS - GSA 乙酸回归模型 R_p^2 为 0.988，RMSEP 为 0.111，RPD 为 9.685，与全谱相比 RMSEP 降低了 17.17%；CARS - GSA 丙酸回归模型 R_p^2 为 0.923，RMSEP 为 0.120，RPD 为 3.685，与全谱相比 RMSEP 降低了 15.67%；CARS - GSA 总酸回归模型为 0.885，RMSEP 为 0.727，RPD 为 3.484，与全谱相比 RMSEP 降低了 1.22%。基于 CARS - GSA 特征波长优选方法建立的 VFA 回归模型可以满足厌氧发酵过程中对乙酸的快速检测需求，基本满足对丙酸和总酸的检测需求。

6.5 本章小结

本章探讨了 NIRS 结合化学计量学方法进行厌氧发酵液 VFA 浓度快速检测的可行性。为提高 NIRS 回归模型的检测精度和效率，应用 CARS500 对乙酸、丙酸和总酸特征波长进行优选，使用 GSA 算法对 CARS500 优选的特征波长进行了二次优选，并比较了相应 PLS 和 PCA - SVM 回归模型的性能，得到了满足检测需求的有效特征波长变量，为应用 NIRS 实现发酵液 VFA 浓度在线快速检测提供理论支持。具体结论如下：

(1) CARS500 在发酵液 VFA 浓度 NIRS 特征波长优选方面具有良好的性能，通过多次执行 CARS 算法并选取重复选中的波长变量作为特征波长的方式能够有效提高建模精度和效率。与全谱建模相比，CARS500 优选特征波长建立的乙酸、丙酸和总酸 PLS 回归模型的 RMSEP 分别降低了 13.83%，12.93% 和 0.90%，分别剔除了全谱中 90.29%，91.66% 和 82.34% 的冗余波长变量。

(2) CARS - GSA 采用 GSA 对多次 CARS 优选的特征波长进行二次优选，能够有效去除 CARS500 优选波长中的冗余波长变量，进一步提高建模精度和效率。与 CARS500 的建模性能相比，CARS - GSA 优选特征波长建立的乙酸、丙酸和总酸 PLS 回归模型 RMSEP 分别降低了 3.88%，3.15% 和 0.33%，分别剔除 CARS500 优选波长中 4.93%，17.21% 和 5.04% 的冗余波长变量。

(3) CARS - GSA 优选的乙酸、丙酸和总酸特征波长建立的 PLS 回归模型的性能最佳，乙酸、丙酸和总酸回归模型的 R_p^2 分别为 0.988，0.923 和 0.886，RMSEP 分别为 0.111，0.120 和 0.727，RPD 分别为 9.685，3.685 和 3.484，能够满足厌氧发酵过程中对发酵液乙酸浓度的快速检测需求，基本满足丙酸和总酸浓度的检测需求。

7 基于近红外光谱的生化甲烷势快速检测

BMP 体现了发酵原料进行厌氧消化产甲烷的最大能力，是评价原料是否适宜进行厌氧发酵生产沼气的关键参数。BMP 作为厌氧发酵过程设计、工艺优化和效益评估的重要依据，能够用于指导沼气工程库存管理、优化进出料设计、评估厌氧发酵进程，为实现稳定、可靠的沼气生产提供了重要参考指标。BMP 测试已成为评估有机物厌氧发酵实施与优化的关键分析技术。在以玉米秸秆和畜禽粪便为原料进行厌氧共发酵生产沼气时，为了优化原料配比，构建最佳产甲烷条件，需要对秸秆粪便混合发酵原料的 BMP 进行快速测试。但传统 BMP 测试至少需要 20 天以上的时间，难以满足秸秆粪便混合发酵原料 BMP 快速测定的需求。

为了解决传统 BMP 测试方法耗时长、工作强度大的问题，本章提出将 NIRS 分析技术与化学计量学方法相结合进行厌氧共发酵原料 BMP 的快速检测。为进一步提高检测模型的精度和效率，对比了 SiPLS - GSA、BiPLS - GSA、DGSA - PLS 和 CARS - GSA 四种算法优选的 BMP 特征波长结果和建模性能，从而确定 BMP 的最佳特征波长变量，并建立相应快速检测模型，实现对厌氧发酵原料 BMP 进行快速、准确测定。

7.1 实验设计

1. 厌氧共发酵原料样品制备

先将实验用玉米秸秆、牛粪、羊粪、猪粪在 60 ℃下烘干至恒重，粉碎过 40 目筛后装袋备用。按秸秆粪便 TS 比 9∶1,8∶2,7∶3,6∶4,5∶5,4∶6,3∶7,2∶8 和 1∶9 的比例分别制备秸秆与牛粪、羊粪、猪粪混合物样品各 9 个，再按随机比例制备秸秆与牛粪、羊粪、猪粪混合物样品各 3 个，每个样品重 10 g；连同纯玉米秸秆、牛粪、羊粪和猪粪共计制备秸秆粪便混合厌氧共发酵原料样品 40 个。

2. 样品基础理化指标检测

依据凯氏定氮法使用 FOSS KJELTEC 8420 自动定氮系统测定样品凯氏氮含量，再乘以 6.25 得到粗蛋白质含量；依据索氏抽提法使用 FOSS Soxtec 2050 脂肪测定仪测定粗脂肪含量；依据 Van Soest 法的原理使用 ANKOM 200i 半自动纤维素分析仪和马弗炉依次测定 NDF、ADF、ADL 和灰分含量，计算纤维素、半纤维素和木质素含量；采用盐酸水解滴定法测定总糖含量；依据干烧法的原理使用 EA3000 元素分析仪测定样品碳、氮元素含量，计算获得碳氮比。

3. BMP 测试实验

按样品采集与制备过程中介绍的 TS 比混合采集的新鲜秸秆和粪便制备厌氧共发酵原料，以实验室 500 L 发酵罐内常年驯化正常产气的牛粪厌氧发酵液为接种物，进行批式厌氧发酵实验实现 BMP 的测定。按接种比 1∶1（TS 比）调节发酵原料与接种物比例，使发酵系统的起始 TS 浓度约为 6%，在中温（36 ± 1）℃恒温水浴槽中采用 500 mL 玻璃三角瓶（有效发酵容积 350 mL）作为反应器进行厌氧发酵，发酵周期为 30 天，设置 3 个空白接种物作为对照。实验过程中每天定时对厌氧发酵反应器进行手摇搅拌 2 次,混匀料液的同时避免浮渣结壳。BMP 实验发酵原料和接种物配比信息如表 7－1 所示。

表 7－1　BMP 实验设计

原料类型	秸秆粪便 TS 比	秸秆/g	粪便/g	接种物/g	水/g
秸秆	10:0	12.21	0	220.59	117.21
秸秆猪粪	9:1	10.99	3.36	220.59	115.06
秸秆猪粪	8:2	9.77	6.73	220.59	112.91
秸秆猪粪	7:3	8.54	10.09	220.59	110.78
秸秆猪粪	6:4	7.32	13.45	220.59	108.64
秸秆猪粪	5:5	6.10	16.82	220.59	106.49
秸秆猪粪	4:6	4.88	20.18	220.59	104.35
秸秆猪粪	3:7	3.66	23.54	220.59	102.21
秸秆猪粪	2:8	2.44	26.91	220.59	100.06
秸秆猪粪	1:9	1.22	30.27	220.59	97.92
猪粪	0:10	0	33.63	220.59	95.78
秸秆猪粪	3.11:6.89	3.80	23.17	220.59	102.44
秸秆猪粪	4.49:5.51	5.48	18.53	220.59	105.40
秸秆猪粪	8.42:1.58	10.28	5.31	220.59	113.82
秸秆牛粪	9:1	10.99	3.94	220.59	114.48
秸秆牛粪	8:2	9.77	7.89	220.59	111.75
秸秆牛粪	7:3	8.54	11.83	220.59	109.04
秸秆牛粪	6:4	7.32	15.78	220.59	106.31
秸秆牛粪	5:5	6.10	19.72	220.59	103.59
秸秆牛粪	4:6	4.88	23.67	220.59	100.86
秸秆牛粪	3:7	3.66	27.61	220.59	98.14
秸秆牛粪	2:8	2.44	31.56	220.59	95.41
秸秆牛粪	1:9	1.22	35.50	220.59	92.69
牛粪	0:10	0.00	39.44	220.59	89.97
秸秆牛粪	3.49:6.51	4.26	25.68	220.59	99.47
秸秆牛粪	7.72:2.28	9.42	8.99	220.59	111.00
秸秆牛粪	8.69:1.31	10.61	5.17	220.59	113.63
秸秆羊粪	9:1	10.99	1.31	220.59	117.11
秸秆羊粪	8:2	9.77	2.63	220.59	117.01
秸秆羊粪	7:3	8.54	3.94	220.59	116.93

表 7-1(续)

原料类型	秸秆粪便 TS 比	秸秆/g	粪便/g	接种物/g	水/g
秸秆羊粪	6:4	7.32	5.26	220.59	116.83
秸秆羊粪	5:5	6.10	6.57	220.59	116.74
秸秆羊粪	4:6	4.88	7.89	220.59	116.64
秸秆羊粪	3:7	3.66	9.20	220.59	116.55
秸秆羊粪	2:8	2.44	10.52	220.59	116.45
秸秆羊粪	1:9	1.22	11.83	220.59	116.36
羊粪	0:10	0.00	13.15	220.59	116.26
秸秆羊粪	2.53:7.47	3.09	9.82	220.59	116.50
秸秆羊粪	4.22:5.78	5.29	7.45	220.59	116.67
秸秆羊粪	8.49:1.51	10.36	1.99	220.59	117.06
空白对照	0:0	0	0	220.59	129.41

发酵过程中,采用集气袋进行气体收集,每天测量产气量和甲烷含量。用排水法测量发酵过程中产生气体的体积,用安捷伦 GC-6890N 气相色谱仪测定气体组分。实验过程中,每个样品重复 3 次,取 3 次的平均值作为样品的甲烷产量。每个样品产甲烷量的平均值减去对照组产甲烷量的平均值后再除以挥发性固体含量,计算获得各样品的 BMP。

4. 光谱数据采集

对厌氧共发酵原料样品使用德国 Bruker TANGO 傅里叶近红外光谱仪进行积分球漫反射光谱扫描,光谱采集范围 3 946 ~ 11 542 cm^{-1}(866 ~ 2 534 nm),分辨率为 8.0 cm^{-1},样品扫描 32 次,装样方式为 50 mm 样品杯,装样重量约 7.0 g,数据保存格式为 Absorbance,采用旋转台进行旋转扫描,背景每小时扫描一次。在保持室内温湿度基本稳定的情况下,每个样品装样 3 次,取 3 次扫描平均值作为样品的原始光谱。每个样品原始光谱的波长变量个数为 1 845 个,数据点间距为 4.12 cm^{-1},起始波长变量为 11 542.24 cm^{-1},结束波长变量为 3 946.28 cm^{-1}。

5. 建模过程及评价

在建立基于理化指标的发酵原料 BMP 快速检测模型时,以 27 个按固定比例混合的秸秆粪便混合物样品和 4 个玉米秸秆、牛粪、羊粪、猪粪样品为校正集,建立基于 MLR、PLS 的多种 BMP 回归校正模型,以随机混合的 9 个秸秆粪便混合物样品为验证集对模型性能进行评测。在建立基于 NIRS 的厌氧共发酵原料 BMP 快速检测模型时,采用与建立基于理化指标回归模型相同的样本集划分方案,建立不同预处理方法下的全谱 PLS 回归模型,并基于校正集的 K 折 RMSECV 确定采用的光谱预处理方法;然后使用 SiPLS-GSA、BiPLS-GSA、DGSA-PLS 和 CARS-GSA 对厌氧共发酵原料 BMP 进行特征波长优选,通过比较不同优选方法对应特征波长的建模性能确定最佳特征波长,并使用优选的最佳特征波长建立厌氧发酵原料 BMP 对应的 PLS 和 PCA-SVM 回归校正模型,采用 R_c^2、R_p^2、RMSEC、RMSEP、rRMSEC 和 rRMSEP 对校正模型的性能进行评价。

7.2 数据处理与分析

选取典型厌氧共发酵原料样品的甲烷产量进行分析，绘制累积甲烷产量图和日甲烷产量图，如图 7 - 1 所示。其中，CS、DM、GM、SM 分别代表玉米秸秆、牛粪，羊粪和猪粪，CD1∶1、CG1∶1 和 CS1∶1 分别代表玉米秸秆与牛粪、羊粪和猪粪的 1∶1(干基)混合物。由图 7 - 1(a)可知，从四种原料的 BMP 来看，猪粪 > 玉米秸秆 > 羊粪 > 牛粪。可能的原因在于，与猪粪相比，玉米秸秆、牛粪、羊粪的木质纤维素含量较高，而木质纤维素的厌氧发酵生物可降解性弱于蛋白质和粗脂肪。同时，牛粪和羊粪中较高的木质素含量作为厌氧发酵的限速因素，制约了牛粪和羊粪的厌氧发酵生化转化利用率。由图 7 - 1(b)可知，从玉米秸秆、牛粪、羊粪和猪粪的厌氧单发酵启动期日产甲烷量来看，猪粪 > 羊粪 > 牛粪 > 玉米秸秆。其主要原因在于粪便的蛋白质、粗脂肪总量高于玉米秸秆。在厌氧发酵过程中，蛋白质和粗脂肪与木质纤维素相比，更容易水解为氨基酸和脂肪酸，再经过酸化、产氢产乙酸和产甲烷转化为甲烷。从各组混合共发酵原料的启动期日产甲烷量和 BMP 可知，相对于单一物料厌氧发酵，混合物料厌氧共发酵会减少滞留期的时间，提高厌氧发酵启动期的甲烷产量，延长产气高峰期，缩短发酵周期。这主要是混合物料中互相补充了 C 源和 N 源，达到了适合微生物生长的碳氮比值，更有利于微生物分解有机物质，且混合物料中 AD 的营养物质更加均衡，降低了由于某一种物质过多而造成的抑制作用。

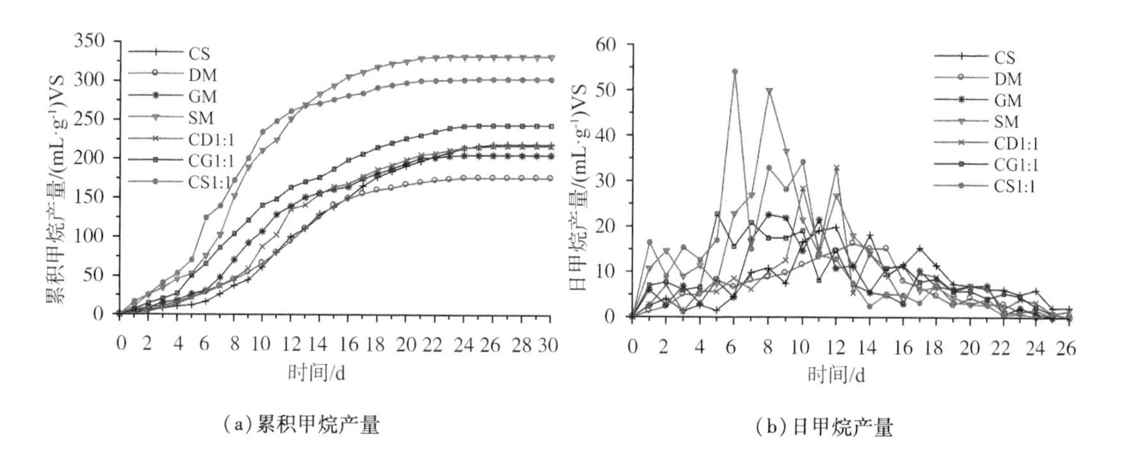

(a)累积甲烷产量　　(b)日甲烷产量

图 7 - 1　典型样品甲烷产量

对厌氧共发酵原料的 BMP 数据进行正态分布分析和四分位分析，其统计直方图和箱线图如图 7 - 2 所示，其中，CSDM、CSGM 和 CSSM 分别表示猪粪与牛粪、羊粪和猪粪的混合物。由图 7 - 2(a)可知，以玉米秸秆和猪粪为原料的厌氧共发酵原料的 BMP 高于玉米秸秆与牛粪或羊粪的混合共发酵原料。主要原因在于猪粪的粗蛋白和脂肪含量高于玉米秸秆、牛粪和羊粪。与玉米秸秆、牛粪和羊粪中含量较高的木质纤维素相比，粗蛋白和脂肪具有更高的生物可降解性和产甲烷能力。经过测试发现，厌氧共发酵原料的 BMP 数据呈正态分布，如图 7 - 2(b)所示。箱线图和直方图显示了 BMP 数据的广泛分布，这为建立高性能回归模型提供了依据。

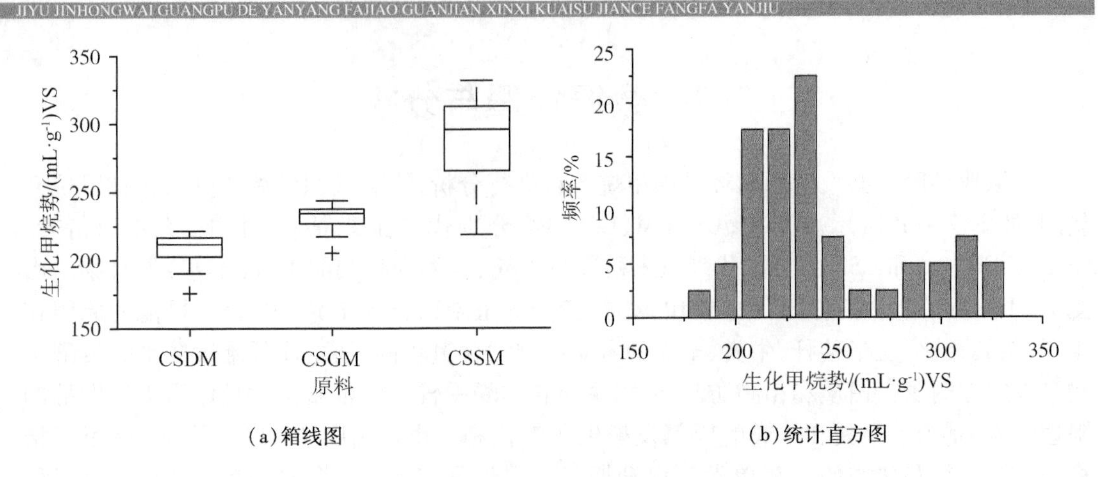

(a)箱线图　　(b)统计直方图

图 7－2　甲烷产量统计信息

在进行 NIRS 特征波长优选前，先使用 SG 平滑、MSC、SNV、FD 及其两两组合的方法进行光谱预处理，并基于校正集的 *K* 折 RMSECV 确定采用的光谱预处理方法，经计算比较后确定厌氧发酵原料 BMP 回归模型光谱数据的预处理方法为 MSC + SG。不同预处理方法的回归模型性能如表 7－2 所示。

表 7－2　不同预处理方法回归模型性能

预处理方法	RMSECV	PCs
—	38.593	7
FD	38.074	23
FD + MSC	36.596	22
FD + SG	37.988	23
FD + SNV	34.894	17
MSC	31.039	6
MSC + FD	35.687	14
MSC + SG	29.989	7
MSC + SNV	31.914	7
SG	40.805	8
SG + FD	36.742	25
SG + MSC	30.146	6
SG + SNV	31.180	7
SNV	30.803	7
SNV + FD	30.120	16
SNV + MSC	32.160	7
SNV + SG	30.648	7

样品的光谱数据如图 7-3 所示。通过 MSC 结合 SG 平滑对光谱数据进行预处理,消除了基线偏移和背景噪声对光谱数据的干扰,从而提高了光谱数据的分辨率,提高了信噪比。MSC 可以很好地校正基线偏移和光谱散射,SG 平滑可以有效地消除随机噪声对建模的影响。对于预处理光谱,4 000 cm ~9 000 $^{-1}$的低波数区具有更强的吸收峰、更清晰的波形、更好的分辨率和更高的信噪比。然而,预处理光谱中仍然存在大量的冗余波长,对模型的精度和稳定性产生了不利的影响。因此,有必要进行特征波长选择,以获得建立高性能回归模型的有效建模波长变量。

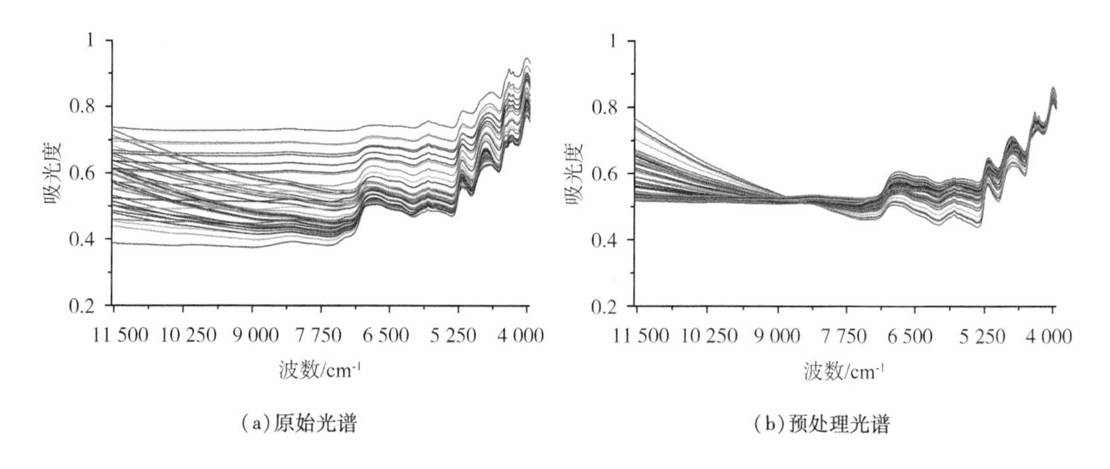

(a)原始光谱　　(b)预处理光谱

图 7-3　样品光谱数据

按 7.1 节介绍的方法对 BMP 样本进行划分,得到 31 个校正集样本和 9 个验证集样本,对应的 BMP 数据如表 7-3 所示。校准集的变异系数为 16.83%,验证集的变异系数为 17.26%,表明 BMP 数据之间存在较大的变化,有利于构建稳健的模型。同时,样本集划分的结果确保了校正集中的 BMP 数据与验证集一致,并覆盖了验证集,这适合于校正模型的开发。

表 7-3　厌氧发酵原料 BMP 值

样本	样本数量	平均值 /(mL·g^{-1})VS	最大值 /(mL·g^{-1})VS	最小值 /(mL·g^{-1})VS	标准偏差 /(mL·g^{-1})VS	变异系数 /%
校正集	31	243.02	331.90	175.69	40.21	16.83
验证集	9	242.02	313.80	185.83	39.38	17.26

对预处理后的 NIRS 进行 PCA 计算,第一、第二和第三 PCs 的贡献率分别为 94.79%,4.51% 和 0.65%,前 3 个 PCs 的累积贡献率达 99.95%。校正集和验证集的 PCs 空间分布情况如图 7-4 所示。由 PCs 空间分布图可知,校正集样本与验证集样本分布比较均匀,可以使用该样本划分方法进行 NIRS 建模。

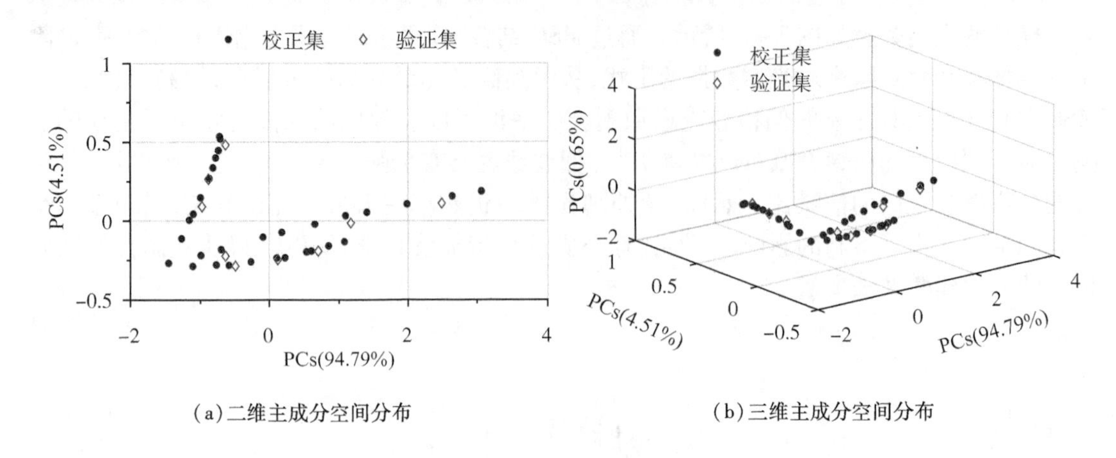

(a)二维主成分空间分布　　(b)三维主成分空间分布

图 7-4　样本主成分空间分布

7.3　基于理化指标的生化甲烷势回归模型

7.3.1　基于理化指标的 MLR 回归模型

MLR 用于分析两个或两个以上的自变量与一个因变量之间的线性相关关系。厌氧共发酵原料的最大甲烷产量 MLR 模型就是要建立 BMP 与理化指标的多元线性关系。以蛋白质、粗脂肪、纤维素、半纤维素、木质素、总糖和碳氮比为自变量($x_1,x_2,x_3,x_4,x_5,x_6,x_7$),以 BMP 为因变量构建 MLR 回归模型(记为 MLR_First_order)。模型的评价参数 R_p^2、RMSEP、和 rRMSEP 分别为 0.974、7.899 和 3.257%。MLR_First_order 模型拟合方程如下:

$$\begin{aligned}BMP = &317.828\,7 + 0.759\,7\,x_1 + 12.435\,7\,x_2 - 0.838\,7\,x_3 \\ &- 5.616\,5\,x_4 - 8.364\,5\,x_5 + 1.273\,7\,x_6 - 0.735\,3\,x_7\end{aligned} \tag{7-1}$$

针对厌氧发酵过程中,过低或过高的碳氮比都会对甲烷产量产生不利影响,推断 BMP 应该与碳氮比的平方相关性更高。因此以碳氮比的平方项替代一次项重新建立 MLR 回归模型(记为 MLR_C/N_square)。模型的评价参数 R_p^2、RMSEP 和 rRMSEP 分别为 0.976,7.452 和 3.073%。MLR_C/N_square 模型拟合方程如下:

$$\begin{aligned}BMP = &317.384\,8 + 1.227\,9\,x_1 + 11.766\,1\,x_2 - 1.200\,0\,x_3 \\ &- 6.474\,6\,x_4 - 7.662\,8\,x_5 + 1.513\,9\,x_6 - 0.005\,0\,x_7^2\end{aligned} \tag{7-2}$$

由 MLR_First_order 和 MLR_C/N_square 模型评价参数可知,选取蛋白质、粗脂肪、纤维素、半纤维素、木质素、总糖和碳氮比共 7 种理化指标为因变量建立的 BMP 回归模型的 R_p^2 都大于 0.97、RMSEP 都小于 7.90、rRMSEP 都小于 3.26%,能够满足厌氧共发酵原料 BMP 的检测需求。由上述两个 BMP 回归模型可知,厌氧共发酵原料的 BMP 与蛋白质、粗脂肪、总糖成正相关关系,与纤维素、半纤维素、木质素和碳氮比及其平方成负相关关系。

7.3.2　基于理化指标的 PLS 回归模型

为了分析多种理化指标的交互作用对厌氧共发酵原料产甲烷能力的影响,采用 PLS 建立了蛋白质、粗脂肪、纤维素、半纤维素、木质素、总糖和碳氮比与 BMP 之间的二阶回归模型。针对二阶回归模型输入参数可能存在的多重共线性问题，应用 GSA 对输入参数进行优选。针对 GSA 的随机性问题，多次执行 GSA 优选算法，并选取多次都选中的参数作为特征参数进行建模。选中次数越多的特征参数与 BMP 相关性越高，以这些多次选中的特征参数建立 BMP 回归模型，能够有效提高模型的回归精度。GSA 与 GA 优选特征参数的过程如图 7－5 所示。

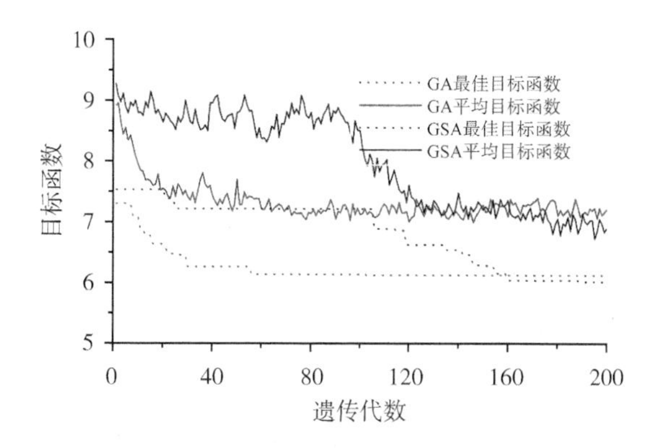

图 7－5　GSA 优选 PLS 回归模型输入参数过程

由图 7－5 可知，使用 GA 算法进行 PLS 回归模型参数选择过程中，出现了早熟问题。而 GSA 算法通过结合温度参数设计适应度函数，扩大了进化后期优良染色体的适应度函数值，在避免早熟的同时提高了算法的搜索效率。执行 GSA 算法 100 轮次，并选定重复选中 5 次以上的 27 个特征参数建立 PLS 回归模型（记为 PLS_Second_GSA）。PLS_Second_GSA 回归模型的评价参数 R_p^2 、RMSEP、和 rRMSEP 分别为 0.980，6.888 和 2.840%，其预测性能高于两种 MLR 模型。PLS_Second_GSA 模型通过使用 GSA 进行特征参数优选，有效解决了二阶交互项之间可能存在的多种共线性问题对建模精度的影响。PLS_Second_GSA 回归模型的系数矩阵如表 7－4 所示。回归模型的系数矩阵表明，蛋白质、脂肪、总糖与厌氧共发酵原料的 BMP 存在正相关关系，而木质素和 C/N 与 BMP 存在负相关关系。

表 7－4　PLS 回归模型系数矩阵

参数	1	蛋白质 /%	粗脂肪 /%	纤维素 /%	半纤维素 /%	木质素 /%	总糖 /%	碳氮比
1	160.445 6	0.544 5	0	－0.043 1	－0.515 2	－5.065 2	0	－0.106 8
蛋白质（%）	—	0.024 7	0.265 8	0.044 2	0.022 0	－0.179 1	0.016 2	0.086 9
粗脂肪（%）	—	—	0	0	0	0.575 6	0	0.013 1
纤维素（%）	—	—	—	0.002 1	0.000 1	0	0.011 0	－0.002 6
半纤维素（%）	—	—	—	—	－0.006 4	－0.155 6	0.069 8	－0.003 5
木质素（%）	—	—	—	—	—	－0.431 9	0.056 6	－0.090 2
总糖（%）	—	—	—	—	—	—	0	－0.001 1
碳氮比	—	—	—	—	—	—	—	－0.001 3

7.3.3 基于理化指标的回归模型评价

为了评测基于理化指标的 BMP 回归模型的性能，对比了基于理化指标的 MLR 一阶回归模型 MLR_First_order、含碳氮比平方项的 MLR 回归模型 MLR_C/N_square、基于理化指标二阶全参数的 PLS 回归模型（PLS_Second_order）和使用 GSA 优化特征参数的二阶 PLS 回归模型（PLS_Second_GSA）的评价指标，其结果如表 7－5 所示。

表 7－5 基于理化指标的 BMP 回归模型评价指标

方法	R_c^2	R_p^2	RMSEC /$(mL \cdot g^{-1})$VS	RMSEP /$(mL \cdot g^{-1})$VS	rRMSEC /%	rRMSEP /%	PCs
MLR_First_order	0.975	0.974	7.331	7.899	3.017	3.257	—
MLR_C/N_square	0.975	0.976	7.970	7.452	3.280	3.073	—
PLS_Second_order	0.979	0.980	7.273	7.020	2.993	2.890	4
PLS_Second_GSA	0.982	0.980	6.727	6.888	2.770	2.840	4

由验证集评价参数可知，采用蛋白质、粗脂肪、纤维素、半纤维素、木质素、总糖和碳氮比 7 种理化指标构建的 4 种 BMP 回归模型 R_p^2 较高（0.974～0.980），RMSEP 较低（6.888～7.899 mL/g VS），rRMSEP 也较低（2.840%～3.257%），都能满足实际秸秆和粪便厌氧共发酵过程中对产甲烷能力的快速评估需求。

7.4 基于近红外光谱的生化甲烷势回归模型

7.4.1 近红外光谱特征波长优选

1. 基于 SiPLS－GSA 的生化甲烷势特征波长优选

在使用 SiPLS－GSA 进行 BMP 特征波长优选时，为考察分割波长变量个数对波长选择及模型预测性能的影响，分别按约 30，40，50，60，80，100，120 个波长变量划分子区间，依次将光谱划分为 61，46，37，31，23，18，15 个子区间，并依据 RMSECV 选取 2～4 个子区间构建的组合区间作为 SiPLS 优选的特征谱区。不同子区间个数下 SiPLS 优选的 BMP 特征谱区如表 7－6 所示。

表 7－6 SiPLS 优选 BMP 特征谱区

划分区间数	PCs	最佳子区间编号	波长个数	RMSECV/$(mL \cdot g^{-1})$VS
15	5	[1 5 7 14]	492	25.498
18	5	[1 6 8 17]	411	25.707
23	9	[9 11 13 21]	320	15.021
31	10	[14 19 24]	178	20.393

表 7-6(续)

划分区间数	PCs	最佳子区间编号	波长个数	RMSECV/(mL·g^{-1})VS
37	10	[17 23 28 34]	199	18.828
46	7	[20 21 29 42]	160	19.682
61	10	[27 37 38 39]	120	16.609

依据 RMSECV 选取划分 23 个子区间的最佳组合区间[9 11 13 21]作为 SiPLS 优选后的 BMP 特征谱区。SiPLS 优选的 BMP 特征谱区波长变量波数为 8 559.88 ~ 8 885.30 cm^{-1}、7 900.79 ~ 8 226.21 cm^{-1}、7 241.71 ~ 7 567.13 cm^{-1}和 4 605.36 ~ 4 930.79 cm^{-1}，共计 320 个波长变量。其中，波数 8 559.88 ~ 8 885.30 cm^{-1}和 7 900.79 ~ 8 226.21 cm^{-1}包含的波长变量对应着—CH、—CH_2 和—CH_3 基团的二级倍频高频区域，波数 7 241.71 ~ 7 567.13 cm^{-1}包含的波长变量对应着—CH、—CH_2 和—CH_3 基团的二级倍频低频区域，还对应着 C ═O、—OH 和—NH_2 基团的二级倍频区域，波数 4 605.36 ~ 4 930.79 cm^{-1}包含的波长变量对应着 C ═O、C—C、—OH 和—NH_2 基团的组合频区域。SiPLS 优选的 BMP 谱区如图 7-6 所示。

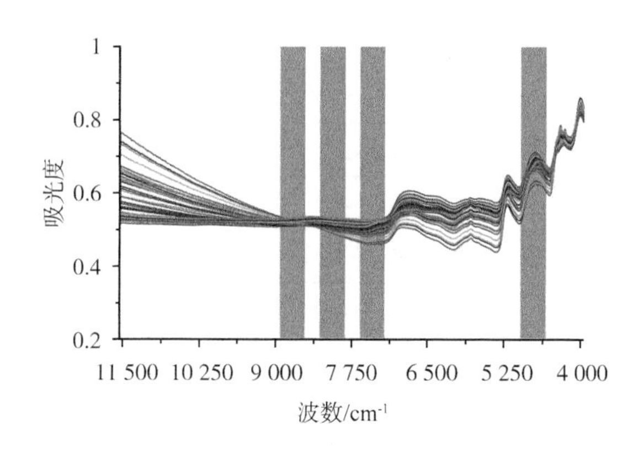

图 7-6 SiPLS 优选 BMP 特征区间

SiPLS-GSA 将 SiPLS 优选的特征谱区波长变量作为 GSA 的输入波长进行再次寻优，GSA 算法参数设置如下：码长为 320，种群规模为 110，初温确定系数 K 取 200，退温系数取 0.95，进化代数取 200，交叉概率取 0.7，变异概率取 0.01，邻域解扰动位数 m 取 16。为消除 GSA 算法的随机性，执行算法 50 次对 BMP 特征波长变量进行优选。连续执行算法 50 次后，经计算后确定将选中 4 次以上的波长变量(285 个)作为 SiPLS-GSA 优选的 BMP 特征波长。SiPLS-GSA 优选 BMP 特征波长结果与预处理后的平均光谱对比如图 7-7 所示。

由图 7-7 可知，除了含碳基团对应波长变量选中次数较高外，脂类中的 C = O 基团和蛋白质的含氮基团对应波长变量选中次数也比较高。

2. 基于 BiPLS-GSA 的生化甲烷势特征波长优选

在使用 BiPLS-GSA 对发酵原料 BMP 特征波长进行优选时，采用与 SiPLS-GSA 相同的区间划分方案，先将光谱划分为 15，18，23，31，37，46，61 个子区间，再使用 BiPLS 选取每种子区间数下 RMSECV 最小的组合区间作为 BiPLS 优选后谱区，然后再使用 GSA 对优选后的谱区进行特征波长变量优选。不同子区间数下 BiPLS 优选的 BMP 特征谱区结果如表 7-7 所示。

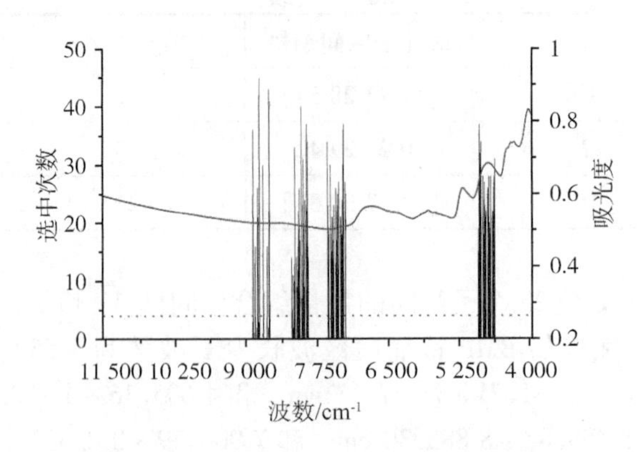

图 7-7 SiPLS-GSA 优选 BMP 特征波长

表 7-7 BiPLS 优选 BMP 特征谱区

划分区间数	PCs	最佳子区间编号	波长个数	RMSECV/(mL·g^{-1})VS
15	5	[1 7 10 12 14]	615	26.459
18	5	[1 8 13 14 17]	512	26.792
23	5	[1 10 11 15 18 21]	481	24.108
31	5	[2 12 14 24 28]	298	23.030
37	5	[2 14 17 34]	199	22.150
46	10	[20 21 29 36 42]	200	19.019
61	6	[2 3 26 27 28 38 46 55 59]	272	18.756

选取划分 61 个子区间的最佳组合区间[2 3 26 27 28 38 46 55 59]作为 BiPLS 优选后的 BMP 特征谱区。对应的波长变量为波数 11 163.27~11 414.54 cm^{-1}、8 024.37~8 390.99 cm^{-1}、6 788.58~6 908.04 cm^{-1}、5 799.96~5 919.41 cm^{-1}、4 687.75~4 807.21 cm^{-1}和 4 193.43~4 312.89 cm^{-1},共计 272 个波长变量。在这 9 个 BiPLS 优选谱区中,波数 11 163.27~11 414.54 cm^{-1}包含的波长变量对应着—CH 基团的三级倍频,波数 8 024.37~8 390.99 cm^{-1}包含的波长变量对应着—CH、—CH_2 和—CH_3 基团的二级倍频高频区域,波数 6 788.58~6 908.04 cm^{-1}包含的波长变量对应着 C═O、—OH、—CH、—NH_2、—CH_2 和—CH_3 基团的二级倍频低频区域,波数 5 799.96~5 919.41 cm^{-1}包含的波长变量对应着—CH、—CH_2 和—CH_3 基团的一级倍频,波数 4 687.75~4 807.21 cm^{-1}包含的波长变量对应着 C═O、—OH 和—NH_2 基团的组合频,波数4 193.43~4 312.89 cm^{-1}包含的波长变量对应着—CH、—CH_2 和—CH_3 基团的组合频。BiPLS 优选谱区如图 7-8 所示。

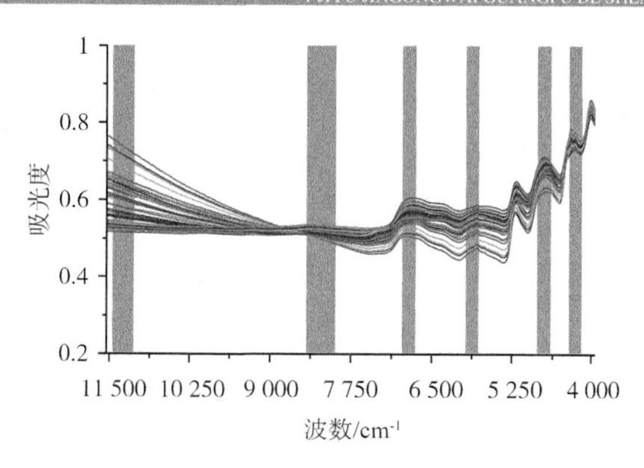

图 7 -8　BiPLS 优选 BMP 特征区间

BiPLS - GSA 以 BiPLS 优选的特征谱区波长变量个数为码长,随机生成 90 个码长为 272 的染色体构建初始种群,执行 GSA 算法进行特征波长变量二次优选。GSA 算法的邻域解扰动位数取 14,其他参数与 SiPLS - GSA 一致。为消除 GSA 算法的随机性,执行算法 50 次对 BMP 特征波长变量进行优选。连续执行算法 50 次,经计算后确定将选中 4 次以上的波长变量(260 个)作为 BiPLS - GSA 优选的 BMP 特征波长。BiPLS - GSA 波长优选结果与预处理后的平均光谱对比如图 7 -9 所示。

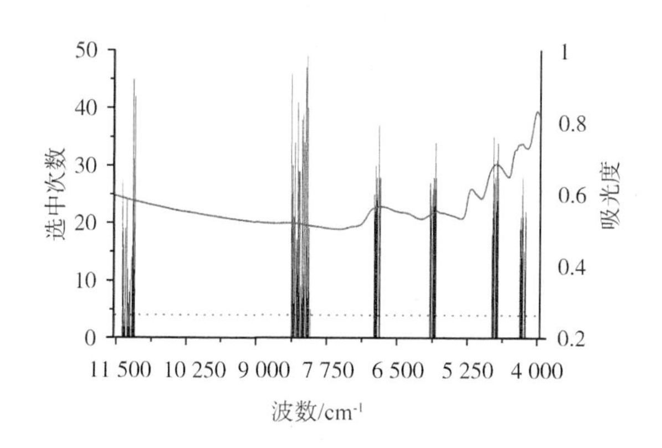

图 7 -9　BiPLS - GSA 优选 BMP 特征波长

由图 7 -9 可知,在波数 11 163.27 ~ 11 414.54 cm^{-1} 和波数 8 024.37 ~ 8 390.99 cm^{-1} 两个区间—CH 基团对应波长变量选中次数较多,其他区间中 C ═O、—CH 和—NH_2 基团对应的波长变量选中次数较多。这些选中次数较多的波长变量正对应着木质纤维素、蛋白质、脂肪等物质中的相关基团。

3. 基于 DGSA - PLS 的生化甲烷势特征波长优选

在执行 DGSA - PLS 算法对厌氧发酵原料的 BMP 进行特征波长优选时,先执行 GSA - iPLS 算法进行特征波长区间优选,再执行 GSA 算法对 GSA - iPLS 优选的特征谱区进行特征波长变量优选。GSA - iPLS 先按照 iPLS 将全谱划分成多个均匀的子区间,再以子区间个数为码长、以 RMSECV 为目标函数运行 GSA 算法,优选特定子区间数下的特征谱区。采用与 SiPLS - GSA 相同的区间划分方案,先将预处理后的光谱数据划分为 15,18,23,31,37,46,61 个子区间,并依据 RMSECV 优选有效的子区间组合作为 GSA - iPLS 优选的特征谱区。在每种子区间划分个数下，执行 10 次 GSA - iPLS 算法，并选定回归模型性能最佳的子区间组合作为该子区间数下的 BMP 特征谱区。在进行 GSA - iPLS 特征谱区优选时，码长为子区间划分个数，种群规模设为 100，邻域解扰动位数取码长的十分之一上取整，其他参数与 SiPLS - GSA 一致。不同子区间数下优选 BMP 特征谱区如表 7 - 8 所示。

表 7 - 8　GSA - iPLS 优选 BMP 特征谱区

划分区间数	PCs	最佳子区间编号	波长个数	RMSECV /(mL · g^{-1}) VS
15	9	[1 7 14 15]	492	26.044
18	8	[1 9 14 15 16 17 18]	716	23.550
23	6	[9 11 13 21]	320	25.484
31	6	[8 12 14 15 18 28 31]	417	21.209
37	7	[8 14 16 17 21 26 33 34]	398	18.948
46	6	[10 17 20 21 22 26 29 32 41]	360	19.249
61	7	[3 13 23 24 27 28 29 34 35 38 41 42 45 46 56 58 60]	512	23.207

由表 7 - 8 可知，选取划分 37 个子区间的最佳组合区间[8 14 16 17 21 26 33 34]作为 GSA - iPLS 优选后的 BMP 特征谱区。对应的波长变量为 9 898.65 ~ 10 100.49 cm^{-1}、8 662.86 ~ 8 864.70 cm^{-1}、8 044.97 ~ 8 452.78 cm^{-1}、7 221.11 ~ 7 422.95 cm^{-1}、6 191.29 ~ 6 393.13 cm^{-1}和 4 551.81 ~ 4 951.38 cm^{-1}，共计 398 个波长变量。在选中的 8 个子区间中，波数 9 898.65 ~ 10 100.49 cm^{-1}包含的波长变量对应着—NH_2 基团三级倍频，波数 8 662.86 ~ 8 864.70 cm^{-1}和 8 044.97 ~ 8 452.78 cm^{-1}包含的波长变量对应着—CH、—CH_2 和—CH_3 基团的二级倍频高频区域，波数 7 221.11 ~ 7 422.95 cm^{-1}包含的波长变量对应着—CH、—CH_2 和—CH_3 基团的二级倍频低频区域，还对应着—OH 和—NH_2 基团的二级倍频区域，波数 6 191.29 ~ 6 393.13 cm^{-1}包含的波长变量对应着—CH 基团的一级倍频区域，波数 4 551.81 ~ 4 951.38 cm^{-1}包含的波长变量对应着—OH、C ═O、C—C 和—NH_2 基团的组合频。GSA - iPLS 优选谱区如图 7 - 10 所示。

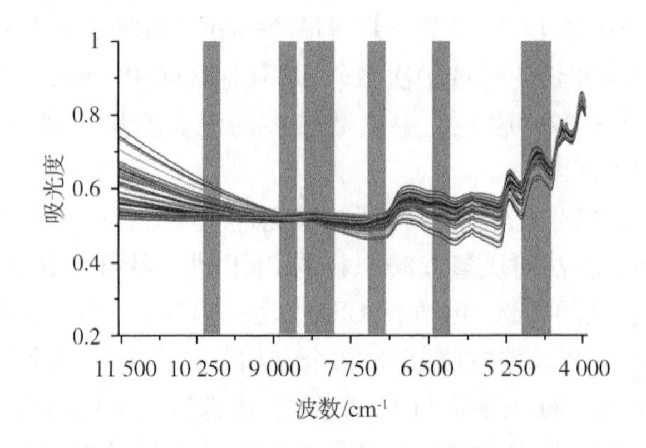

图 7 - 10　GSA - iPLS 优选 BMP 特征谱区

DGSA－PLS 在进行特征波长变量优选时，以 GSA－iPLS 优选的特征谱区波长变量个数为码长，随机生成 160 个码长为 398 的染色体构建初始种群，邻域解扰动位数取 20，其他算法初始参数与 SiPLS－GSA 一致。为消除 GSA 算法的随机性，执行算法 50 次对 BMP 特征波长变量进行优选。连续执行算法 50 次后，经计算后确定选中 8 次以上的波长变量（344 个）作为 DGSA－PLS 优选的 BMP 特征波长。DGSA－PLS 波长优选结果与预处理后的平均光谱对比如图 7－11 所示。

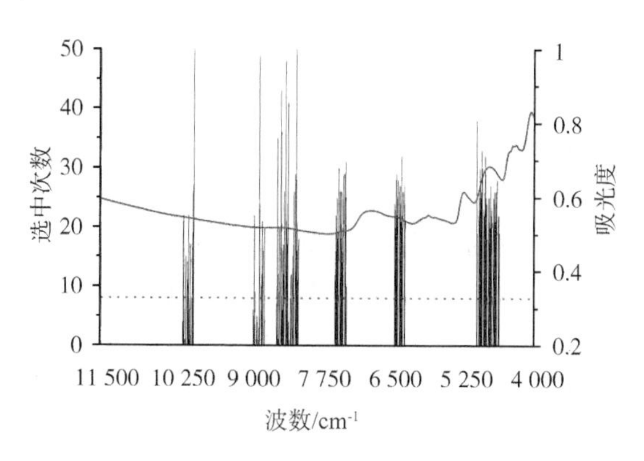

图 7－11　DGSA－PLS 优选 BMP 特征波长

由图 7－11 可知，DGSA－PLS 优选的 BMP 特征波长中选中 35 次以上的波长变量共计 31 个。这 31 个特征波长变量对应着—CH 基团的二、三级倍频，对应着—NH_2 基团的二、三级倍频和组合频，还对应着 C ═O 基团的组合频。

4. 基于 CARS－GSA 的生化甲烷势特征波长优选

在使用 CARS－GSA 进行 BMP 特征波长优选时，先执行 500 轮次 CARS 算法（记为 CARS500）进行特征波长初步优选，然后再使用 GSA 算法进一步剔除冗余波长变量。执行 500 次 CARS 算法共得到 BMP 特征波长变量 383 个，选中次数最多的特征波长变量波数为 11 311.56 cm^{-1}，对应着—CH_3 基团的三级倍频，选中次数为 388 次。运行 500 次 CARS 算法优选的 BMP 特征波长结果如图 7－12 所示。

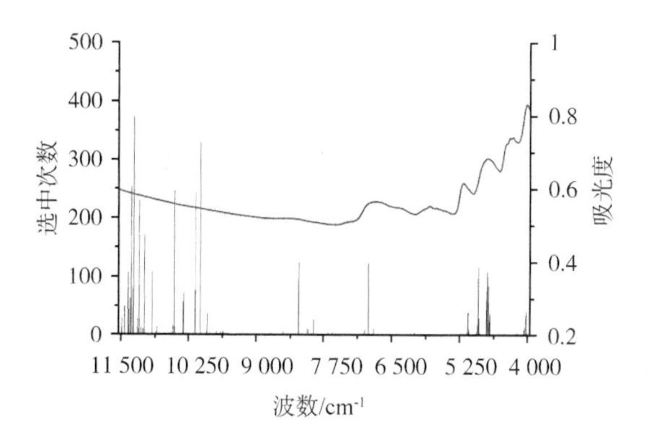

图 7－12　500 次 CARS 优选 BMP 特征波长

由图 7－12 可知，CARS 优选的特征波长比较分散，选中次数较多的波长变量主要分布在波数 9 898.64 ~ 11 542.24 cm^{-1}、7 921.39 ~ 8 415.70 cm^{-1}、6 767.99 ~ 7 097.53 cm^{-1}、5 779.36 ~ 6 273.67 cm^{-1}、4 625.96 ~ 5 120.27 cm^{-1}和 4 625.96 ~ 4 131.64 cm^{-1}区域。其中波数 9 898.64 ~ 11 542.24 cm^{-1}包含的波长变量对应着—OH、—CH、$—CH_2$、$—CH_3$ 和$—NH_2$等基团的三级倍频，波数 7 921.39 ~ 8 415.70 cm^{-1}包含的波长变量对应着—CH、$—CH_2$和$—CH_3$ 基团的二级倍频高频区域，波数 6 767.99 ~ 7 097.53 cm^{-1}包含的波长变量对应着 C ═O、—OH、—CH、$—CH_2$、$—CH_3$、—NH 和$—NH_2$ 等基团二级倍频的低频区域，波数 5 779.36 ~ 6 273.67 cm^{-1}包含的波长变量对应着—CH、$—CH_2$ 和$—CH_3$ 基团的一级倍频，波数 4 625.96 ~ 5 120.27 cm^{-1}包含的波长变量对应着 C ═O、—OH、$—NH_2$ 基团的一级倍频和 C—C、$—NH_2$ 基团的组合频，波数 4 625.96 ~ 4 131.64 cm^{-1}包含的波长变量对应着—CH、$—CH_2$ 和$—CH_3$ 基团的组合频。

为分析不同重复选中次数下，CARS500 优选 BMP 特征波长的建模性能，建立 RMSECV 和波长变量个数随重复选中次数的变化关系，如图 7 – 13 所示。由图 7 – 13 可知，RMSECV 随着选中波长变量个数的减少整体上呈先迅速减少、再波浪状缓慢上升、最后快速上升的形式，其中波长变量个数为 77 时，RMSECV 得到最小值 14.107，对应重复选中次数为 39 次。采用 RMSECV 最小时对应的 77 个波长变量作为 CARS500 优选的 BMP 特征波长，此时 CARS500 的建模性能最好。

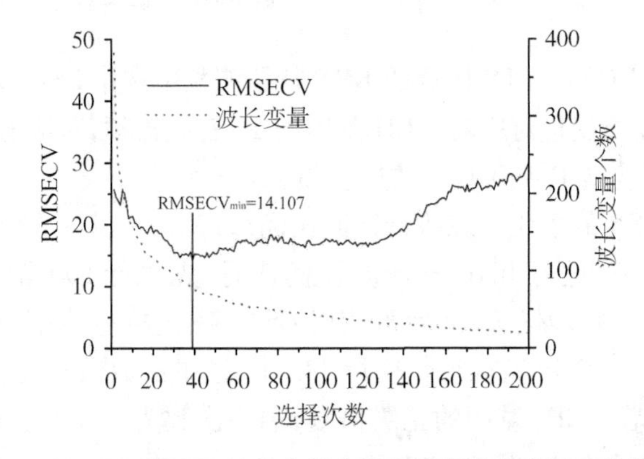

图 7 – 13　RMSECV、波长变量个数和重复选中次数间的关系

在使用 GSA 算法对 CARS 优选的 BMP 特征波长进行二次优选时，以 CARS 优选的 77 个波长变量为码长随机生成 40 个染色体构建初始种群，邻域解扰动位数取 8，其他参数与 SiPLS – GSA 一致。为消除 GSA 算法的随机性，执行 GSA 算法 50 次对发酵原料 BMP 特征波长变量进行优选。连续执行算法 50 次后，经计算后确定将选中 7 次以上的波长变量（57 个）作为 CARS – GSA 优选的 BMP 特征波长。CARS – GSA 优选的特征波长与预处理后的平均光谱对比如图 7 – 14 所示。

由图 7 – 14 可知，选中 25 次以上的波长变量（23 个）对应着—CH 基团的一、二、三级倍频，还对应着$—NH_2$ 基团的一、二、三级倍频和组合频，还对应着 C ═O 基团的二、三级倍频和组合频。

SiPLS – GSA、BiPLS – GSA、DGSA – PLS 和 CARS – GSA 四种特征波长优选算法选择的特征波长对比结果如图 7 – 15 所示。图 7 – 15 中，四种算法重复选中的波长变量主要位于 7 750 ~ 8 375 cm^{-1}和 4 625 ~ 5 250 cm^{-1}两个波数范围。7 750 ~ 8 375 cm^{-1}波数范围包含的

特征波长主要对应着 C—H 基团的二级倍频。4 625 ~ 5 250 cm^{-1}波数范围内的吸收峰主要来自 C—H、O—H、N—H 和 C ═O 基团的伸缩频和组合频。另外，波数范围 6 500 ~ 7 125 cm^{-1}包含的特征波长主要对应着 O—H 和 N—H 基团的一级倍频。从四种算法优选特征波长的变量个数来看，CARS - GSA 展示了最佳的无信息波长变量的剔除能力，进而有效提高回归模型的运算效率。

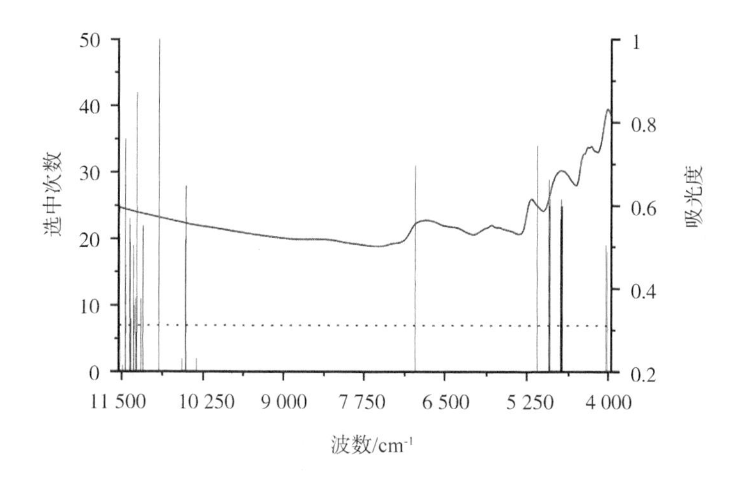

图 7 - 14　CARS - GSA 优选 BMP 特征波长

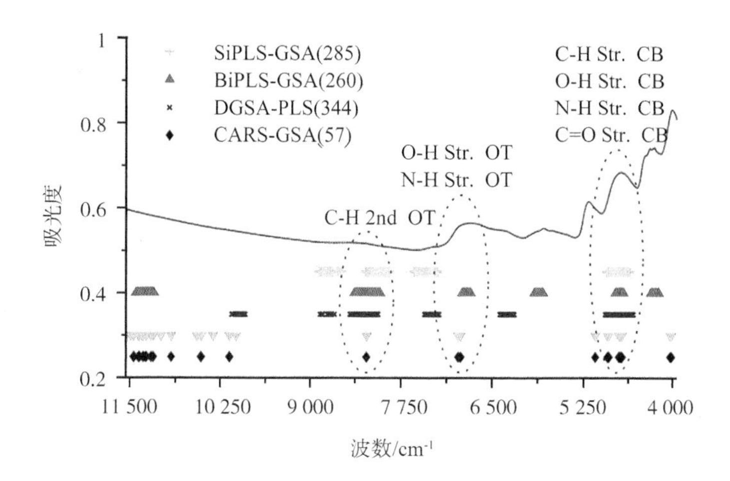

图 7 - 15　四种算法优选 BMP 特征波长对比图

7.4.2　基于近红外光谱的回归模型评价

为评测不同特征波长优选算法的性能，以 SiPLS - GSA、BiPLS - GSA、DGSA - PLS 和 CARS - GSA 优选的 BMP 特征波长变量作为 PLS 回归模型的输入，建立厌氧发酵原料 BMP 定量分析模型，并与 Full - PLS、单次 CARS、SiPLS、BiPLS、CARS500 和 GSA - iPLS 建模结果进行对比，其结果如表 7 - 9 所示。

表 7-9 BMP PLS 回归模型评价指标

方法	波长个数	R_c^2	R_p^2	RMSEC /(mL·g⁻¹)VS	RMSEP /(mL·g⁻¹)VS	rRMSEC /%	rRMSEP /%	PCs
Full - PLS	1 845	0.975	0.899	6.341	12.974	2.609	5.361	8
CARS	28	0.957	0.971	11.578	8.592	4.764	3.550	7
SiPLS	320	0.931	0.950	14.517	11.695	5.974	4.832	6
SiPLS - GSA	285	0.937	0.953	13.923	11.655	5.729	4.816	5
BiPLS	272	0.954	0.964	11.929	10.797	4.909	4.461	7
BiPLS - GSA	260	0.955	0.973	11.885	8.780	4.891	3.628	7
GSA - iPLS	398	0.927	0.971	14.904	9.260	6.133	3.826	6
DGSA - PLS	344	0.933	0.974	14.288	8.255	5.879	3.411	6
CARS500	77	0.969	0.982	9.868	6.599	4.060	2.727	7
CARS - GSA	57	0.970	0.984	9.761	6.293	4.016	2.600	7

由表 7-9 可知，各种特征波长优选方法建立的 BMP 回归模型的 R_c^2 和 R_p^2 都大于 0.926，rRMSEP 都小于 4.84，说明建模非常成功，且都优于 Full - PLS 模型性能，说明冗余波长变量对 NIRS 建模精度具有很大的不利影响。SiPLS、BiPLS、CARS、CARS500 和 GSA - iPLS 五种特征波长优选方法中，CARS500 的优选性能最佳，CARS 和 GSA - iPLS 较好，BiPLS 次之，SiPLS 最差，但都显著高于 Full - PLS 模型，说明这五种特征波长优选方法在进行 BMP 特征波长优选时具有良好的性能。CARS500 采用多次搜索选取重复选中波长变量的方式能够有效提高单次 CARS 的性能，其优选的特征波长变量为 77 个，剔除了全谱中 95.83% 的无效波长变量。CARS500 优选特征波长建立的 PLS 回归模型 RMSEP 为 6.599，与全谱建模相比，RMSEP 减少了 49.13%。GSA - iPLS 优选的特征波长变量为 398 个，剔除了全谱中 78.43% 的无效波长变量，其建模 RMSEP 为 9.260，与全谱建模相比，RMSEP 减少了 28.62%。

SiPLS - GSA、BiPLS - GSA、DGSA - PLS 和 CARS - GSA 采用 GSA 分别对 SiPLS、BiPLS、CARS500 和 GSA - iPLS 特征波长初选结果进行二次优选，有效剔除了各自初选特征波长中的冗余波长变量，进一步提高了回归模型的性能。其中，CARS - GSA 的建模性能最好，DGSA - PLS 较好，BiPLS - GSA 次之，SiPLS - GSA 最差。通过 GSA 二次优选，CARS - GSA 的特征波长变量减少到 57 个，与 CARS500 相比减少了 25.97%，CARS - GSA 模型的 RMSEP 为 6.293，与 CARS500 相比降低了 4.64%。这进一步说明了 CARS 算法在 BMP 特征波长优选方面的优良性能，CARS 能够在剔除不相关波长变量的同时，实现共线性波长变量的有效压缩；同时也体现了 GSA 算法的全局优化能力，有效实现了 BMP 特征波长变量的优中选优。通过 GSA 二次优选，DGSA - PLS 的特征波长变量减少到 344 个，与 GSA - iPLS 相比减少了 13.57%，其建模 RMSEP 为 8.255，与 GSA - iPLS 相比降低了 10.86%。通过 GSA 二次优选，SiPLS - GSA 的特征波长变量减少到 285 个，与 SiPLS 相比减少了 10.94%，其建模 RMSEP 为 11.655，与 SiPLS 相比降低了 0.34%。通过 GSA 二次优选，BiPLS - GSA 的特征波长变量减少到 260 个，与 BiPLS 相比减少了 4.41%，其建模 RMSEP 为 8.780，与

BiPLS 相比降低了 18.68%。这进一步说明 GSA - iPLS 与 SiPLS 和 BiPLS 相比,扩展了特征谱区的范围,为 GSA 优化提供了更大的解空间,有效提升了 GSA 的优化性能;也进一步体现了 GSA 的全局优化性能,当冗余波长变量个数较多时,GSA 能够有效实现 BMP 特征波长变量的优化。

为了评测 CARS - GSA 优选 BMP 特征波长的建模性能和适用性,以全谱、单次 CARS、SiPLS、BiPLS、GSA - iPLS、CARS500 和 CARS - GSA 优选特征波长为输入,建立 PCA - SVM 回归模型。在使用 GSA 优化 PCA - SVM 模型参数 C、γ 和 ε 时,算法参数与建立纤维素模型时一致。不同波长优选方式下建立的 PCA - SVM 回归模型参数优化结果及评价指标如表 7 - 10 所示。

表 7 - 10　BMP PCA - SVM 回归模型评价指标

参数	Full	CARS	SiPLS	BiPLS	GSA - iPLS	CARS500	CARS - GSA
波长个数	1 845	28	320	272	398	77	57
C	67.780	99.172	14.972	99.289	49.933	95.937	78.741
γ	0.049	0.010	0.292	0.044	0.061	0.004	0.003
ε	0.001	0.001	0.083	0.241	0.220	0.132	0.159
R_c^2	0.988	0.975	0.970	0.966	0.962	0.969	0.971
R_p^2	0.922	0.959	0.952	0.966	0.974	0.983	0.984
RMSEC /(mL · g^{-1} VS)	6.305	8.885	9.759	10.421	10.853	9.959	9.628
RMSEP /(mL · g^{-1} VS)	12.284	9.297	10.300	9.963	8.255	6.431	6.350
rRMSEC/%	2.594	3.656	4.016	4.288	4.466	4.098	3.962
rRMSEP/%	5.076	3.841	4.256	4.117	3.411	2.657	2.624
PCs	8	7	6	7	6	7	7

由表 7 - 10 可知,PCA - SVM 建立的 BMP 全谱回归模型的性能优于 PLS 回归模型,这进一步说明 PCA - SVM 在 NIRS 全谱建模方面具有良好的泛化能力,PCA - SVM 非常适用于建立 BMP 全谱非线性回归模型。PCA - SVM 建立的 SiPLS、BiPLS 和 GSA - iPLS 回归模型的性能优于 PLS 回归模型,与相应的 PLS 回归模型相比,RMSEP 分别降低了 11.93%,7.73% 和 10.86%。SiPLS 和 GSA - iPLS 比 BiPLS 性能提升更加明显的原因可能在于前两者波长变量个数较多,相对 BiPLS 的冗余波长变量也多,更能发挥 PCA - SVM 的数据降维能力和泛化能力。在建立 CARS、CARS500 和 CARS - GSA 对应的 PCA - SVM 回归模型时,与相应的 PLS 回归模型相比,CARS500 模型性能略有提升,CARS - GSA 模型性能略有下降,CARS 模型性能下降较多。其中 CARS - GSA 优选特征波长建立的 PCA - SVM 回归模型的预测精度最高。

7.5 模型结果讨论

PLS_Second_Order 和 PLS_Second_GSA 两种二阶回归模型的精度高于 MLR_First_order、MLR_C/N_square，说明厌氧共发酵过程中，多种理化指标之间的交互作用对产甲烷能力具有重要影响。PLS_Second_GSA 模型采用 GSA 算法进行特征参数优选，能够有效剔除与 BMP 相关性较差的输入参数，不仅减少了建模参数数量，还有效提高了回归模型精度。这主要得益于 GSA 算法强大的随机搜索能力，其通过结合温度参数对适应度函数进行改进设计，有效解决了传统 GA 算法早熟收敛和搜索效率低的不足。GSA 算法以 PLS 模型的 K 折 RMSECV 为目标函数，消除相关性较弱的输入变量，从而解决相互作用项之间可能存在的共线性问题，有效提高基于理化指标的 BMP 回归模型的性能。

对于特征谱区选择算法，其选择波长的建模性能排序为 GSA - iPLS > BiPLS > SiPLS。主要原因如下：SiPLS 搜索 2 ~4 个固定个数的光谱特征区间获得关键波长，对于特征波长分布比较集中的情况具有良好的优势。BiPLS 逐一剔除相关性较差的波长区间，并选择 RMSECV 最低的组合区间作为优选的特征谱区。与 SiPLS 相比，BiPLS 更适合解决特征波长在整个光谱区域内广泛分布的情况。GSA - iPLS 将 iPLS 的分割策略与 GSA 的搜索能力相结合，通过子区间的随机组合构建初始染色体，基于 RMSECV 和温度参数设计适应度函数，并通过 GSA 的进化操作完成最优特征谱区的优选，相对于 SiPLS 组合固定个数子区间和 BiPLS 逐一剔除子区间的方式，具有更大的随机搜索能力，获取的特征谱区的建模性能高于 SiPLS 和 BiPLS 优选的特征谱区。厌氧共发酵原料中有许多可降解的有机物（特别是碳水化合物，脂类和粗蛋白）对其产甲烷能力有重要影响，其对应的基团广泛分布于整个光谱空间。因此，用 GSA - iPLS 选择的特征谱区构建的回归模型预测精度优于 SiPLS 和 BiPLS 模型。

与 SiPLS、BiPLS 和 GSA - iPLS 相比，CARS 具有更好的建模性能。不仅显示了 CARS 特征波长选择算法的高效性，而且表明 SiPLS、BiPLS 和 GSA - iPLS 优选的特征谱区中无信息冗余变量严重影响建模性能。有必要使用其他算法来进一步消除特征谱区中存在的无信息变量。SiPLS - GSA、BiPLS - GSA 和 DGSA - PLS 分别从 SiPLS、BiPLS 和 GSA - iPLS 初选的特征谱区中进行特征波长二次优选，可以有效剔除初选特征谱区中的冗余波长变量，从而进一步提高回归模型的预测性能。主要原因在于 GSA 算法通过选择 RMSECV 作为目标函数，可以有效选择与 BMP 相关性较高的关键波长变量，剔除相关性较弱的波长变量。基于强大的随机搜索能力，GSA 不仅消除了弱相关变量，而且解决了波长变量之间的共线性问题。

CARS 基于回归系数绝对值和 RMSECV 优选有效的波长子集构建特征波长，能够有效去除不相关和共线性的波长变量。多次执行 CARS 后，通过将重复选中的波长作为特征波长，CARS500 不仅解决了 CARS 选择特征波长结果的不一致性，还有效提高了建模性能。在 CARS500 选择的特征波长中，可能存在一些弱相关的波长变量，可以使用 CARS - GSA 算法进行剔除。与 CARS500 相比，CARS - GSA 通过 GSA 算法进一步优选特征波长，其特征波长变量减少到 57 个，减少了 25.97%；其 RMSEP 为 6.293，下降了 4.64%；其 rRMSEP 从 2.727% 下降到 2.600%。这说明 CARS - GSA 通过将 CARS500 与 GSA 相结合获取了卓越的特征波长优选性能。

为了确定最佳 BMP 回归预测模型，绘制基于理化指标的 PLS_Second_GSA 模型、基于 NIRS 结合 CARS－GSA 的 PLS 回归模型（记为 PLS_CARS－GSA）和基于 NIRS 结合CARS－GSA 的 PCA－SVM 回归模型（记为 PCA－SVM_CARS－GSA）的雷达图，如图 7－16 所示。

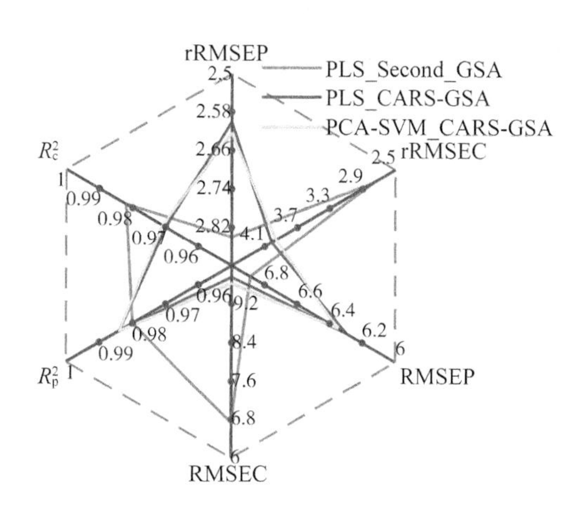

图 7－16 不同 BMP 回归模型雷达图

由图 7－16、表 7－9 和表 7－10 可知，PLS_CARS－GSA 的验证集性能最好，CARS－GSA 优选 BMP 特征波长建立的 PLS 回归模型预测性能优于其他特征波长优选方法建立的 PLS 和 PCA－SVM 回归模型，也优于基于理化指标的 BMP 回归模型。因此，采用 CARS－GSA 作为厌氧发酵原料 BMP 的波长优选方案，以优选后的特征波长建立 PLS 回归模型并进行性能评测，其结果如图 7－17 所示。

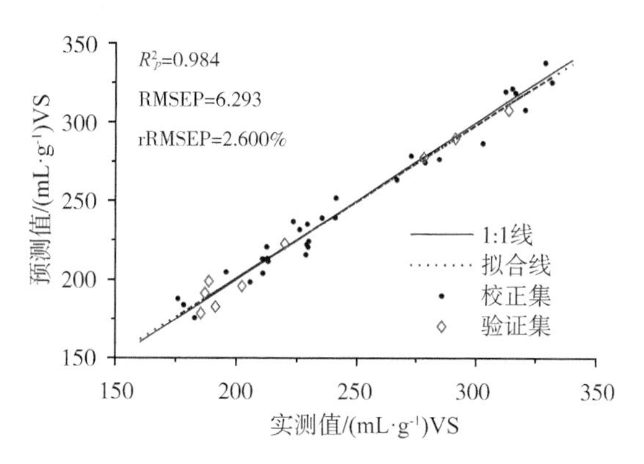

图 7－17 BMP 实测值与预测值分布

由图 7－17 可知，BMP 的实测值与预测值点基本呈对角线分布，且拟合线与 1∶1 线基本重合，经检验发现各参数的预测值与实测值无显著性差异。CARS－GSA 回归模型 R_p^2 为 0.984，RMSEP 为 6.293，rRMSEP 为 2.600%。说明基于 CARS－GSA 特征波长优选方法建立的 BMP 回归模型可以满足厌氧发酵过程中对原料 BMP 的快速检测需求。

对于 BMP 回归模型的预测精度而言，所提出的基于 NIRS 结合 CARS－GSA 构建的 PLS 回归模型的具有非常优异的 BMP 预测性能，主要原因包括两个方面：一是归因于本研究提出的 CARS－GSA 算法选择特征波长的高效性，二是本研究采用的玉米秸秆和粪便混合物样本类型相对单一。针对以玉米秸秆和畜禽粪便为底物的厌氧共发酵 BMP 检测需求,以秸秆和粪便混合物为研究对象,有利于构建专用的 NIRS 快速检测系统,但模型的应用范围有限。如果要将所提出的 CARS - GSA 模型应用于实际沼气工程的 BMP 检测,则需要扩展样本集,以建立更稳健的回归模型。特别是要实现对鸡粪、稻草等其他原料进行 BMP 快速检测时,除了新的样品取样外,还应对模型进行优化调整,这也是建立高可用性 NIRS 检测模型的首要任务。

7.6 本章小结

本章探讨了 NIRS 结合化学计量学方法进行厌氧发酵原料 BMP 快速检测的可行性。为提高 NIRS 回归模型的检测精度和效率,应用 SiPLS - GSA、BiPLS - GSA、DGSA - PLS 和 CARS - GSA 对 BMP 特征波长进行优选,比较了各种特征波长优选方法的建模性能,得到了满足检测需求的有效特征波长变量,并与基于理化指标的 BMP 回归模型性能进行了对比,为实现厌氧发酵原料 BMP 的快速检测提供了新途径。具体结论如下:

(1)基于理化指标结合 GSA 特征参数选择构建的 PLS_Second_GSA 模型能够满足厌氧共发酵原料 BMP 的快速检测需求,但理化指标检测仍需要较长时间。基于 NIRS 结合 CARS - GSA 特征波长优选构建的回归模型在实现 BMP 快速检测的同时,有效解决了传统 BMP 测试实验和理化指标检测耗时过长的问题。

(2)PCA - SVM 适用于波长变量个数较多的漫反射光谱分析与建模,其建立的 BMP 全谱及 SiPLS、BiPLS 和 CARS500 优选特征波长对应回归模型的性能高于相应的 PLS 回归模型。

(3)SiPLS、BiPLS、CARS 和 GSA - iPLS 四种算法在进行 BMP 特征波长优选时具有良好的性能,四种算法优选特征波长建立的 PLS 回归模型性能显著高于全谱建模。CARS 和 GSA - iPLS 的建模性能要高于 SiPLS 和 BiPLS,其中 CARS500 建模性能最好,SiPLS 建模性能最差。CARS500 优选的特征波长变量个数为 77,占全谱波长变量的 4.17%,所建模型的 RMSEP 为 6.599,与全谱建模相比减少了 49.13%。GSA - iPLS 优选的特征波长变量个数为 398,占全谱波长变量的 21.57%,所建模型的 RMSEP 为 9.260,与全谱建模相比减少了 28.62%。

(4)SiPLS - GSA、BiPLS - GSA、DGSA - PLS 和 CARS - GSA 采用 GSA 分别对 SiPLS、BiPLS、CARS500 和 GSA - iPLS 特征波长初选结果进行二次优选,有效剔除了各自初选特征波长中的冗余波长变量,进一步提高了回归模型的性能。GSA 算法具有良好的全局优化能力,既适用于初选结果码长较短的 CARS 算法的再优化,也适用于初选结果码长较长的 GSA - iPLS 算法的再优化,能够有效实现 BMP 特征波长变量的优中选优。

(5)CARS - GSA 优选的 BMP 特征波长建立的 PLS 回归校正模型的检测精度最高,其 R_p^2 为 0.984,RMSEP 为 6.293,rRMSEP 为 2.600%,能够满足秸秆粪便混合共发酵原料 BMP 的快速检测需求。

8 结论与展望

8.1 结　　论

为了对沼气工程的运行状态进行有效监控与评估,需要对厌氧发酵原料的成分、碳氮比、BMP 和发酵过程中发酵液的氨氮、VFA 含量等厌氧发酵关键信息进行快速准确检测。针对采用传统化学方法检测上述关键信息时存在测试速度慢、成本高的问题,深入研究了 NIRS 分析技术结合化学计量学进行厌氧发酵关键信息快速检测的可行性,以光谱特征波长优选为主线,通过比较 PLS 和 SVM 的建模性能,构建了厌氧发酵全过程关键信息快速获取方法,实现了以玉米秸秆和畜禽粪便为原料的厌氧发酵过程中原料的木质纤维素成分、碳氮比、BMP 和发酵液的氨氮、VFA 浓度的快速、准确检测。主要结论如下:

(1)基于结合温度参数设计适应度函数策略构建的 GSA 具有良好的全局搜索性能,其以光谱波长变量为染色体基因的编码方案不仅适用于 NIRS 全谱的特征波长优选,更适用于 SiPLS、BiPLS 和 GSA - iPLS 优选后谱区的特征波长优选,还适用于 CARS 优选后特征波长的二次优选。GSA 算法与已有特征波长优选算法相结合,能够实现 NIRS 特征波长的优中选优,从而获取建模性能更好的有效特征波长变量。

(2)PCA - SVM 将 PCA 的数据降维能力和 SVM 的强大泛化能力相结合,在漫反射光谱全谱建模方面具有良好的性能。在进行厌氧发酵原料木质纤维素成分、碳氮比和 BMP 全谱建模方面,PCA - SVM 模型的性能优于相应的 PLS 回归模型,但在发酵液氨氮和 VFA 两种透射光谱建模方面的性能弱于相应的 PLS 回归模型。PLS 既适用于发酵原料相关信息漫反射光谱建模,也适用于发酵液相关信息透射光谱建模,且在与相关特征波长优选算法相结合进行特定问题求解方面的能力更强。

(3)Full - GSA 以全谱每个波长变量为染色体基因的编码方案适用于预处理后玉米秸秆纤维素、半纤维素和木质素含量的 NIRS 特征波长优选,但 Full - GSA 算法的时间复杂度高。SiPLS - GSA 和 BiPLS - GSA 将 GSA 与光谱特征谱区优选算法相结合,在实现特征波长敏感区域初步定位的基础上,使用 GSA 算法实现了敏感区域内部不相关和共线性冗余波长变量的有效剔除,具有良好的特征波长优选性能。SiPLS - GSA 和 BiPLS - GSA 与 Full - GSA 相比,实现了波长优选性能和效率的统一,其中 SiPLS - GSA 优选的纤维素和木质素特征波长建模性能最好,BiPLS - GSA 优选的半纤维素建模性能最好。以优选后的最佳特征波长建立纤维素、半纤维素和木质素 PLS 回归校正模型,其 R_p^2 分别为 0.887,0.987 和 0.935,RMSEP 分别为 0.997,0.987 和 0.256,RPD 分别为 2.900,8.786 和 4.149。基于 SiPLS - GSA 和 BiPLS - GSA 建立的木质纤维素 PLS 回归模型能够满足厌氧发酵过程中对预处理后玉米秸秆半纤维素的快速检测需求,基本满足纤维素和木质素的检测需求。

(4)GSA - iPLS 将 GSA 与 iPLS 相结合,通过把光谱数据划分成多个子区间,并以子区间个数为码长,搜索有效的碳氮比特征波长子区间组合作为特征谱区,有效减少了建模变量个数,提高了碳氮比检测模型的精度和效率。DGSA - PLS 在 GSA - iPLS 优选谱区的基础上,以波长变量个数为码长进行特征波长变量优选,有效剔除 GSA - iPLS 优选谱区子区间内部存在的不相关和共线性的冗余波长变量,进一步提高碳氮比检测模型的精度和效率。基于 DGSA - PLS 建立的碳氮比 PLS 回归模型 R_p^2 为 0.920,RMSEP 为 7.178,RPD 为 3.805,特征波长变量个数为 628。与全谱建模相比,DGSA - PLS 模型的有效波长变量个数减少了 65.96%,RMSEP 减少了 15.87%。基于 DGSA - PLS 特征波长优选方法建立的碳氮比 PLS 回归模型基本可以满足厌氧发酵过程中对原料碳氮比的直接快速检测需求。

(5)CARS 在发酵液氨氮浓度 NIRS 特征波长优选方面具有良好的性能,单次 CARS 剔除冗余波长变量的能力最强,而多次执行 CARS 并选取重复选中的波长变量作为特征波长的方式能够实现建模精度和效率的统一,其建模性能优于单次 CARS。CARS - GSA 采用 GSA 能够实现单次或多次 CARS 优选特征波长的二次优化,并提高建模精度和效率。但 GSA 对多次 CARS 优选结果的二次优化效果要好于对单次 CARS 优选结果的优化,说明当 GSA 算法待优化目标波长变量个数较多时,GSA 的全局优化能力才能得到有效发挥。通过 GSA 结合多次 CARS 进行氨氮特征波长优选,能够得到满足检测需求的有效特征波长变量。基于 CARS500 - GSA 特征波长优选方法建立的 PLS 回归模型 R_p^2 为 0.990, R_{ip}^2 为 0.988, RMSEP 为 11.995,RMSET 为 22.779,RPD 为 10.109,RPDT 为 9.202,能够满足厌氧发酵过程中对发酵液氨氮浓度的快速检测需求。

(6)CARS 在发酵液 VFA 浓度 NIRS 特征波长优选方面具有良好的性能,通过多次执行 CARS 算法并选取重复选中的波长变量作为特征波长能够有效提高建模精度和效率。CARS - GSA 能够有效去除 CARS 优选波长中的冗余波长变量,进一步提高建模精度和效率。CARS - GSA 优选的乙酸、丙酸和总酸特征波长建立的 PLS 回归模型的性能最佳,乙酸、丙酸和总酸回归模型的 R_p^2 分别为 0.988,0.923 和 0.886,RMSEP 分别为 0.111,0.120 和 0.727,RPD 分别为 9.685,3.685 和 3.484,能够满足厌氧发酵过程中对发酵液乙酸浓度的快速检测需求,基本满足丙酸和总酸浓度的检测需求。

(7)SiPLS、BiPLS、CARS 和 GSA - iPLS 四种算法在进行 BMP 特征波长优选时具有良好的性能,四种算法优选特征波长的建模性能显著高于全谱建模。SiPLS - GSA、BiPLS - GSA、DGSA - PLS 和 CARS - GSA 采用 GSA 分别对 SiPLS、BiPLS、CARS 和 GSA - iPLS 特征波长初选结果进行二次优选,有效剔除了各自初选特征波长中的冗余波长变量,进一步提高了回归模型的性能。采用 CARS - GSA 优选的 BMP 特征波长建模性能最好,能够得到满足检测需求的有效特征波长变量。CARS - GSA 优选 BMP 特征波长建立的 PLS 回归校正模型的检测精度最高,其 R_p^2 为 0.984,RMSEP 为 6.293,rRMSEP 为 2.600%,能够满足秸秆粪便混合共发酵原料 BMP 的快速检测需求。

8.2 创 新 点

(1)提出了应用 NIRS 分析技术进行厌氧发酵全过程关键信息快速检测,有效解决传统检测方法耗时长、成本高的不足,为实现厌氧发酵的原料快速评价和过程监控提供了有效方法。

(2)针对 NIRS 特征波长优选的需求,将 GA 与 SA 相结合构建 GSA 算法,并设计了 Full - GSA、SiPLS - GSA、BiPLS - GSA、GSA - iPLS、DGSA - PLS 和 CARS - GSA 共 6 种特征波长优选算法。

(3)面向厌氧发酵各关键信息所包含基团的分布特性,选择特定算法进行各关键信息特征波长优选,获取到满足实际检测需求的有效特征波长变量,建立了厌氧发酵各关键信息包含基团与近红外光谱特征波长间的对应关系。

8.3 展 望

基于本文的研究工作,后续还需要在以下几个方面进行深入研究:

(1)本研究仅对以玉米秸秆与畜禽粪便为原料的厌氧发酵关键信息进行快速检测方法研究,后续可进一步扩充厌氧发酵原料种类,将该方法应用于城市固废、餐厨垃圾等有机废弃物厌氧发酵领域。

(2)本研究仅对发酵原料木质纤维素成分、碳氮比、BMP 和发酵液 VFA、氨氮进行了 NIRS 快速检测方法研究,后续可以进一步扩充到发酵原料的蛋白质、脂肪含量和发酵液的化学需氧量、生物量、pH 值等厌氧发酵相关信息的快速检测领域。

(3)本研究仅使用实验室现有的通用光谱扫描设备进行厌氧发酵原料和发酵液的光谱扫描,这影响了研究成果的应用范围和效率。针对厌氧发酵工程的监控需求,基于本文的研究成果开发相应的在线检测设备和配套软件,实现厌氧发酵原料和发酵液相关信息的实时在线检测,将成为 NIRS 分析技术在厌氧发酵领域进一步应用的重要发展方向。

附　录

附录 A　缩略语中英文注释

表 A－1　缩略语中英文注释

缩略词	英文全称	汉语全称
ADF	acid detergent fiber	酸性洗涤纤维
ADL	acid detergent lignin	酸性洗涤木质素
ARS	adaptive reweighted sampling	自适应加权采样
BiPLS	backward interval partial least squares	反向区间偏最小二乘
BMP	biochemical methane potential	生化甲烷势
CARS	competitive adaptive reweighted sampling	竞争自适应重加权采样
EDF	exponentially decreasing function	指数衰减函数
FD	first derivative	一阶导数
GA	genetic algorithm	遗传算法
GSA	genetic simulated annealing algorithm	遗传模拟退火算法
HRT	hydraulic retention time	水力停留时间
iPLS	interval partial least squares	区间偏最小二乘
KS	Kernard – Stone	
MCCV	Monte – Carlo cross – validation	蒙特卡洛交叉验证
MCS	Monte – Carlo sampling	蒙特卡洛采样
MD	Mahalanobis distance	马氏距离
MRE	mean relative error	平均相对误差
MREC	mean relative error of calibration	校正平均相对误差
MREP	mean relative error of prediction	预测平均相对误差
MSC	multivariate scattering correction	多元散射校正
NDF	neutral detergent fiber	中性洗涤纤维
NIRS	near infrared spectroscopy	近红外光谱
ODXY	outlier Detection based on joint X – Y distances	基于 XY 变量联合的异常检测
ORP	oxidation reduction potential	氧化还原电位
OSC	orthogonal signal correction	正交信号校正

表 A-1(续)

缩略词	英文全称	汉语全称
PCA	principal component analysis	主成分分析
PCs	principal components	主成分
PLS	partial least squares	偏最小二乘
PRESS	prediction residual error sum of squares	预测残差平方和
PSO	particle swarm optimization	粒子群优化
RMSEC	root mean squared error of calibration	校正均方根误差
RMSECV	root mean squared error of cross - validation	交叉验证均方根误差
RMSEP	root mean squared error of prediction	预测均方根误差
RMSET	root mean squared errord of test set	测试均方根误差
RPD	residual predictive deviation	相对分析误差
RPDT	residual predictive deviation of test set	测试相对分析误差
rRMSE	relative root mean squared error	相对均方根误差
rRMSEC	relative root mean squared error of calibration	校正相对均方根误差
rRMSEP	relative root mean squared error of calibration	预测相对均方根误差
RS	random selection	随机选择
SA	simulated annealing algorithm	模拟退火算法
SD	second derivative	二阶导数
SG	Savitzky - Golay	
SiPLS	synergy interval partial least squares	协同区间偏最小二乘
SNV	standard normal variate	标准正则变换
SPA	successive projections algorithm	连续投影算法
SPXY	sample set partioning based on joint x - y distances	
SVM	support vector machine	支持向量机
SVR	support vector regression	支持向量回归
TS	total solid	总固体
VFA	volatile fatty acids	挥发性脂肪酸
VS	volatile solid	挥发性固体

附录 B　主要程序代码

1. GSA 优选特征波长变量

```
function [BestWavelengthIndexs] = gsaPLSwavelengthForRegress(train_data,train_label,
gsa_option,k)
%BestWavelengthIndexs:特征波长变量编号
%train_data:校正集光谱数据
%train_label:校正集待测目标属性值
%gsa_option:算法基本参数,依次为初温确定系数、退温系数、进化代数、种群规模、代
沟、邻域解扰动位数、K折交叉验证折数、主成分个数
%k:算法执行次数
%%设定算法默认参数
if nargin==2
    gsa_option = struct('inittempFactor',100,'lowertempFactor',0.8,'maxgen',200,'
sizepop',30,'ggap',0.9,'m',10,'v',5,'ncomp',10);
end
MAXGEN = gsa_option.maxgen;
NIND = gsa_option.sizepop;
[Row,Column] = size(train_data);
GGAP = gsa_option.ggap;
trace = zeros(MAXGEN,4);%保存最佳目标函数、平均目标函数、最大适应度函数和最
小适应度函数值
m = gsa_option.m;
v = gsa_option.v;
ncomp = gsa_option.ncomp;
Chrom = crtbp(NIND,Column);%创建初始种群
gen = 1;
BestMSE = inf;
BadMSE = inf;
%%计算初始种群目标函数值
for nind = 1:NIND
    WavelengthIndexs = find(Chrom(nind,:)~=0);%染色体中不为零基因位的对应
编号
%%采用交叉验证计算染色体目标函数值
ObjV(nind,1) = pls_crossvalind_wavelength(train_data,train_label,WavelengthIndexs,v,
ncomp);
end
[BestMSE,I] = min(ObjV);%获取最小目标函数值及序号
```

```
[BadMSE,J] = max(ObjV);% 获取最大目标函数值及序号
BestWavelengthIndexs = find(Chrom(I,:) ~ =0);% 选取最优染色体中不为零基因位的对应编号为特征波长
INITTEMP = gsa_option. inittempFactor * (BadMSE - BestMSE);% 确定初始温度
LOWERTEMP = gsa_option. lowertempFactor;
%% 进度条
steps = MAXGEN;
hwait = waitbar(0,'请等待 > > > > > > > > >');
step = steps/100;
%% 种群进化操作
while 1
    %% 进度条
if steps - gen < =1
        str1 = ['第',num2str(k),'次','即将完成'];
waitbar(gen/steps,hwait,str1);
pause(0.05);
else
        PerStr = fix(gen/step);
        str2 = ['第',num2str(k),'次','正在进行中',num2str(PerStr),'%'];
waitbar(gen/steps,hwait,str2);
pause(0.05);
end
%% 计算染色体的适应度函数值
for chromNum = 1:size(ObjV,1)
FitnV(chromNum,1) = exp( - (ObjV(chromNum,1) - min(ObjV))/INITTEMP);
end
    %% 遗传进化操作
    SelCh = select('rws',Chrom,FitnV,GGAP);% 赌轮选择
    SelCh = recombin('recdis',SelCh,0.7);% 离散重组交叉
    SelCh = mut(SelCh,0.01);% 离散变异
    SelCh = pls_simulatedAnneal(SelCh, INITTEMP, train_data, train_label, m, v);% Metropolis选择复制
    %% 新子代染色体目标函数计算
for nind = 1:size(SelCh,1)
        SelWavelengthIndexs = find(SelCh(nind,:) ~ =0);% 染色体不为零基因位的对应编号
          ObjVSel(nind, 1) = pls_crossvalind_wavelength(train_data, train_label, SelWavelengthIndexs,v,ncomp);% 计算目标函数值
end
% 将子代插入上一代种群
```

```
[Chrom,ObjV] = reins(Chrom,SelCh,1,1,ObjV,ObjVSel);
%%比较父代与子代的最优染色体并执行最优保留策略
    [NewBestCVaccuracy,I] = min(ObjV);
    temp_NewBestCVaccuracy = NewBestCVaccuracy;
if NewBestCVaccuracy < BestMSE
        BestMSE = NewBestCVaccuracy;
        BestWavelengthIndexs = find(Chrom(I,:) ~ =0);
end
%当前代最佳适应度和平均适应度
trace(gen,1) = min(ObjV);
trace(gen,2) = sum(ObjV)/length(ObjV);
trace(gen,3) = sum(FitnV)/length(FitnV);
trace(gen,4) = min(FitnV);
%%算法达到进化代数后终止
if gen = = MAXGEN
break;
end
gen = gen + 1;
    INITTEMP = LOWERTEMP * INITTEMP;%退温操作
end
close(hwait);%关闭进度条
```

2. GSA－iPLS 优选特征谱区

```
function [BestWavelengthIndexs, BestIntervasString] = gsaPLSintervalsForRegress(train_data,train_label,gsa_option,intervals_index,k)
%BestWavelengthIndexs:特征波长变量编号
%BestIntervasString:特征谱区编号
%train_data:校正集光谱数据
%train_label:校正集待测目标属性值
%gsa_option:算法基本参数,依此为初温确定系数、退温系数、进化代数、种群规模、代沟、邻域解扰动位数、K折交叉验证折数、主成分个数
%intervals_index:行数为划分子区间个数,列数为2列,对应着每个子区间的起始和结束波长变量编号
%k:算法执行次数
%%设定算法默认参数
if nargin = =2
    gsa_option = struct('inittempFactor',100,'lowertempFactor',0.8,'maxgen',200,'sizepop',30,'ggap',0.9,'m',10,'v',5,'ncomp',10);
end
MAXGEN = gsa_option.maxgen;
```

```
NIND = gsa_option. sizepop;
IntervalCodeLength = size(intervals_index,1);
GGAP = gsa_option. ggap;
trace = zeros(MAXGEN,4);
v = gsa_option. v;
m = gsa_option. m;
ncomp = gsa_option. ncomp;
Chrom = crtbp(NIND,IntervalCodeLength);
gen = 1;
BestMSE = inf;
BadMSE = inf;
%%计算初始种群目标函数值
for nind = 1:NIND
bestwaveindexs_temp = [ ];
intervasString = Chrom(nind,:);
for i = 1:IntervalCodeLength
if intervasString(i) = = 1
for j = intervals_index(i,1):intervals_index(i,2)
                    bestwaveindexs_temp = [bestwaveindexs_temp j];%计算染色体对应的
特征波长
end
end
end
ObjV(nind,1) = pls_crossvalind_wavelength(train_data,train_label,bestwaveindexs_temp,
v,ncomp);
end
[BestMSE,I] = min(ObjV);
[BadMSE,J] = max(ObjV);
BestIntervasString = [ ];
BestWavelengthIndexs = [ ];
intervasStringbest = Chrom(I,:);
for i = 1:IntervalCodeLength
if intervasStringbest(i) = = 1
            BestIntervasString = [BestIntervasString i];%提取最优染色体特征谱区编号
for j = intervals_index(i,1):intervals_index(i,2)
                BestWavelengthIndexs = [BestWavelengthIndexs j];%提取最优染色体特征
波长编号
end
end
end
```

```
INITTEMP = gsa_option. inittempFactor * (BadMSE - BestMSE);
LOWERTEMP = gsa_option. lowertempFactor;
steps = MAXGEN;
hwait = waitbar(0,'请等待>>>>>>>>');% 进度条
step = steps/100;
while 1
if steps - gen < =1
        str1 = ['第',num2str(k),'次','即将完成'];
waitbar(gen/steps,hwait,str1);
pause(0.05);
else
        PerStr = fix(gen/step);
        str2 = ['第',num2str(k),'次','正在进行中',num2str(PerStr),'%'];
waitbar(gen/steps,hwait,str2);
pause(0.05);
end
for chromNum = 1:size(ObjV,1)
FitnV(chromNum,1) = exp( -(ObjV(chromNum,1) - min(ObjV))/INITTEMP);
end
    SelCh = select('rws',Chrom,FitnV,GGAP);
    SelCh = recombin('recdis',SelCh,0.7);
    SelCh = mut(SelCh,0.01);
    SelCh = pls_interval_simulatedAnneal(SelCh,INITTEMP,train_data,train_label,m,v);
    %% 计算新子代目标函数值
for nind = 1:size(SelCh,1)
        bestwaveindexs_temp = [];
intervasString = SelCh(nind,:);
for i = 1:IntervalCodeLength
if intervasString(i) = =1
for j = intervals_index(i,1):intervals_index(i,2)
                bestwaveindexs_temp = [bestwaveindexs_temp j];
end
end
end
ObjVSel(nind,1) = pls_crossvalind_wavelength(train_data,train_label,bestwaveindexs_
temp,v,ncomp);
end
    [Chrom,ObjV] = reins(Chrom,SelCh,1,1,ObjV,ObjVSel);
    [NewBestCVaccuracy,I] = min(ObjV);
    temp_NewBestCVaccuracy = NewBestCVaccuracy;
```

```
if NewBestCVaccuracy < BestMSE
            BestMSE = NewBestCVaccuracy;
            BestWavelengthIndexs = [ ];
            BestIntervasString = [ ];
intervasStringbest = Chrom(I,:);
for i = 1:IntervalCodeLength
if intervasStringbest(i) = = 1
                    BestIntervasString = [BestIntervasString i];
for j = intervals_index(i,1):intervals_index(i,2)
                       BestWavelengthIndexs = [BestWavelengthIndexs j];
end
end
end
end
trace(gen,1) = min(ObjV);
trace(gen,2) = sum(ObjV)/length(ObjV);
trace(gen,3) = sum(FitnV)/length(FitnV);
trace(gen,4) = min(FitnV);
if gen = = MAXGEN
break;
end
gen = gen + 1;
    INITTEMP = LOWERTEMP * INITTEMP;
end
close(hwait);
```

3. GSA 优化 SVM 参数

```
function [BestMSE,Bestc,Bestg,Bestp] = gsaSVMcgpForRegress(train_label,train_data,
gsa_option,k)
%BestMSE:最佳目标函数
%Bestc:最佳惩罚参数
%Bestg:最佳核函数参数
%Bestp:不敏感损失函数参数
%train_data:校正集数据
%train_label:校正集目标属性值
%gsa_option:算法基本参数,依次为初温确定系数、退温系数、进化代数、种群规模、代
沟、参数搜索范围、K 折交叉验证折数
%k:算法执行次数
%%设定算法默认参数
if nargin = = 2
```

```
        gsa_option = struct('inittempFactor',100,'lowertempFactor',0.8,'maxgen',200,'sizepop',20,'ggap',0.9,…
            'cbound',[0,100],'gbound',[0,1000],'pbound',[0.01,1],'v',5);
    end
    MAXGEN = gsa_option.maxgen;
    NIND = gsa_option.sizepop;
    NVAR = 3;
    GGAP = gsa_option.ggap;
    PRECI = 20;
    trace = zeros(MAXGEN,4);%保存最佳目标函数、平均目标函数、最大适应度函数和最小适应度函数值
    v = gsa_option.v;
    %%参数解码表
    FieldID = [rep([PRECI],[1,NVAR]);...
    [gsa_option.cbound(1),gsa_option.gbound(1),gsa_option.pbound(1);gsa_option.cbound(2),gsa_option.gbound(2),gsa_option.pbound(2);];…
    [0,0,0;0,0,0;0,1,1;1,1,1]];
    Chrom = crtbp(NIND,NVAR*PRECI);%设置初试种群
    %%参数初始化
    gen = 1;
    v = gsa_option.v;
    BestMSE =inf;
    Bestc = 0;
    Bestg = 0;
    Bestp = 0;
    cg = bs2rv(Chrom,FieldID);%二进制实数解码

    for nind = 1:NIND
        cmd = ['-v ',num2str(v),' -c ',num2str(cg(nind,1)),' -g ',num2str(cg(nind,2)),' -p ',num2str(cg(nind,3)),' -s 3'];
        %%计算染色体的目标函数
    ObjV(nind,1) = svmtrain(train_label,train_data,cmd);
    end
    %%输出最优解及序号
    [BestMSE,I] = min(ObjV);
    [BadMSE,J]=max(ObjV);
    Bestc =cg(I,1);
    Bestg =cg(I,2);
    Bestp =cg(I,3);
    INITTEMP=gsa_option.inittempFactor*(BadMSE - BestMSE);%模拟退火初始温度
```

```
确定
    LOWERTEMP = gsa_option.lowertempFactor;%退温系数确定
    %%进度条设置
    steps = MAXGEN;
    hwait = waitbar(0,'请等待>>>>>>>>');%进度条
    step = steps/100;
    while 1
        %%进度条
    if steps - gen <=1
            str1 = ['第',num2str(k),'次','即将完成'];
    waitbar(gen/steps,hwait,str1);
    pause(0.05);
    else
            PerStr = fix(gen/step);
            str2 = ['第',num2str(k),'1 次','正在进行中',num2str(PerStr),'%'];
    waitbar(gen/steps,hwait,str2);
    pause(0.05);
    end

        %%计算适应度函数
    for chromNum  = 1:size(ObjV,1)
    FitnV(chromNum,1) = exp(-(ObjV(chromNum,1) - min(ObjV))/INITTEMP);
    end
        %%遗传操作
        SelCh  = select('rws',Chrom,FitnV,GGAP);
        SelCh  = recombin('xovsp',SelCh,0.7);
        SelCh  = mut(SelCh);
        %%模拟退火操作
        SelCh  = simulatedAnneal(SelCh,INITTEMP,FieldID,train_label,train_data,v);

        %%新子代目标函数值计算
    cg  =  bs2rv(SelCh,FieldID);
    for nind  =  1:size(SelCh,1)
            cmd  =  ['-v ',num2str(v),' -c ',num2str(cg(nind,1)),' -g ',num2str(cg
(nind,2)),' -p ',… num2str(cg(nind,3)),' -s 3'];
    ObjVSel(nind,1)  =  svmtrain(train_label,train_data,cmd);
    end
        %%将子带插入到上一代种群,生成新子代,并计算新子代的相关参数
        [Chrom,ObjV]  =  reins(Chrom,SelCh,1,1,ObjV,ObjVSel);
        %%计算新子代的相关参数
```

```
        [NewBestCVaccuracy,I] = min(ObjV);
        cg_temp =bs2rv(Chrom,FieldID);
        temp_NewBestCVaccuracy = NewBestCVaccuracy;
    if NewBestCVaccuracy < BestMSE
            BestMSE = NewBestCVaccuracy;
            Bestc = cg_temp(I,1);
            Bestg = cg_temp(I,2);
            Bestp = cg_temp(I,3);
    end
        %%尽量使SVM的参数C最小
    if abs(NewBestCVaccuracy - BestMSE) < = 10^( -4)&&…
              cg_temp(I,1) < Bestc
            BestMSE = NewBestCVaccuracy;
            Bestc = cg_temp(I,1);
            Bestg = cg_temp(I,2);
            Bestp = cg_temp(I,3);
    end
        %%当前代最佳使用度和平均适应度值
    trace(gen,1) = min(ObjV);
    trace(gen,2) = sum(ObjV)/length(ObjV);
    if gen = = MAXGEN
            break;
        end
        gen = gen + 1;
        INITTEMP = LOWERTEMP * INITTEMP;
    end
    close(hwait);%关闭进度条
```

4. Metropolis 特征波长选择复制

```
functionNewChrom = pls_simulatedAnneal(OldChrom,temperature,train_data,train_label,
m_bit,v,ncomp)
    % NewChrom:子代种群
    % OldChrom:父代种群
    % temperature:当前代温度参数
    % train_data:校正集光谱数据
    % train_label:校正集待测目标属性值
    % m_bit:邻域解扰动位数
    % v:K 折交叉验证的折数
    % ncomp:主成分个数
    [popSize chromLength] = size(OldChrom);
```

```
bitFlagIndex  = randperm(chromLength,m_bit);% 生成随机扰动位
%% 对种群中的每个染色体执行 Metropolis 选择复制操作
for metropolisNum = 1:popSize
oldIndividual = OldChrom(metropolisNum,:);
newIndividual = oldIndividual;
newIndividual(bitFlagIndex) = ~newIndividual(bitFlagIndex);% 构建当前种群的邻域解
%% 生成新旧两个染色体的特征码长
oldWavelengthIndexs = find(oldIndividual ~ =0);
newWavelengthIndexs = find(newIndividual ~ =0)
%% 计算新旧两个染色体的目标函数值
ObjV_old = pls_crossvalind_wavelength(train_data,train_label,oldWavelengthIndexs,v,
ncomp);
ObjV_new = pls_crossvalind_wavelength(train_data,train_label,newWavelengthIndexs,v,
ncomp);
Chrom(metropolisNum,:) = oldIndividual;
dt = ObjV_new - ObjV_old;
%% 执行 Metropolis 判别准则
if dt<0
Chrom(metropolisNum,:) = newIndividual;
else if rand<exp( -dt/temperature);
Chrom(metropolisNum,:) = newIndividual;
end
end
end
NewChrom = Chrom;
```

5. Metropolis 特征谱区选择复制

```
function NewChrom  =  pls_interval_simulatedAnneal(OldChrom,temperature,train_data,
train_label,intervals_index,m_bit,v,ncomp)
% NewChrom:子代种群
% OldChrom:父代种群
% temperature:当前代温度参数
% train_data:校正集光谱数据
% train_label:校正集待测目标属性值
% m_bit:邻域解扰动位数
% intervals_index:区间划分方案
% v:K 折交叉验证的折数
% ncomp:主成分个数
    [popSize chromLength] = size(OldChrom);
    IntervalCodeLength = size(intervals_index,1);
```

```
    a = [ ];
    a = [ a randperm(chromLength,m_bit) ];
    %邻域解构建方式
    bitFlagIndex = a;
    for metropolisNum = 1:popSize
        oldIndividual = OldChrom(metropolisNum,:);
        newIndividual = oldIndividual;
        newIndividual(bitFlagIndex) = ~newIndividual(bitFlagIndex);%生成染色体的
扰动解
        oldWavelengthIndexs = [ ];
        newWavelengthIndexs = [ ];
        %提取特征谱区对应的特征波长变量
        for i = 1:IntervalCodeLength
            if oldIndividual(i) == 1
                for j = intervals_index(i,1):intervals_index(i,2)
                    oldWavelengthIndexs = [ oldWavelengthIndexs j ];
                end
            end
            if newIndividual(i) == 1
                for j = intervals_index(i,1):intervals_index(i,2)
                    newWavelengthIndexs = [ newWavelengthIndexs j ];
                end
            end
        end
            ObjV_old = pls_crossvalind_wavelength(train_data, train_label,
oldWavelengthIndexs,v,ncomp);
            ObjV_new = pls_crossvalind_wavelength(train_data, train_label,
newWavelengthIndexs,v,ncomp);
        Chrom(metropolisNum,:) = oldIndividual;
        dt = ObjV_new - ObjV_old;
        if dt < 0
            Chrom(metropolisNum,:) = newIndividual;
        else if rand < exp(-dt/temperature);
                Chrom(metropolisNum,:) = newIndividual;
            end
        end
    end
    NewChrom = Chrom;
```

6. Metropolis SVM 参数选择复制

```
function NewChrom = simulatedAnneal(OldChrom,temperature,FieldID,train_label,train_
data,v)
%NewChrom:子代种群
%OldChrom:父代种群
%temperature:当前代温度参数
%FieldID:解码转换表
%train_label:校正集待测目标属性值
%train_data:校正集光谱数据
%v:K 折交叉验证的折数
    [popSize,chromLength] = size(OldChrom);
    %%邻域解构建方式
    bitFlag = 1;
    for metropolisNum = 1:popSize
        %%单一为变异
        if bitFlag = =0;
            mutBitNum = randi([1,chromLength],1,1);
             oldIndividual = OldChrom(metropolisNum,:);
             newIndividual = oldIndividual;
             newIndividual(mutBitNum) = ~newIndividual(mutBitNum);
        end
        %%每个参数位变异
        if bitFlag = =1;
              mutBitNum1 = randi([1,chromLength/3],1,1);
              mutBitNum2 = randi([chromLength/3 +1,2 * chromLength/3],1,1);
              mutBitNum3 = randi([2 * chromLength/3 +1,chromLength],1,1);
             oldIndividual = OldChrom(metropolisNum,:);
             newIndividual = oldIndividual;
             newIndividual(mutBitNum1) = ~newIndividual(mutBitNum1);
             newIndividual(mutBitNum2) = ~newIndividual(mutBitNum2);
             newIndividual(mutBitNum3) = ~newIndividual(mutBitNum3);
        end
        cg_old = bs2rv(oldIndividual,FieldID);
        cg_new = bs2rv(newIndividual,FieldID);
        cmd_old = ['-v ',num2str(v),' -c ',num2str(cg_old(1)),' -g ',num2str
(cg_old(2)),' -p ',… num2str(cg_old(3)),' -s 3'];
        ObjV_old = svmtrain(train_label,train_data,cmd_old);
        cmd_new = ['-v ',num2str(v),' -c ',num2str(cg_new(1)),' -g ',
num2str(cg_new(2)),' -p ',… num2str(cg_new(3)),' -s 3'];
```

```
            ObjV_new = svmtrain(train_label,train_data,cmd_new);
            Chrom(metropolisNum,:) = oldIndividual;
            dt = ObjV_new - ObjV_old;
            if dt <0
                Chrom(metropolisNum,:) = newIndividual;
            else if rand < exp( - dt/temperature);
                        Chrom(metropolisNum,:) = newIndividual;
                end
            end
        end
        NewChrom = Chrom;
    end
```

7. 计算 PLS 回归模型 *K* 折 RMSECV

```
function [rmsecv] = pls_crossvalind_wavelength(train_data,train_label,wavelengthIndex,
k,ncomp)
    %rmsecv:PLS 回归模型的均方根误差
    %train_data:校正集光谱数据
    %train_label:校正集待测目标属性值
    %wavelengthIndex:特征波长变量编号
    %k:K 折交叉验证折数
    %ncomp:主成分个数
    [m_size n] = size(train_data);
    indices = crossvalind('Kfold',m_size,k);%产生 k 个子集的索引
    rmse = [ ];
    ncomp_temp = ncomp;
    %%执行 K 折交叉验证
    for i =1:k
        test = (indices = =i);%生成验证集编号
        train = ~test;%生成校正集编号
        data_train = train_data(train,:);
        data_train_wavelength = data_train(:,wavelengthIndex);%加载特征波长
        label_train = train_label(train,:);
        data_test = train_data(test,:);
        data_test_wavelength = data_test(:,wavelengthIndex);
        label_test = train_label(test,:);
    %%PLS 回归模型
    [m n_size] = size(data_train_wavelength)
    ab_train = [data_train_wavelength label_train];
    mu = mean(ab_train);
```

```
sig = std(ab_train);
ab = zscore(ab_train);
a = ab(:,[1:n_size]);b = ab(:,[n_size+1:end]);
[XL,YL,XS,YS,BETA,PCTVAR,MSE,stats] = plsregress(a,b,ncomp);% 训练 PLS 回归模型
n = size(a,2);m = size(b,2);
beta3(1,:) = mu(n+1:end) - mu(1:n)./sig(1:n) * BETA([2:end],:). * sig(n+1:end);
beta3([2:n+1],:) = (1./sig(1:n))' * sig(n+1:end). * BETA([2:end],:);
ab_test = [data_test_wavelength label_test];
a1 = ab_test(:,[1:n_size]);b1 = ab_test(:,[n_size+1:end]);
yhat_test = repmat(beta3(1,:),[size(a1,1),1]) + ab_test(:,[1:n]) * beta3([2:end],:);% 预测验证集数据
rmse = [rmse sqrt(sum((yhat_test - label_test).^2)/m_size * k)];% 计算单个子集的均方根误差
end
rmsecv = sum(rmse)/k;
```

8. 基于 MCCV 的 PRESS 确定最佳主成分个数

```
function BestNcomp = NCOMP_BestNumber_Search_PRESS(train_data,train_label,k,ncomp1,ncomp2)
% BestNum:最佳主成分个数
% train_data:校正集光谱数据
% train_label:校正集待测目标属性值
% k:执行 MCCV 次数
% ncomp1:尝试采用的最小主成分个数
% ncomp2:尝试采用的最大主成分个数
[m_size n_size] = size(train_data);
BestNcomp = 0;
PRESS = Inf;% 正无穷大
steps = ncomp2 - ncomp1;
hwait = waitbar(0,'请等待>>>>>>>>');% 进度条
step = steps/100;
for gen = ncomp1:ncomp2
    %% 进度条
    if(steps + ncomp1 - gen) <= 1
        waitbar((gen - ncomp1)/steps,hwait,'即将完成');
        pause(0.05);
    else
        PerStr = fix((gen - ncomp1)/step);
```

```
            str = ['正在进行中',num2str(PerStr),'%'];
            waitbar((gen - ncomp1)/steps,hwait,str);
            pause(0.05);
        end
        press_one = [];
        for i = 1:k
            [train,test] = crossvalind('HoldOut',m_size,0.2);% 选出 80% 的样本作为校正集,其余 20% 作为验证集
            data_train = train_data(train,:);% 用于校正集样本数据的选取
            label_train = train_label(train,:);% 用于校正集样本标签的选取
            data_test = train_data(test,:);% 选取验证集的样本数据
            label_test = train_label(test,:);% 选取验证集的标签
            %% PLS 模型
            ab_train = [data_train label_train];  % 校正集样本数据和标签
            mu = mean(ab_train);sig = std(ab_train);% 求均值和标准差
            ab = zscore(ab_train);% 数据标准化
            a = ab(:,[1:n_size]);b = ab(:,[n_size + 1:end]);% 提出标准化后的自变量和因变量数据
            ncomp = gen;
            [XL,YL,XS,YS,BETA,PCTVAR,MSE,stats] = plsregress(a,b,ncomp);
            n = size(a,2);m = size(b,2);% n 是自变量的个数,m 是因变量的个数
            beta3(1,:) = mu(n + 1:end) - mu(1:n)./sig(1:n) * BETA([2:end],:). * sig(n + 1:end);% 回归方程的常数项
            beta3([2:n + 1],:) = (1./sig(1:n))' * sig(n + 1:end). * BETA([2:end],:);% 回归方程 x1,…,xn 的系数
            ab_test = [data_test label_test];% 验证集样本数据和标签
            a1 = ab_test(:,[1:n_size]);b1 = ab_test(:,[n_size + 1:end]);
            yhat_test = repmat(beta3(1,:),[size(a1,1),1]) + ab_test(:,[1:n]) * beta3([2:end],:);% 求预测值
            press_one = [press_one sum((yhat_test - label_test).^2)];% 求残差平方和
        end
        PRESS_temp = sum(press_one);% 求 k 次 MCCV 的总残差平方和
        if PRESS_temp < PRESS
            PRESS = PRESS_temp;
            BestNcomp = gen;
        end
    end
    close(hwait);% 关闭进度条
```

9. 基于 MCCV 绘制氨氮残差均值方差分布图

```
%%清理工作空间
clear;
clc;
format compact;
%%导入数据
load BS_nirs_data;%光谱数据,变量名 nirs_data
content_data = xlsread('NH3_data.xls');%氨氮数据
%%去除 H2O 基团一级倍频区域的干扰峰,共去除 95 个波长变量
w = 1221:1:1315;%要去除波长变量编号
nirs_data(:,w) = [];
%%光谱预处理
nirs_snv_data = snv(nirs_data);
nirs_data = nirs_snv_data;
train_data = nirs_data;
train_label = content_data;
[m_size n_size] = size(train_data);%train_data 为总样本集合
k = 1000;%执行 MCS 次数
ncomp = NCOMP_BestNumber_Search_PRESS(train_data,train_label,k,5,20);%计算最佳主成分个数
residual_NH3 = zeros(k,m_size);%残差矩阵
steps = k;
hwait = waitbar(0,'请等待>>>>>>>>');%进度条
step = steps/100;
for gen = 1:k
    %%进度条
    if steps - gen <= 1
        waitbar(gen/steps,hwait,'即将完成');
        pause(0.05);
    else
        PerStr = fix(gen/step);
        str = ['正在进行中',num2str(PerStr),'%'];
        waitbar(gen/steps,hwait,str);
        pause(0.05);
    end
    %%MCS 采样
    [train,test] = crossvalind('HoldOut',m_size,0.2);%选出整体 80% 的样本作为校正集,其余 20% 做验证集
    data_train = train_data(train,:);%选取校正集样本光谱数据
```

```
        label_train = train_label(train,:);% 选取校正集样本的氨氮值
        data_test = train_data(test,:);% 选取验证集样本的光谱数据
        label_test = train_label(test,:);% 选取验证集样本的氨氮值
        %% PLS 模型
        ab_train = [data_train label_train];% 校正集样本数据和标签
        mu = mean(ab_train);sig = std(ab_train);% 求均值和标准差
        ab = zscore(ab_train);% 数据标准化
        a = ab(:,[1:n_size]);b = ab(:,[n_size + 1:end]);% 提取标准化后的自变量和因变量数据
        [XL,YL,XS,YS,BETA,PCTVAR,MSE,stats] = plsregress(a,b,ncomp);% 训练PLS 回归模型
        n = size(a,2);m = size(b,2);% n 是自变量的个数,m 是因变量的个数
        beta3(1,:) = mu(n + 1:end) - mu(1:n)./sig(1:n) * BETA([2:end],:). * sig(n + 1:end);% 回归方程的常数项
        beta3([2:n + 1],:) = (1./sig(1:n))' * sig(n + 1:end). * BETA([2:end],:);% 回归方程 x1,...,xn 的系数
        ab_test = [data_test label_test];% 验证集样本数据和标签
        a1 = ab_test(:,[1:n_size]);b1 = ab_test(:,[n_size + 1:end]);% 提取验证集的自变量和因变量数据
        yhat_test = repmat(beta3(1,:),[size(a1,1),1]) + ab_test(:,[1:n]) * beta3([2:end],:);% 求预测值
        temp_residual = abs(yhat_test - label_test);% 求残差
    [test_m,test_n] = size(temp_residual);
    %% 提取验证集残差
        num = 0;
        for j = 1:m_size
            if test(j) = = 1
                num = num + 1;
                residual_NH3(gen,j) = temp_residual(num);
            end
        end
    end
    close(hwait);% 关闭进度条
    %% 计算残差的均值和方差
    for i = 1:m_size
        R_NH3 = residual_NH3(:,i);
        R_NH3(R_NH3 = = 0) = [];% 去掉 0 元素
        Mean_Residual_NH3(i) = mean(R_NH3);% 残差均值
        Var_Residual_NH3(i) = var(R_NH3);% 残差方差
    end
```

```
%%绘制二维散点图并标出序号
figure
plot(Mean_Residual_NH3,Var_Residual_NH3,'r.');%绘制散点图
hold on
set(gcf,'color','white');%设置背景为白色
set(gcf,'Units','centimeters','Position',[10 10 12 8]);%设置绘图大小
for i=1:max(size(Mean_Residual_NH3))
c=num2str(i);%编号数字转字符串,编号从1开始
%在图上显示文字
    text(Mean_Residual_NH3(i),Var_Residual_NH3(i),c,'FontSize',9,'FontName','
Times New Roman');
end
xlabel('均值','FontSize',9,'FontName','宋体');
ylabel('方差','FontSize',9,'FontName','宋体');
```

10. 光谱区间划分

```
function intervals_index = intervals_divide(nirs_data,intervals)
%nirs_data为光谱数据集
%intervals为划分区间个数
%intervals_index为区间编号,intervals行,2列(第一列为起始编号,第二列为结束编号)
[nint,mint]=size(intervals);
[n,m]=size(nirs_data);
if mint > 1
    allint=[(1:round(mint/2)+1)' [intervals(1:2:mint)';1] [intervals(2:2:mint)';m]];
    intervals=round(mint/2);
    intervalsequi=0;
else
    vars_left_over=mod(m,intervals);
    N=fix(m/intervals);
    % Distributes vars_left_over in the first "vars_left_over" intervals
    startint=[(1:(N+1):(vars_left_over-1)*(N+1)+1)'; ((vars_left_over-1)
*(N+1)+1+1+N:N:m)'];
    endint=[startint(2:intervals)-1; m];
    allint=[(1:intervals+1)' [startint;1] [endint;m]];
end
intervals_index=allint(1:intervals,2:3);
```

11. PLS 回归模型构建(以纤维素全谱为例)

```
%%清理工作空间
```

```
clear;
clc;
format compact;
%%导入数据
load nirs_data;%光谱数据,变量名为 nirs_data,数据为 120*1557
lignocellulose_content_data = xlsread('lignocellulose_content_data.xls');%纤维素、半纤维
素、木质素含量,数据为 120*3
content_data = lignocellulose_content_data;
%%光谱预处理
%SG 平滑:Savitzky Golay filter,平滑滤波
nirs_sg_data  =  savgol(nirs_data,7,3,0);
nirs_data = nirs_sg_data;
%MSC 多元散射校正(Multiplicative scatter correction)
nirs_msc_data = msc(nirs_data,nirs_data);
nirs_data = nirs_msc_data;
%SNV 标准正则变换(Standard normal variate)
nirs_snv_data = snv(nirs_data);
nirs_data = nirs_snv_data;
%%构建校正集和预测集
data = nirs_data;
data_label = content_data;
[r,c] = size(data);
%KS 法
[m,dminmax] = ks(data,90);%m 为所选光谱行向量序列
train_data = data(m,:);%保留矩阵中数列 m 对应的行
train_label = content_data(m,:);
data(m,:) = [];%删除矩阵中的数列 m 对应的行
content_data(m,:) = [];
test_data = data;
test_label = content_data;
%% pls 模型
[m_size n_size] = size(train_data);
[r_size,c_size] = size(train_label);
ab0 = [train_data train_label];
mu = mean(ab0);sig = std(ab0);%求均值和标准差
rr = corrcoef(ab0);%求相关系数矩阵
ab = zscore(ab0);%数据标准化
a = ab(:,[1:n_size]);b = ab(:,[n_size + 1:end]);%提出标准化后的自变量和因变
量数据
%%搜索的最佳主成分个数
```

```
min_ncomp =1; %搜索的最小主成分数
max_ncomp =30; %搜索的最大主成分数
bestNcomp = NCOMP_BestNumber_Search_PRESS(train_data,train_label(:,1),1000,min_ncomp,max_ncomp);%搜索最佳主成分数,1000 为 MC 采样次数
if bestNcomp = =0
    ncomp =10;
    else ncomp = bestNcomp;
end
[XL,YL,XS,YS,BETA,PCTVAR,MSE,stats] =plsregress(a,b,ncomp); %训练 PLS 模型
n = size(a,2); mm = size(b,2);%n 是自变量的个数,m 是因变量的个数
beta3(1,:) = mu(n+1:end) - mu(1:n)./sig(1:n) * BETA([2:end],:). * sig(n+1:end);%原始数据回归方程的常数项
beta3([2:n+1],:) = (1./sig(1:n))' * sig(n+1:end). * BETA([2:end],:);%计算原始变量 x1,…,xn 的系数
yhat = repmat(beta3(1,:),[size(a,1),1]) + ab0(:,[1:n]) * beta3([2:end],:);%求 y1,…,ym 的预测值
mean_train_label = mean(train_label);%求每列的平均数
for i =1:c_size
    RMSEC(i) =sqrt(sum((yhat(:,i) - train_label(:,i)).^2)/r_size);
    R2C(i) =1 - sum((yhat(:,i) - train_label(:,i)).^2)/sum((yhat(:,i) - mean_train_label(i)).^2; %决定系数 R2
    MREC(i) =mean(abs((yhat(:,i) - train_label(:,i))./train_label(:,i))) * 100; %平均相对误差
end
%%验证集 y 值
ab1 =[test_data test_label];
[rt_size,ct_size] = size(test_label);
mean_test_label = mean(test_label);
a1 = ab1(:,[1:n_size]);b1 = ab1(:,[n_size+1:end]);
yhat_test = repmat(beta3(1,:),[size(a1,1),1]) + ab1(:,[1:n]) * beta3([2:end],:);
for i =1:ct_size
    RMSEP(i) =sqrt(sum((yhat_test(:,i) - test_label(:,i)).^2)/rt_size);
    R2P(i) =1 - sum((yhat_test(:,i) - test_label(:,i)).^2)/sum((yhat_test(:,i) - mean_test_label(i)).^2); %
    MREP(i) = mean(abs((yhat_test(:,i) - test_label(:,i))./test_label(:,i))) * 100;
%%剩余预测偏差(相对分析误差)
RPD(i) = sqrt(sum((test_label(:,i) - mean_test_label(i)).^2))/sqrt(sum((yhat_test
```

```
(:,i) - test_label(:,i)).^2));
    end
    %%求校正集和验证集含量统计信息
    trainL_mean = mean_train_label;
    trainL_max = max(train_label);
    trainL_min = min(train_label);
    testL_mean = mean_test_label;
    testL_max = max(test_label);
    testL_min = min(test_label);
    trainL_CV = 100 * trainL_SD./trainL_mean;
    testL_CV = 100 * testL_SD./testL_mean;
    for i = 1:ct_size
        trainL_SD(i) = sqrt(sum((train_label(:,i) - trainL_mean(i)).^2)/r_size);
        testL_SD(i) = sqrt(sum((test_label(:,i) - testL_mcan(i)).^2)/rt_size);
    end
    RESULT_C = [R2C(1), R2P(1), RMSEC(1), RMSEP(1), MREC(1), MREP(1),
RPD(1)]; %纤维素模型性能指标
    %%绘图
    figure;
    set(gcf,'color','white');%设置背景为白色
    set(gcf,'Units','centimeters','Position',[10 10 7.5 5]);%设置绘图大小
    set(gca,'Position',[0.14 0.20 0.84 0.74]); %调整 XLABLE 和 YLABLE 不会被切掉
    text(36,52,'\it{R^2_P}\rm{ =0.887}','FontName','Times New Roman','fontsize',7);
%绘制校正决定系数值
    text(36,50,'RMSEP = 0.997','FontName','Times New Roman','fontsize',7);%绘制
rmsep 值
    text(36,48,'RPD = 2.900','FontName','Times New Roman','fontsize',7);%绘制
rmsep 值
    hold on;
    plot(train_label(:,1),yhat(:,1),'b.','Markersize',9); %校正集
    hold on; %绘制叠加多图
    plot(test_label(:,1),yhat_test(:,1),'dr','Markersize',3); %验证集
    plot([35,52],[35,52],'k--'); %绘制对角线
    tl = legend('校正集','验证集','FontName','宋体');%图例
    set(tl,'fontsize',9,'box','off','Location','southEast'); %设置图例 tl 的格式
    xlabel('测量值(%)','FontName','宋体','FontSize',9);
    ylabel('预测值(%)','FontName','宋体','FontSize',9);
    axis([35 53 35 53]);%设置 x,y,x 轴的刻度范围
    set(gca,'XTick',[35:2:53],'YTick',[33:2:53],'FontName','Times New Roman','
fontsize',9); %设置 x,y 轴刻度
```

```
set(gca,'tickdir','out'); %坐标轴刻度放外面
set(gca,'Layer','top'); %设置坐标轴置于顶层
dxMINORXY(2,2); %设置 X 轴和 Y 轴小刻度个数
hold off;
```

12. PCA-SVM 回归模型构建(以 BiPLS 优选纤维素特征谱区为例)

```
%% 清理工作空间
clear;
clc;
format compact;
%% 导入数据
load nirs_data; %光谱数据,变量名为 nirs_data,数据为 120*1557
lignocellulose_content_data = xlsread('lignocellulose_content_data.xls');%纤维素、半纤维素、木质素含量,数据为 120*3
content_data = lignocellulose_content_data;
%% 光谱预处理
%SG 平滑
nirs_sg_data = savgol(nirs_data,7,3,0);
nirs_data = nirs_sg_data;
%MSC 多元散射校正
nirs_msc_data = msc(nirs_data,nirs_data);
nirs_data = nirs_msc_data;
%SNV 标准正则变换
nirs_snv_data = snv(nirs_data);
nirs_data = nirs_snv_data;
%% 构建校正集和预测集
data = nirs_data;
data_label = content_data;
[r,c] = size(data);
%KS 法
[m,dminmax] = ks(data,90); %m 为所选光谱行向量序列
train_data = data(m,:); %保留矩阵中数列 m 对应的行
train_label = content_data(m,:);
data(m,:) = []; %删除矩阵中的数列 m 对应的行
content_data(m,:) = [];
test_data = data;
test_label = content_data;
labelIndex = 1;%1 为纤维素,2 为半纤维素,3 为木质素
%% BiPLS 搜索特征谱区(重要参数,区间个数)
RESULT = []; %性能指标
```

```
RESULTBestIntervasString = [ ]; %特征谱区编号
intervalNum = 25; %25 为划分区间个数
Model = bipls ( train _ data, train _ label ( :, labelIndex ), 15,' mean', intervalNum, [ ],'
syst123',10); %bipls 搜索特征纤维素谱区
biplstable(Model); %显示搜索结果
RMSECV_bipls = min(Model. RevRMSE); %BiPLS 计算的 RMSECV
[SelectNumR,SelectNumC] = find(Model. RevRMSE = = RMSECV_bipls);
BestIntervasString = [ ];%选中的区间编号
for i = SelectNumR:intervalNum
    BestIntervasString = [ BestIntervasString Model. RevIntInfo(i,SelectNumC) ]; %提取
最小 rmsecv 对应的区间编号
end
BestIntervasString = sort(BestIntervasString); %选中区间排序
SelectedIntervalNum = intervalNum - SelectNumR + 1; %选中区间个数
IntervalCodeLength = size(BestIntervasString,2);
intervals_index = intervals_divide(nirs_data,intervalNum);
BestWaveIndexs = [ ]; %特征谱区中包含的特征波长编号
    for i = 1:IntervalCodeLength
        for j = intervals _ index ( BestIntervasString ( i ), 1 ): intervals _ index
(BestIntervasString(i),2)
BestWaveIndexs = [BestWaveIndexs j];
        end
    end
%%搜索的最佳主成分个数
min_ncomp = 1; %搜索的最小主成分数
max_ncomp = 30; %搜索的最大主成分数
bestNcomp = NCOMP_BestNumber_Search_PRESS(train_data(:,BestWaveIndexs),train_
label(:,labelIndex),1000,min_ncomp,max_ncomp);%搜索特征谱区优选后的纤维素最佳
主成分数,1000 为 MC 采样次数
if bestNcomp = =0
   ncomp = 10;
   else ncomp = bestNcomp;
end
%%计算主成分
[COEFF SCORE latent] = princomp(data(:,BestWaveIndexs));%score 为生成的新 PCA
分析数据矩阵,与 data 维数相同,按贡献率大小分列排列。latent 是一维列向量,保存的是
score 中每一列的贡献率
Score = (100 * latent/sum(latent));%各主成分贡献率
train_data = SCORE(m,:); %保留矩阵中数列 m 对应的行的第一列纤维素含量值
train_label = content_data(m,labelIndex);
```

```
SCORE(m,:) = []; % 删除矩阵中的数列 m 对应的行
content_data(m,:) = [];
test_data = SCORE;
test_label = content_data(:,labelIndex);
%% SVM 数据
TrainL  =  train_label; % 校正集标签
TestL  =  test_label; % 验证集数据
Train  =  train_data(:,1:ncomp); % 校正集数据
Test = test_data(:,1:ncomp); % 验证集数据
%% 归一化
[Train,Test]  =  scaleForSVM(Train,Test, -1,1);
[TrainL,TestL,ps]  =  scaleForSVM(TrainL,TestL, -1,1);
searchNum = 5; % 搜索总次数
optimizeMethod  = 4; % 优化方式选择
RESULT = zeros(searchNum,15); % 回归模型性能及搜索结果
count = 1;
%% 进行 SVM 参数优化
while count < = searchNum
    %% 网格搜索 cg 参数
    if optimizeMethod = = 1
        [bestCVmse,bestc,bestg]  =  SVMcgForRegress(TrainL,Train, -8,8, -8,8,5,
0.4,0.4);
        cmd  =  ['-c ',num2str(bestc),' -g ',num2str(bestg),' -s 3  -p 0.01'];
        bestp = 0.01;
    end
    %% pso 优化 cgp 参数
    if optimizeMethod = = 2
        pso_option.c1  =  1.5;
        pso_option.c2  =  1.7;
        pso_option.maxgen  = 200;
        pso_option.sizepop  =  50;
        pso_option.k  =  0.6;
        pso_option.wV  =  1;
        pso_option.wP  =  1;
        pso_option.v  =  3;
        pso_option.popcmax  =  100;
        pso_option.popcmin  =  0.1;
        pso_option.popgmax  =  100;
        pso_option.popgmin  =  0.1;
        pso_option.poppmax  =  10;
```

```
        pso_option.poppmin = 0.01;
        [bestCVmse,bestc,bestg,bestp] = psoSVMcgpForRegress(TrainL,Train,pso_option);
        cmd = ['-c ',num2str(bestc),' -g ',num2str(bestg),' -p ',num2str(bestp),' -s 3'];
    end
    %% GA 优化 cgp 参数
    if optimizeMethod==3
        ga_option.maxgen =200;
        ga_option.sizepop =50;
        ga_option.v = 10;
        ga_option.ggap = 0.9;
        ga_option.cbound = [0,100];
        ga_option.gbound = [0,100];
        ga_option.pbound = [0.001,1];
        [bestCVmse,bestc,bestg,bestp] = gaSVMcgpForRegress(TrainL,Train,ga_option);
        cmd = ['-c ',num2str(bestc),' -g ',num2str(bestg),' -p ',num2str(bestp),' -s 3'];
    end
    %%GSA 优化 cgp 参数
    if optimizeMethod==4
        gsa_option.inittempFactor=200;
        gsa_option.lowertempFactor=0.95;
        gsa_option.maxgen =200;
        gsa_option.sizepop = 50;
        gsa_option.v = 10;
        gsa_option.ggap = 0.9;
        gsa_option.cbound = [0,100];
        gsa_option.gbound = [0,100];
        gsa_option.pbound = [0.001,1];
        [bestCVmse,bestc,bestg,bestp] = gsaSVMcgpForRegress(TrainL,Train,gsa_option,count);
        cmd = ['-c ',num2str(bestc),' -g ',num2str(bestg),' -p ',num2str(bestp),' -s 3'];
    end
        %%GSA 与 GA 优化 cgp 参数对比
    if optimizeMethod==5
        gsa_option.inittempFactor=200;
        gsa_option.lowertempFactor=0.95;
```

```
            gsa_option. maxgen  =200;
            gsa_option. sizepop  =  50;
            gsa_option. v  =  10;
            gsa_option. ggap  =  0.9;
            gsa_option. cbound  =  [0,100];
            gsa_option. gbound  =  [0,100];
            gsa_option. pbound  =  [0.001,1];
             [ bestCVmse, bestc, bestg, bestp, traceGSA, traceGA ]  =  gsaVSgaForRegress
(TrainL,Train,gsa_option);
             cmd  =  [' -c ',num2str(bestc),' -g ',num2str(bestg),' -p ',num2str
(bestp),' -s 3'];
        end
        %%训练 SVM 模型
        model  =  svmtrain(TrainL,Train,cmd);
        %%校正集预测
        [ptrainL, train_mse]  =  svmpredict(TrainL,Train, model);
        ptrain  =  mapminmax('reverse',ptrainL,ps);
        %%验证集预测
        [ptestL, test_mse]  =  svmpredict(TestL,Test, model);
        ptest  =  mapminmax('reverse',ptestL,ps);
        %%显示预测信息值
    [R2C1,R2P1,RMSEC1,RMSEP1,MREC1,MREP1,RPD1] = evaluation_index_calculate
(train_label,ptrain,test_label,ptest); %计算性能指标
        RESULT(count,1) =length(BestWaveIndexs);
        RESULT(count,2) =bestc;
        RESULT(count,3) =bestg;
        RESULT(count,4) =bestp;
        RESULT(count,5) =R2C1;
        RESULT(count,6) =R2P1;
        RESULT(count,7) =RMSEC1;
    RESULT(count,8) =RMSEP1;
        RESULT(count,9) =MREC1;
        RESULT(count,10) =MREP1
        RESULT(count,11) =RPD1;
        RESULT(count,12) =bestCVmse;
        RESULT(count,13) =ncomp;
        RESULT(count,14) =intervalNum;
        RESULT(count,15) =IntervalCodeLength;
        count =count +1;
    end
```

参考文献

[1]LAHAV O, MORGAN B E, LOEWENTHAL R E. Rapid, simple, and accurate method for measurement of VFA and carbonate alkalinity in anaerobic reactors[J]. Environmental Science and Technology, 2002, 36(12): 2736 - 2741.

[2]PIND P F, ANGELIDAKI I, AHRING B K. A new VFA sensor technique for anaerobic reactor systems[J]. Biotechnology and Bioengineering, 2003, 82(1): 54 - 61.

[3] BOE K, ANGELIDAKI I . Pilot - scale application of an online VFA sensor for monitoring and control of a manure digester[J]. Water Science and Technology, 2012, 66(11): 2496 - 2503.

[4] BUCZKOESKA A, WITKOWSKA E, GÓRSKI, et al. The monitoring of methane fermentation in sequencing batch bioreactor with flow - through array of miniaturized solid state electrodes[J]. Talanta, 2010, 81(4 - 5): 1387 - 1392.

[5]AMANDEEP K, IBRAHIM S, PICKETT C J, et al. Anode modification to improve the performance of a microbial fuel cell volatile fatty acid biosensor[J]. Sensors and Actuators B - Chemical, 2014, 201: 266 - 273.

[6]JIN X, ANGELIDAKI I, ZHANG Y. Microbial electrochemical monitoring of volatile fatty acids during anaerobic digestion[J]. Environmental Science & Technology, 2016, 50(8): 4422 - 4429.

[7]RINNAN S, BERG F, ENGELSEN S B. Review of the most common pre - processing techniques for near - infrared spectra[J]. TrAC Trends in Analytical Chemistry, 2009, 28(10): 1201 - 1222.

[8]张瑶. 基于光谱技术的农林环境关键参数信息获取研究[D]. 北京:中国农业大学, 2017.

[9]NIU W, HUANG G, LIU X , et al. Chemical composition and calorific value prediction of wheat straw at different maturity stages using near - infrared reflectance spectroscopy[J]. Energy and Fuels, 2014, 28(12): 7474 - 7482.

[10]ARSLAN M, ZOU X B, HU X T, et al. Near infrared spectroscopy coupled with chemometric algorithms for predicting chemical components in black goji berries (*Lycium ruthenicum Murr.*)[J]. Journal of Near Infrared Spectroscopy, 2018, 26(5): 275 - 286.

[11]ZHU Y, CHEN X, WANG S, et al. Simultaneous measurement of contents of liquirtin and glycyrrhizic acid in liquorice based on near infrared spectroscopy[J]. Spectrochimica Acta Part a - Molecular and Biomolecular Spectroscopy, 2018, 196: 209 - 214.

[12]YANG M, XU D, CHEN S, et al. Evaluation of machine learning approaches to predict soil organic matter and pH using vis - NIR spectra[J]. Sensors, 2019, 19(2): 263.

[13]LIANG H, CAO J, TU W J, et al. Nondestructive determination of the compressive strength of wood using near - infrared spectroscopy[J]. Bioresources, 2016, 11(3): 7205 - 7213.

[14]YANG Y, WANG L,WU Y J,et al. On – line monitoring of extraction process of *Flos Lonicerae Japonicae* using near infrared spectroscopy combined with synergy interval PLS and genetic algorithm[J]. Spectrochimica Acta Part A: Molecular and Biomolecular Spectroscopy, 2017, 182: 73 – 80.

[15] YANG M X, CHEN Q, KUTSANEDZIE F, et al. Portable spectroscopy system determination of acid value in peanut oil based on variables selection algorithms [J]. Measurement, 2017, 103: 179 – 185.

[16] KUTSANEDZIE F, CHEN Q, HASSAN M M, et al. Near infrared system coupled chemometric algorithms for enumeration of total fungi count in cocoa beans neat solution[J]. Food Chemistry, 2018, 240: 231 – 238.

[17]XU F B, HUANG X, DAI H, et al. Nondestructive determination of bamboo shoots lignification using FT – NIR with efficient variables selection algorithms[J]. Analytical Methods, 2014, 6(4): 1090 – 1095.

[18] ZHU Y, ZHANG J, LI M, et al. Near – infrared spectroscopy coupled with chemometrics algorithms for the quantitative determination of the germinability of *Clostridium perfringens* in four different matrices [J]. Spectrochimica Acta Part A: Molecular and Biomolecular Spectroscopy, 2019, 232: 117997.

[19]REN G, NING J, ZHANG Z. Multi – variable selection strategy based on near – infrared spectra for the rapid description of dianhong black tea quality[J]. Spectrochimica Acta Part A: Molecular and Biomolecular Spectroscopy, 2021, 245: 118918.

[20]姚燕, 沈晓敏, 邱倩, 等. 基于 GA – SVM 的近红外光谱法预测有机废弃物生化甲烷潜力[J]. 光谱学与光谱分析, 2020, 40(06): 1857 – 1861.

[21] FENG X, YU J, TESSO T, et al. Qualitative and quantitative analysis of lignocellulosic biomass using infrared techniques: a mini – review[J]. Applied Energy, 2013, 104: 801 – 809.

[22] 刘会影, 李国立, 薛冬桦, 等. 近红外光谱法测定玉米秸秆纤维素和半纤维素含量[J]. 中国农学通报, 2013, 29(35): 182 – 186.

[23]刘镇波, 薛占川, 刘一星, 等. 基于近红外光谱法预测杨木的综纤维素含量[J]. 北京林业大学学报, 2013, 35(05): 110 – 116.

[24] XUE J J, YANG Z L, HAN L J, et al. On – line measurement of proximates and lignocellulose components of corn stover using NIRS[J]. Applied Energy, 2015, 137: 18 – 25.

[25] HAYES D J, HAYES M H, LEAHY J J. Analysis of the lignocellulosic components of peat samples with development of near infrared spectroscopy models for rapid quantitative predictions[J]. Fuel, 2015, 150: 261 – 268.

[26] LI X L, SUN C J, ZHOU B X, et al. Determination of hemicellulose, cellulose and lignin in moso bamboo by near infrared spectroscopy[J]. Scientific Reports, 2015, 5: 17210.

[27] JIN X L , CHEN X L, SHI C H, et al. Determination of hemicellulose, cellulose and lignin content using visible and near infrared spectroscopy in Miscanthus sinensis[J]. Bioresource Technology, 2017, 241: 603 – 609.

[28] KONG Q, SU Z, SHEN W, et al. Near – infrared detection of straw cellulose by

orthogonal signal correction and partial least squares[J]. International Journal of Multimedia and Ubiquitous Engineering, 2015, 10(5): 255 - 262.

[29] KONG Q M, CUI G W, YEO S S, et al. DBN wavelet transform denoising method in soybean straw composition based on near - infrared rapid detection[J]. Journal of Real - Time Image Processing, 2017, 13(3): 613 - 626.

[30]吴斑, 房桂干, 梁龙, 等. 四种算法用于近红外测定制浆材材性的对比研究[J]. 林产化学与工业, 2016, 36(06): 63 - 70.

[31]杨浩, 熊智新, 梁龙, 等. 利用近红外光谱快速测定制浆材化学成分含量[J]. 中华纸业, 2017, 38(18): 25 - 28.

[32]吴珽, 房桂干, 梁龙, 等. 近红外光谱分析杨木 - 桉木混合纸浆原料[J]. 光谱学与光谱分析, 2018, 38(8): 2400 - 2406.

[33]SHETTY N, RINNAN A, GISLUM R. Selection of representative calibration sample sets for near - infrared reflectance spectroscopy to predict nitrogen concentration in grasses[J]. Chemometrics and Intelligent Laboratory Systems, 2012, 111(1): 59 - 65.

[34] ROSSA U B, ANGELO A C, NISGOSKI S, et al. Application of the NIR method to determine nutrients in Yerba Mate (*Ilex paraguariensis* A. St. - Hil) leaves [J]. Communications in Soil Science and Plant Analysis, 2015, 46(18): 2323 - 2331.

[35]李晓金, 朱凯, 牛智有, 等. 基于PLS算法的生物质秸秆元素分析NIRS快速检测[J]. 华中农业大学学报, 2015, 34(2): 131 - 135.

[36]张瑶, 李民赞, 郑立华, 等. 基于近红外光谱分析的土壤分层氮素含量预测[J]. 农业工程学报, 2015, 31(9): 121 - 126.

[37]KENSUKE K, YASUHIRO T, MICHEL R, et al. Vis - NIR spectroscopy and PLS regression with waveband selection for estimating the total C and N of paddy soils in madagascar [J]. Remote Sensing, 2017, 9(10): 1081 - 1093.

[38] LIN Z D, WANG R J, WANG Y B, et al. Accurate and rapid detection of soil and fertilizer properties based on visible/near - infrared spectroscopy[J]. Applied Optics, 2018, 57 (18): D69 - D73.

[39] SITHOLE N J, KHAYELIHLE N, MAGWAZA L S. Robust Vis - NIRS models for rapid assessment of soil organic carbon and nitrogen in Feralsols Haplic soils from different tillage management practices[J]. Computers and Electronics in Agriculture, 2018, 153: 295 - 301.

[40] MERVIN S L, NOURA Z, GAGNON B, et al. Prediction of total carbon, total nitrogen, and pH of organic materials using visible near - infrared reflectance spectroscopy[J]. Canadian Journal of Soil Science, 2018, 98(1): 175 - 179.

[41]黄光群, 韩鲁佳. 基于非线性径向基核函数支持向量机的堆肥产品近红外光谱分析研究[J]. 光学学报, 2009, 29(12): 3556 - 3560.

[42]黄光群, 韩鲁佳, 杨增玲. 近红外漫反射光谱法快速测定畜禽粪便堆肥多组分含量[J]. 光谱学与光谱分析, 2007(11): 2203 - 2207.

[43]SNYMAN L D, JOUBERT H W. Near - infrared reflectance analysis of the fermentation characteristics of silage prepared by chemical treatment to prevent volatilisation of fermentation end products[J]. Animal Feed Science and Technology, 1992, 37(1): 47 - 58.

[44] YE W, LORIMOR J C, HURBURGH C, et al. Application of near – infrared reflectance spectroscopy for determination of nutrient contents in liquid and solid manures[J]. Transactions of the Asae, 2005, 48(5): 1911 – 1918.

[45]杜艳红，杨岗，卫勇，等. 基于可见 – 近红外光谱的水质中氨氮的分析[J]. 天津农学院学报, 2010, 17(03): 26 – 28.

[46]霍守亮，昝逢宇，席北斗，等. 基于近红外光谱法的沉积物间隙水化学组分快速测量[J]. 光谱学与光谱分析, 2011, 31(1): 105 – 108.

[47] RAJU C S, LOKKE M M, SUTARYO S, et al. NIR monitoring of ammonia in anaerobic digesters using a diffuse reflectance probe[J]. Sensors, 2012, 12(2): 2340 – 2350.

[48] KRAPF L C, NAST D, GRONAUER A, et al. Transfer of a near infrared spectroscopy laboratory application to an online process analyser for in situ monitoring of anaerobic digestion [J]. Bioresource Technology, 2013, 129: 39 – 50.

[49]黄健，黄珊，张华，等. 基于间隔偏最小二乘法短程硝化反硝化中无机盐氮的近红外光谱[J]. 中国环境科学, 2015, 35(07): 2014 – 2020.

[50] HUANG J, LIU P R, SUN Q Y, et al. Determination of total nitrogen, ammonia, and nitrite in river water by near – infrared spectroscopy and chemometrics[J]. Analytical Letters, 2017, 50(10): 1620 – 1629.

[51] HUANG J, ZHANG X, ZHANG H, et al. Rapid determination of nitrogen in overlying river water during intermittent aeration using interval partial least squares and near – infrared spectroscopy[J]. Fresenius Environmental Bulletin, 2017, 26(10): 5873 – 5881.

[52] HUANG J, ZHANG X, SUN Q Y, et al. Simultaneous rapid analysis of multiple nitrogen compounds in polluted river treatment using near – infrared spectroscopy and a support vector machine[J]. Polish Journal of Environmental Studies, 2017, 26(5): 2013 – 2019.

[53]伍鲧，田士玉，张二杨，等. 污泥厌氧发酵过程中基于近红外光谱的 COD 定量分析[J]. 安徽建筑大学学报, 2016, 24(03): 54 – 58.

[54] CHARNIER C, LATRILLE E, JIMENEZ J, et al. Fast ADM1 implementation for the optimization of feeding strategy using near infrared spectroscopy[J]. Water Research, 2017, 122: 27 – 35.

[55] WARD A J, HOBBS P J, HOLLIMAN P J, et al. Evaluation of near infrared spectroscopy and software sensor methods for determination of total alkalinity in anaerobic digesters[J]. Bioresource Technology, 2011, 102(5): 4083 – 4090.

[56] LI L, PENG X Y, WANG X M, et al. Anaerobic digestion of food waste: a review focusing on process stability[J]. Bioresource Technology, 2018, 248: 20 – 28.

[57] HOLM – NIELSEN J B, ANDREE H, LINDORFER H, et al. Transflexive embedded near infrared monitoring for key process intermediates in anaerobic digestion/biogas production [J]. Journal of Near Infrared Spectroscopy, 2007, 15(2): 123 – 135.

[58] JACOBI H F, MOSCHNER C R, HARTUNG E. Use of near infrared spectroscopy in monitoring of volatile fatty acids in anaerobic digestion[J]. Water Science And Technology, 2009, 60(2): 339 – 346.

[59] LOMBORG C J, HOLM – NIELSEN J B, OLESKOWICZ – POPIEL P, et al. Near

infrared andacoustic chemometrics monitoring of volatile fatty acids and dry matter during co-digestion of manure and maize silage[J]. Bioresource Technology, 2009, 100(5): 1711 – 1719.

[60]张梦霖，盛国平，俞汉青. 近红外光谱快速测定废水厌氧发酵过程中底物及液相产物浓度变化[J]. 科学通报，2009，54(08)：1089 – 1092.

[61]REED J P, DEVLIN D, ESTEVES S R, et al. Performance parameter prediction for sewage sludge digesters using reflectance FT – NIR spectroscopy[J]. Water Research, 2011, 45(8): 2463 – 2472.

[62]REED J P, DEVLIN D, ESTEVES S, et al. Integration of NIRS and PCA techniques for the process monitoring of a sewage sludge anaerobic digester[J]. Bioresource Technology, 2013, 133: 398 – 404.

[63] HUANG J, ZHOU J Y, SUN Q Y, et al. Near – infrared spectroscopy analysis of vfa in anaerobic biological treatment of high carbon – nitrogen wastewater with interval partial least squares regress[J]. Fresenius Environmental Bulletin, 2016, 25(10): 4197 – 4201.

[64]NESPECA M G, RODRIGUES C V, SANTANA K O, et al. Determination of alcohols and volatile organic acids in anaerobic bioreactors for H_2 production by near infrared spectroscopy[J]. International Journal of Hydrogen Energy, 2017, 42(32): 20480 – 20493.

[65] STOCKL A, LICHTI F. Near – infrared spectroscopy (NIRS) for a real time monitoring of the biogas process[J]. Bioresource Technology, 2018, 247: 1249 – 1252.

[66]LI P F,LI W Z, YANG F L, et al. Predictive model of methane production based on the compositional features of spent edible mushroom substrate[J]. Journal of Biobased Materials and Bioenergy, 2017, 11(4): 291 – 297.

[67]WANG M, LI W Z, LIU S, et al. Biogas production from Chinese Herb – extraction residues: influence of biomass composition on methane yield[J]. Bioresources, 2013, 8(3): 3732 – 3740.

[68] RAJU C S, WARD A J, NIELSEN L, et al. Comparison of near infra – red spectroscopy, neutral detergent fibre assay and in – vitro organic matter digestibility assay for rapid determination of the biochemical methane potential of meadow grasses[J]. Bioresource Technology, 2011, 102(17): 7835 – 7839.

[69]KANDEL T P, GISLUM R, JØRGENSEN U, et al. Prediction of biogas yield and its kinetics in reed canary grass using near infrared reflectance spectroscopy and chemometrics[J]. Bioresource Technology, 2013, 146: 282 – 287.

[70]WARD A J. Near – infrared spectroscopy for determination of the biochemical methane potential: state of the art[J]. Chemical Engineering and Technology, 2016, 39(4): 611 – 619.

[71]LESTEUR M, LATRILLE E, MAUREL V B, et al. First step towards a fast analytical method for the determination of biochemical methane potential of solid wastes by near infrared spectroscopy[J]. Bioresource Technology, 2011, 102(3): 2280 – 2288.

[72]DOUBLET J, BOULANGER A, PONTHIEUX A, et al. Predicting the biochemical methane potential of wide range of organic substrates by near infrared spectroscopy[J]. Bioresource Technology, 2013, 128: 252 – 258.

[73] TRIOLO J M, WARD A J, PEDERSEN L, et al. Near infrared reflectance

spectroscopy (NIRS) for rapid determination of biochemical methane potential of plant biomass [J]. Applied Energy, 2014, 116: 52 -57.

[74] GODIN B, MAYER F, AGNEESSENS R, et al. Biochemical methane potential prediction of plant biomasses: comparing chemical composition versus near infrared methods and linear versus non - linear models[J]. Bioresource Technology, 2015, 175: 382 -390.

[75] WAHID R, WARD A J, MØLLER H B, et al. Biogas potential from forbs and grass - clover mixture with the application of near infrared spectroscopy [J]. Bioresource Technology, 2015, 198: 124 -132.

[76] FITAMO T, TRIOLO J M, BOLDRIN A, et al. Rapid biochemical methane potential prediction of urban organic waste with near - infrared reflectance spectroscopy [J]. Water Research, 2017, 119: 242 -251.

[77] VAN - SOEST P J, ROBERTSON J, LEWIS B A. Methods for Dietary Fiber, Neutral detergent fiber, and nonstarch polysaccharides in relation to animal nutrition[J]. Journal of Dairy Science, 1991, 74(10): 3583 -3597.

[78] LUDWIG B, MURUGAN R, PARAMA V R, et al. Use of different chemometric approaches for an estimation of soil properties at field scale with near infrared spectroscopy[J]. Journal of Plant Nutrition And Soil Science, 2018, 181(5): 704 -713.

[79]蔡子嫣. 基于 MCCV 结合 T 检验的奇异样本识别方法研究[D]. 北京:北方工业大学, 2018.

[80]许锋, 付丹丹, 王巧华, 等. 基于 MCCV - CARS - RF 建立红提糖度和酸度的可见 - 近红外光谱无损检测方法[J]. 食品科学, 2018, 39(08): 149 -154.

[81]李水芳, 单杨, 范伟, 等. 基于 MCCV 奇异样本筛选和 CARS 变量选择法对蜂蜜 pH 值和酸度的近红外光谱检测[J]. 食品科学, 2011, 32(08): 182 -185.

[82]林志丹. 基于可见/近红外光谱分析的化肥土壤成分速测模型研究[D]. 合肥:中国科学技术大学, 2016.

[83] KENNARD R W, STONE L A. Computer aided design of experiments [J]. Technometrics, 1969, 11(1): 137 -148.

[84] GALVÃO R K H, ARAUJO M, JOSÉ G E, et al. A method for calibration and validation subset partitioning[J]. Talanta, 2005, 67(4): 736 -740.

[85]褚小立, 袁洪福, 陆婉珍. 近红外分析中光谱预处理及波长选择方法进展与应用[J]. 化学进展, 2004, (04): 528 -542.

[86] LUO J W, YING K, BAI J. Savitzky - golay smoothing and differentiation filter for even number data[J]. Signal Processing, 2005, 85(7): 1429 -1434.

[87]杨越. 基于近红外光谱技术的中药生产过程质量控制方法研究[D]. 杭州:浙江大学, 2018.

[88]郑咏梅, 张铁强, 张军, 等. 平滑、导数、基线校正对近红外光谱 PLS 定量分析的影响研究[J]. 光谱学与光谱分析, 2004, 24(12): 1546 -1548.

[89]刘金明, 初晓冬, 王智, 等. 玉米秸秆纤维素和半纤维素 NIRS 特征波长优选[J]. 光谱学与光谱分析, 2019, 39(3): 743 -750.

[90] LIU J M, LI N, ZHEN F, et al. Rapid detection of carbon - nitrogen ratio for

anaerobic fermentation feedstocks using near - infrared spectroscopy combined with BiPLS and GSA[J]. Applied Optics, 2019, 58(18): 5090 - 5097.

[91]刘金明, 程秋爽, 甄峰, 等. 基于 GSA 的厌氧发酵原料碳氮比 NIRS 快速检测[J]. 农业机械学报, 2019, 50(11): 323 - 330.

[92]刘金明, 郭坤林, 甄峰, 等. 基于近红外光谱的沼液挥发性脂肪酸含量快速检测[J]. 农业工程学报, 2020, 36(18): 188 - 196.

[93]LI H D, LIANG Y Z, XU Q S, et al. Key wavelengths screening using competitive adaptive reweighted sampling method for multivariate calibration[J]. Analytica Chimica Acta, 2009, 648(1): 77 - 84.

[94] LEE H W, BAWN A, YOON S. Reproducibility, complementary measure of predictability for robustness improvement of multivariate calibration models via variable selections [J]. Analytica Chimica Acta, 2012, 757: 11 - 18.

[95]PERRY A, WEIN A S, BANDEIRA A S, et al. Optimality and sub - optimality of PCA I: spiked random matrix models[J]. The Annals of Statistics, 2018, 46(5): 2416 - 2451.

[96]LEARDI R, NORGAARD L. Sequential application of backward interval partial least squares and genetic of relevant spectral regions[J]. Journal of Chemometrics, 2004, 18(11): 486 - 497.

[97] VAPNIK V N. The Nature of Statistical Learning Theory [M]. New York: Springger, 2000.

[98]WANG D, XIE L, YANG S X, et al. Support vector machine optimized by genetic algorithm for data analysis of near - infrared spectroscopy sensors [J]. Sensors, 2018, 18 (10): 3222.

[99]XU S, LU B, BALDEA M, et al. An improved variable selection method for support vector regression in NIR spectral modeling[J]. Journal of Process Control, 2018, 67: 83 - 93.

[100]刘金明, 谢秋菊, 王雪, 等. 基于 GSA - SVM 的畜禽舍废气监测缺失数据恢复方法[J]. 东北农业大学学报, 2015, 46(05): 95 - 101.

[101]王霞, 王占岐, 金贵, 等. 基于核函数支持向量回归机的耕地面积预测[J]. 农业工程学报, 2014, 30(04): 204 - 211.

[102]彭彦昆, 赵芳, 李龙, 等. 利用近红外光谱与 PCA - SVM 识别热损伤番茄种子[J]. 农业工程学报, 2018, 34(05): 159 - 165.

[103]王转卫, 赵春江, 商亮, 等. 基于介电频谱技术的甜瓜品种无损检测[J]. 农业工程学报, 2017, 33(09): 290 - 295.

[104]LIANG L, WEI L, FANG G, et al. Prediction of holocellulose and lignin content of pulp wood feedstock using near infrared spectroscopy and variable selection[J]. Spectrochimica Acta Part A: Molecular and Biomolecular Spectroscopy, 2019, 225: 117515.

[105]CHANG C C, LIN C. LIBSVM: a library for support vector machines[J]. ACM Transactions on Intelligent Systems and Technology, 2011, 2(3): 27.

[106]YANG F L, LI W Z, SUN M C, et al. Improved buffering capacity and methane production by anaerobic Co - digestion of corn stalk and straw depolymerization wastewater[J]. Energies, 2018, 11(7): 1751.

[107] YAN X, WANG Z R, ZHANG K J, et al. Bacteria - enhanced dilute acid pretreatment of lignocellulosic biomass[J]. Bioresource Technology, 2017, 245: 419 - 425.

[108] LIU C M, WACHEMO A C, YUAN H R, et al. Evaluation of methane yield using acidogenic effluent of NaOH pretreated corn stover in anaerobic digestion[J]. Renewable Energy, 2018, 116: 224 - 233.

[109] MOURTZINIS S, CANTRELL K B, ARRIAGA F J, et al. Distribution of structural carbohydrates in corn plants across the southeastern USA[J]. Bioenergy Research, 2014, 7(2): 551 - 558.

[110] SUN Y, QU J B, LI R L, et al. Optimization of the enzyme production conditions of bacillus iicheniformis and its effect on the degradation of corn straw[J]. Journal of Biobased Materials and Bioenergy, 2018, 12(5): 432 - 440.

[111] YANG Y, LIU X S, LI W L, et al. Rapid measurement of epimedin A, epimedin B, epimedin C, icariin, and moisture in *Herba Epimedii* using near infrared spectroscopy[J]. Spectrochimica Acta Part A: Molecular and Biomolecular Spectroscopy, 2017, 171: 351 - 360.

[112] NING J, ZHOU M D, PAN X F, et al. Simultaneous biogas and biogas slurry production from co - digestion of pig manure and corn straw: performance optimization and microbial community shift[J]. Bioresource Technology, 2019, 282: 37 - 47.

[113] HASSAN M, DING W M, BI J H, et al. Methane enhancement through oxidative cleavage and alkali solubilization pre - treatments for corn stover with anaerobic activated sludge [J]. Bioresource Technology, 2016, 200: 405 - 412.

[114] LI Y Q, ZHANG R H, HE Y F, et al. Anaerobic co - digestion of chicken manure and corn stover in batch and continuously stirred tank reactor (CSTR)[J]. Bioresource Technology, 2014, 156: 342 - 347.

[115] JIN W Y, XU X C, YANG F L, et al. Performance enhancement by rumen cultures in anaerobic co - digestion of corn straw with pig manure[J]. Biomass & Bioenergy, 2018, 115: 120 - 129.

[116] GARCIA M L, ANGENENT L T. Interaction between temperature and ammonia in mesophilic digesters for animal waste treatment[J]. Water Research, 2009, 43(9): 2373 - 2382.

[117] RODRIGUES R P, RODRIGUES D P, KLEPACZ - SMOLKA A, et al. Comparative analysis of methods and models for predicting biochemical methane potential of various organic substrates[J]. Science of the Total Environment, 2019, 649: 1599 - 1608.

[118] MORTREUIL P, BAGGIO S, LAGNET C, et al. Fast prediction of organic wastes methane potential by near infrared reflectance spectroscopy: a successful tool for farm - scale biogas plant monitoring[J]. Waste Management & Research, 2018, 36(9): 800 - 809.

[119] SILVA C, ASTALS D S, PECES M, et al. Biochemical methane potential (BMP) tests: reducing test time by early parameter estimation[J]. Waste Management, 2018, 71: 19 - 24.

[120] LIU J M, JIN S, BAO C H, et al. Rapid determination of lignocellulose in corn stover based on near - infrared reflectance spectroscopy and chemometrics methods[J]. Bioresource Technology, 2021, 321: 124449.